U0221374

"十二五"国家重点出版规划项目
雷达与探测前沿技术丛书

机载远程红外预警雷达系统

Airborne Long Distance Infrared Early Warning Radar

曹晨　李江勇　冯博　何建伟　著

国防工业出版社
·北京·

内容简介

本书针对未来机载预警系统探测隐身目标的需要，提出了远程红外预警雷达概念，并对其工作原理、典型探测目标辐射特性、大气传播特性、系统总体设计思想与设计流程、分系统设计要点与主要技术实现途径及系统测试与评估方法进行了系统、全面的介绍，反映了国内相关科研院所在光电探测领域的最新研究成果，可供从事光学或雷达系统技术研究与装备研制、复杂信息系统总体设计与集成的工程技术人员参考，也可供高等院校相关专业研究生从事课题研究时参考。

图书在版编目(CIP)数据

机载远程红外预警雷达系统 / 曹晨等著. —北京 ：国防工业出版社，2017.12
（雷达与探测前沿技术丛书）
ISBN 978-7-118-11483-6

Ⅰ. ①机… Ⅱ. ①曹… Ⅲ. ①机载预警雷达－研究 Ⅳ. ①TN959.73

中国版本图书馆 CIP 数据核字(2017)第 330029 号

※

国防工业出版社出版发行
（北京市海淀区紫竹院南路 23 号　邮政编码 100048）
天津嘉恒印务有限公司印刷
新华书店经售

*

开本 710×1000　1/16　**印张** 17¼　**字数** 314 千字
2017 年 12 月第 1 版第 1 次印刷　**印数** 1—3000 册　**定价** 68.00 元

国防书店：(010)88540777　　发行邮购：(010)88540776
发行传真：(010)88540755　　发行业务：(010)88540717

总　序

雷达在第二次世界大战中初露头角。战后,美国麻省理工学院辐射实验室集合各方面的专家,总结战争期间的经验,于1950年前后出版了一套雷达丛书,共28个分册,对雷达技术做了全面总结,几乎成为当时雷达设计者的必备读物。我国的雷达研制也从那时开始,经过几十年的发展,到21世纪初,我国雷达技术在很多方面已进入国际先进行列。为总结这一时期的经验,中国电子科技集团公司曾经组织老一代专家撰著了"雷达技术丛书",全面总结他们的工作经验,给雷达领域的工程技术人员留下了宝贵的知识财富。

电子技术的迅猛发展,促使雷达在内涵、技术和形态上快速更新,应用不断扩展。为了探索雷达领域前沿技术,我们又组织编写了本套"雷达与探测前沿技术丛书"。与以往雷达相关丛书显著不同的是,本套丛书并不完全是作者成熟的经验总结,大部分是专家根据国内外技术发展,对雷达前沿技术的探索性研究。内容主要依托雷达与探测一线专业技术人员的最新研究成果、发明专利、学术论文等,对现代雷达与探测技术的国内外进展、相关理论、工程应用等进行了广泛深入研究和总结,展示近十年来我国在雷达前沿技术方面的研制成果。本套丛书的出版力求能促进从事雷达与探测相关领域研究的科研人员及相关产品的使用人员更好地进行学术探索和创新实践。

本套丛书保持了每一个分册的相对独立性和完整性,重点是对前沿技术的介绍,读者可选择感兴趣的分册阅读。丛书共41个分册,内容包括频率扩展、协同探测、新技术体制、合成孔径雷达、新雷达应用、目标与环境、数字技术、微电子技术八个方面。

(一) 雷达频率迅速扩展是近年来表现出的明显趋势,新频段的开发、带宽的剧增使雷达的应用更加广泛。本套丛书遴选的频率扩展内容的著作共4个分册:

(1)《毫米波辐射无源探测技术》分册中没有讨论传统的毫米波雷达技术,而是着重介绍毫米波热辐射效应的无源成像技术。该书特别采用了平方千米阵的技术概念,这一概念在用干涉式阵列基线的测量结果来获得等效大口径阵列效果的孔径综合技术方面具有重要的意义。

(2)《太赫兹雷达》分册是一本较全面介绍太赫兹雷达的著作,主要包括太赫兹雷达系统的基本组成和技术特点、太赫兹雷达目标检测以及微动目标检测技术,同时也讨论了太赫兹雷达成像处理。

(3)《机载远程红外预警雷达系统》分册考虑到红外成像和告警是红外探测的传统应用,但是能否作为全空域远距离的搜索监视雷达,尚有诸多争议。该书主要讨论用监视雷达的概念如何解决红外极窄波束、全空域、远距离和数据率的矛盾,并介绍组成红外监视雷达的工程问题。

(4)《多脉冲激光雷达》分册从实际工程应用角度出发,较详细地阐述了多脉冲激光测距及单光子测距两种体制下的系统组成、工作原理、测距方程、激光目标信号模型、回波信号处理技术及目标探测算法等关键技术,通过对两种远程激光目标探测体制的探讨,力争让读者对基于脉冲测距的激光雷达探测有直观的认识和理解。

(二) 传输带宽的急剧提高,赋予雷达协同探测新的使命。协同探测会导致雷达形态和应用发生巨大的变化,是当前雷达研究的热点。本套丛书遴选出协同探测内容的著作共10个分册:

(1)《雷达组网技术》分册从雷达组网使用的效能出发,重点讨论点迹融合、资源管控、预案设计、闭环控制、参数调整、建模仿真、试验评估等雷达组网新技术的工程化,是把多传感器统一为系统的开始。

(2)《多传感器分布式信号检测理论与方法》分册主要介绍检测级、位置级(点迹和航迹)、属性级、态势评估与威胁估计五个层次中的检测级融合技术,是雷达组网的基础。该书主要给出各类分布式信号检测的最优化理论和算法,介绍考虑到网络和通信质量时的联合分布式信号检测准则和方法,并研究多输入多输出雷达目标检测的若干优化问题。

(3)《分布孔径雷达》分册所描述的雷达实现了多个单元孔径的射频相参合成,获得等效于大孔径天线雷达的探测性能。该书在概述分布孔径雷达基本原理的基础上,分别从系统设计、波形设计与处理、合成参数估计与控制、稀疏孔径布阵与测角、时频相同步等方面做了较为系统和全面的论述。

(4)《MIMO雷达》分册所介绍的雷达相对于相控阵雷达,可以同时获得波形分集和空域分集,有更加灵活的信号形式,单元间距不受$\lambda/2$的限制,间距拉开后,可组成各类分布式雷达。该书比较系统地描述多输入多输出(MIMO)雷达。详细分析了波形设计、积累补偿、目标检测、参数估计等关键技术。

(5)《MIMO 雷达参数估计技术》分册更加侧重讨论各类 MIMO 雷达的算法。从 MIMO 雷达的基本知识出发,介绍均匀线阵,非圆信号,快速估计,相干目标,分布式目标,基于高阶累计量的、基于张量的、基于阵列误差的、特殊阵列结构的 MIMO 雷达目标参数估计的算法。

(6)《机载分布式相参射频探测系统》分册介绍的是 MIMO 技术的一种工程应用。该书针对分布式孔径采用正交信号接收相参的体制,分析和描述系统处理架构及性能、运动目标回波信号建模技术,并更加深入地分析和描述实现分布式相参雷达杂波抑制、能量积累、布阵等关键技术的解决方法。

(7)《机会阵雷达》分册介绍的是分布式雷达体制在移动平台上的典型应用。机会阵雷达强调根据平台的外形,天线单元共形随遇而布。该书详尽地描述系统设计、天线波束形成方法和算法、传输同步与单元定位等关键技术,分析了美国海军提出的用于弹道导弹防御和反隐身的机会阵雷达的工程应用问题。

(8)《无源探测定位技术》分册探讨的技术是基于现代雷达对抗的需求应运而生,并在实战应用需求越来越大的背景下快速拓展。随着知识层面上认知能力的提升以及技术层面上带宽和传输能力的增加,无源侦察已从单一的测向技术逐步转向多维定位。该书通过充分利用时间、空间、频移、相移等多维度信息,寻求无源定位的解,对雷达向无源发展有着重要的参考价值。

(9)《多波束凝视雷达》分册介绍的是通过多波束技术提高雷达发射信号能量利用效率以及在空、时、频域中减小处理损失,提高雷达探测性能;同时,运用相位中心凝视方法改进杂波中目标检测概率。分册还涉及短基线雷达如何利用多阵面提高发射信号能量利用效率的方法;针对长基线,阐述了多站雷达发射信号可形成凝视探测网格,提高雷达发射信号能量的使用效率;而合成孔径雷达(SAR)系统应用多波束凝视可降低发射功率,缓解宽幅成像与高分辨之间的矛盾。

(10)《外辐射源雷达》分册重点讨论以电视和广播信号为辐射源的无源雷达。详细描述调频广播模拟电视和各种数字电视的信号,减弱直达波的对消和滤波的技术;同时介绍了利用 GPS(全球定位系统)卫星信号和 GSM/CDMA(两种手机制式)移动电话作为辐射源的探测方法。各种外辐射源雷达,要得到定位参数和形成所需的空域,必须多站协同。

（三） 以新技术为牵引，产生出新的雷达系统概念，这对雷达的发展具有里程碑的意义。本套丛书遴选了涉及新技术体制雷达内容的6个分册：

（1）《宽带雷达》分册介绍的雷达打破了经典雷达5MHz带宽的极限，同时雷达分辨力的提高带来了高识别率和低杂波的优点。该书详尽地讨论宽带信号的设计、产生和检测方法。特别是对极窄脉冲检测进行有益的探索，为雷达的进一步发展提供了良好的开端。

（2）《数字阵列雷达》分册介绍的雷达是用数字处理的方法来控制空间波束，并能形成同时多波束，比用移相器灵活多变，已得到了广泛应用。该书全面系统地描述数字阵列雷达的系统和各分系统的组成。对总体设计、波束校准和补偿、收/发模块、信号处理等关键技术都进行了详细描述，是一本工程性较强的著作。

（3）《雷达数字波束形成技术》分册更加深入地描述数字阵列雷达中的波束形成技术，给出数字波束形成的理论基础、方法和实现技术。对灵巧干扰抑制、非均匀杂波抑制、波束保形等进行了深入的讨论，是一本理论性较强的专著。

（4）《电磁矢量传感器阵列信号处理》分册讨论在同一空间位置具有三个磁场和三个电场分量的电磁矢量传感器，比传统只用一个分量的标量阵列处理能获得更多的信息，六分量可完备地表征电磁波的极化特性。该书从几何代数、张量等数学基础到阵列分析、综合、参数估计、波束形成、布阵和校正等问题进行详细讨论，为进一步应用奠定了基础。

（5）《认知雷达导论》分册介绍的雷达可根据环境、目标和任务的感知，选择最优化的参数和处理方法。它使得雷达数据处理及反馈从粗犷到精细，彰显了新体制雷达的智能化。

（6）《量子雷达》分册的作者团队搜集了大量的国外资料，经探索和研究，介绍从基本理论到传输、散射、检测、发射、接收的完整内容。量子雷达探测具有极高的灵敏度，更高的信息维度，在反隐身和抗干扰方面优势明显。经典和非经典的量子雷达，很可能走在各种量子技术应用的前列。

（四） 合成孔径雷达（SAR）技术发展较快，已有大量的著作。本套丛书遴选了有一定特点和前景的5个分册：

（1）《数字阵列合成孔径雷达》分册系统阐述数字阵列技术在SAR中的应用，由于数字阵列天线具有灵活性并能在空间产生同时多波束，雷达采集的同一组回波数据，可处理出不同模式的成像结果，比常规SAR具备更多的新能力。该书着重研究基于数字阵列SAR的高分辨力宽测绘带SAR成像、极化层析 SAR 三维成像和前视 SAR 成像技术三种新能力。

(2)《双基合成孔径雷达》分册介绍的雷达配置灵活,具有隐蔽性好、抗干扰能力强、能够实现前视成像等优点,是 SAR 技术的热点之一。该书较为系统地描述了双基 SAR 理论方法、回波模型、成像算法、运动补偿、同步技术、试验验证等诸多方面,形成了实现技术和试验验证的研究成果。

(3)《三维合成孔径雷达》分册描述曲线合成孔径雷达、层析合成孔径雷达和线阵合成孔径雷达等三维成像技术。重点讨论各种三维成像处理算法,包括距离多普勒、变尺度、后向投影成像、线阵成像、自聚焦成像等算法。最后介绍三维 MIMO-SAR 系统。

(4)《雷达图像解译技术》分册介绍的技术是指从大量的 SAR 图像中提取与挖掘有用的目标信息,实现图像的自动解译。该书描述高分辨 SAR 和极化 SAR 的成像机理及相应的相干斑抑制、噪声抑制、地物分割与分类等技术,并介绍舰船、飞机等目标的 SAR 图像检测方法。

(5)《极化合成孔径雷达图像解译技术》分册对极化合成孔径雷达图像统计建模和参数估计方法及其在目标检测中的应用进行了深入研究。该书研究内容为统计建模和参数估计及其国防科技应用三大部分。

(五) 雷达的应用也在扩展和变化,不同的领域对雷达有不同的要求,本套丛书在雷达前沿应用方面遴选了 6 个分册:

(1)《天基预警雷达》分册介绍的雷达不同于星载 SAR,它主要观测陆海空天中的各种运动目标,获取这些目标的位置信息和运动趋势,是难度更大、更为复杂的天基雷达。该书介绍天基预警雷达的星星、星空、MIMO、卫星编队等双/多基地体制。重点描述了轨道覆盖、杂波与目标特性、系统设计、天线设计、接收处理、信号处理技术。

(2)《战略预警雷达信号处理新技术》分册系统地阐述相关信号处理技术的理论和算法,并有仿真和试验数据验证。主要包括反导和飞机目标的分类识别、低截获波形、高速高机动和低速慢机动小目标检测、检测识别一体化、机动目标成像、反投影成像、分布式和多波段雷达的联合检测等新技术。

(3)《空间目标监视和测量雷达技术》分册论述雷达探测空间轨道目标的特色技术。首先涉及空间编目批量目标监视探测技术,包括空间目标监视相控阵雷达技术及空间目标监视伪码连续波雷达信号处理技术。其次涉及空间目标精密测量、增程信号处理和成像技术,包括空间目标雷达精密测量技术、中高轨目标雷达探测技术、空间目标雷达成像技术等。

(4)《平流层预警探测飞艇》分册讲述在海拔约 20km 的平流层,由于相对风速低、风向稳定,从而适合大型飞艇的长期驻空,定点飞行,并进行空中预警探测,可对半径 500km 区域内的地面目标进行长时间凝视观察。该书主要介绍预警飞艇的空间环境、总体设计、空气动力、飞行载荷、载荷强度、动力推进、能源与配电以及飞艇雷达等技术,特别介绍了几种飞艇结构载荷一体化的形式。

(5)《现代气象雷达》分册分析了非均匀大气对电磁波的折射、散射、吸收和衰减等气象雷达的基础,重点介绍了常规天气雷达、多普勒天气雷达、双偏振全相参多普勒天气雷达、高空气象探测雷达、风廓线雷达等现代气象雷达,同时还介绍了气象雷达新技术、相控阵天气雷达、双/多基地天气雷达、声波雷达、中频探测雷达、毫米波测云雷达、激光测风雷达。

(6)《空管监视技术》分册阐述了一次雷达、二次雷达、应答机编码分配、S 模式、多雷达监视的原理。重点讨论广播式自动相关监视(ADS-B)数据链技术、飞机通信寻址报告系统(ACARS)、多点定位技术(MLAT)、先进场面监视设备(A-SMGCS)、空管多源协同监视技术、低空空域监视技术、空管技术。介绍空管监视技术的发展趋势和民航大国的前瞻性规划。

(六) 目标和环境特性,是雷达设计的基础。该方向的研究对雷达匹配目标和环境的智能设计有重要的参考价值。本套丛书对此专题遴选了 4 个分册:

(1)《雷达目标散射特性测量与处理新技术》分册全面介绍有关雷达散射截面积(RCS)测量的各个方面,包括 RCS 的基本概念、测试场地与雷达、低散射目标支架、目标 RCS 定标、背景提取与抵消、高分辨力 RCS 诊断成像与图像理解、极化测量与校准、RCS 数据的处理等技术,对其他微波测量也具有参考价值。

(2)《雷达地海杂波测量与建模》分册首先介绍国内外地海面环境的分类和特征,给出地海杂波的基本理论,然后介绍测量、定标和建库的方法。该书用较大的篇幅,重点阐述地海杂波特性与建模。杂波是雷达的重要环境,随着地形、地貌、海况、风力等条件而不同。雷达的杂波抑制,正根据实时的变化,从粗犷走向精细的匹配,该书是现代雷达设计师的重要参考文献。

(3)《雷达目标识别理论》分册是一本理论性较强的专著。以特征、规律及知识的识别认知为指引,奠定该书的知识体系。首先介绍雷达目标识别的物理与数学基础,较为详细地阐述雷达目标特征提取与分类识别、知识辅助的雷达目标识别、基于压缩感知的目标识别等技术。

(4)《雷达目标识别原理与实验技术》分册是一本工程性较强的专著。该书主要针对目标特征提取与分类识别的模式,从工程上阐述了目标识别的方法。重点讨论特征提取技术、空中目标识别技术、地面目标识别技术、舰船目标识别及弹道导弹识别技术。

(七) 数字技术的发展,使雷达的设计和评估更加方便,该技术涉及雷达系统设计和使用等。本套丛书遴选了3个分册:

(1)《雷达系统建模与仿真》分册所介绍的是现代雷达设计不可缺少的工具和方法。随着雷达的复杂度增加,用数字仿真的方法来检验设计的效果,可收到事半功倍的效果。该书首先介绍最基本的随机数的产生、统计实验、抽样技术等与雷达仿真有关的基本概念和方法,然后给出雷达目标与杂波模型、雷达系统仿真模型和仿真对系统的性能评价。

(2)《雷达标校技术》分册所介绍的内容是实现雷达精度指标的基础。该书重点介绍常规标校、微光电视角度标校、球载BD/GPS(BD为北斗导航简称)标校、射电星角度标校、基于民航机的雷达精度标校、卫星标校、三角交会标校、雷达自动化标校等技术。

(3)《雷达电子战系统建模与仿真》分册以工程实践为取材背景,介绍雷达电子战系统建模的主要方法、仿真模型设计、仿真系统设计和典型仿真应用实例。该书从雷达电子战系统数学建模和仿真系统设计的实用性出发,着重论述雷达电子战系统基于信号/数据流处理的细粒度建模仿真的核心思想和技术实现途径。

(八) 微电子的发展使得现代雷达的接收、发射和处理都发生了巨大的变化。本套丛书遴选出涉及微电子技术与雷达关联最紧密的3个分册:

(1)《雷达信号处理芯片技术》分册主要讲述一款自主架构的数字信号处理(DSP)器件,详细介绍该款雷达信号处理器的架构、存储器、寄存器、指令系统、I/O资源以及相应的开发工具、硬件设计,给雷达设计师使用该处理器提供有益的参考。

(2)《雷达收发组件芯片技术》分册以雷达收发组件用芯片套片的形式,系统介绍发射芯片、接收芯片、幅相控制芯片、波速控制驱动器芯片、电源管理芯片的设计和测试技术及与之相关的平台技术、实验技术和应用技术。

(3)《宽禁带半导体高频及微波功率器件与电路》分册的背景是,宽禁带材料可使微波毫米波功率器件的功率密度比Si和GaAs等同类产品高10倍,可产生开关频率更高、关断电压更高的新一代电力电子器件,将对雷达产生更新换代的影响。分册首先介绍第三代半导体的应用和基本知识,然后详细介绍两大类各种器件的原理、类别特征、进展和应用：SiC器件有功率二极管、MOSFET、JFET、BJT、IBJT、GTO等；GaN器件有HEMT、MMIC、E模HEMT、N极化HEMT、功率开关器件与微功率变换等。最后展望固态太赫兹、金刚石等新兴材料器件。

本套丛书是国内众多相关研究领域的大专院校、科研院所专家集体智慧的结晶。具体参与单位包括中国电子科技集团公司、中国航天科工集团公司、中国电子科学研究院、南京电子技术研究所、华东电子工程研究所、北京无线电测量研究所、电子科技大学、西安电子科技大学、国防科技大学、北京理工大学、北京航空航天大学、哈尔滨工业大学、西北工业大学等近30家。在此对参与编写及审校工作的各单位专家和领导的大力支持表示衷心感谢。

王小谟

2017年9月

前 言

雷达自20世纪30年代发明以来，一直是最为重要的探测器。迄今为止，仍然没有另外一种探测手段能够全面超越雷达的能力。但是，随着探测对象和工作环境的日益复杂，雷达一直面临着严峻的挑战，人们始终在不断探索，如何通过技术进步使雷达适应新的任务、新的工作环境和新的安装平台。截至目前雷达技术的发展和应用情况表明，仅靠雷达自身的技术发展，很难在任何情况下都能解决雷达所面临的全部问题。而在一个由多系统组成的武器装备中，通过其他系统来提供雷达所不具备的能力，可能是一个有效的途径。

工作频率是雷达最为重要的设计参数之一；为满足探测隐身目标、适应复杂环境和增加雷达功能等需要，雷达的工作带宽应该进一步拓展。由于雷达目前主用微波频段，显然，拓展的方向应该是微波频谱范围两边的低端和高端，频率低端带来的角度分辨力低、测量精度差的问题，则可能需要工作在较高频段的雷达来解决。特别是在机载预警系统中，雷达作为最重要的探测器，由于孔径增加受到载机所能提供空间的严格限制，精度不足问题尤其突出；在孔径受限条件下，提高工作频段是改善角度测量精度的重要措施。那么，雷达频段可以提高到什么程度？毫米波雷达和激光雷达应用已有多年，两者之间的太赫兹频段也已经成为研究热点，很自然地，红外频段是否能够应用于雷达？其实，由于工作在红外频段的探测系统应用早已非常广泛，因此这个问题更为准确的表述应该是，在机载预警系统中，红外探测系统是否能够完全或部分执行预警雷达的任务？如果要做到这一点，是否意味着传统红外探测系统的设计理念应该更多地借鉴预警雷达，从而可能带来红外系统在研制方面的重大变化？

为了全面回答这个问题，2011 年 7 月，中国电子科技集团公司电子科学研究院首先提出了“机载远程红外预警雷达”的概念，并参照国际主流机载预警雷达的探测距离和工作模式等主要功能性能指标，与国内第一部机载雷达研制厂家——国营 780 厂(即长虹军工集团)——共同开展论证，认为如果适当增加孔径，通过转变系统设计理念并在子系统层面集中开展技术攻关，使红外探测系统执行远程预警任务并具备多种功能是可行的。为了进一步集思广益，特别是发挥国内各专业研究院所的特长，从系统、设备和专项技术等不同层次全面推动设计理念转变和关键技术攻关，自 2012 年又联合了中国航空工业集团有限公司第

613 研究所,中国电子科技集团公司第 11 研究所,中国兵器工业集团公司第 205 研究所,中国科学院长春光学精密机械与物理研究所,中国兵器工业集团公司第 211 研究所,四川长久光电公司,清华大学,中国航天科工集团有限公司第 207 研究所,中国航天科技集团有限公司第 508 研究所,中国科学院上海技术物理研究所和武汉高德红外股份有限公司等单位,进一步深化应用与基础研究,并开展样机研制。

为总结五年来国内在远程红外预警雷达方面的研究成果,在王小谟院士的倡导和国防工业出版社的支持下,中国电子科技集团公司电子科学研究院和中国电子科技集团公司第 11 研究所于 2015 年开始了本书的撰写工作。在系统论证、研制和本书编写期间,均得到了王小谟院士在系统概念、系统设计理念和本书框架结构等方面的悉心指导,以及国营 780 厂张已明总师、中国电子科技集团公司第 11 研究所喻松林研究员、清华大学朱钧教授、中国航空工业集团有限公司第 613 研究所蔡猛研究员、中国兵器工业集团公司第 205 研究所黄鸿耀总师、长春光学机械与物理研究所王德江总师、中国航天科工集团有限公司第 207 研究所毛红霞研究员和中国电子科技集团公司电子科学研究院张靖研究员等众多专家在系统设计、系统光学、器件选型和数据处理等方面的帮助,每次向他们请教和与他们讨论,都如沐春风并受益良多。

全书共分 7 章。第 1 章首先阐述了远程红外预警雷达的概念,重点从与微波雷达的关系,与传统红外探测系统的联系与区别,以及其典型功能性能要求等三个方面进行了说明。第 2 章结合远程红外雷达的目标探测需求,重点分析了典型隐身飞机的红外辐射特性,这一部分并不基于真实威胁目标的基本数据,主要目的是阐述分析方法及过程;此外,还对红外雷达在机载条件下工作所处的环境特性特别是大气传输特性进行了分析,并以附录形式提供了一些基本数据。第 3 章是本书的重点,首先对机载红外预警雷达的总体设计规律进行了初步的总结。由于总体设计实质上是一个迭代过程,因此,需要梳理出全部可能的设计环节与流程,并探讨能否明确得出整个设计过程到底可以从哪个环节开始的结论。在此基础上,针对设计过程中的各个关键部分,如探测器、光学系统和伺服机构等,论述了相应的设计考虑,并介绍了对系统进行测试和评估的基本方法,还基于已有的工程实践给出了设计举例。第 4 章涉及信号处理与数据处理的各种基本方法及其应用,主要是红外雷达自身的信号处理与数据处理;由于红外雷达有可能与微波雷达共处于一个安装平台并协同工作,随后对红外雷达与微波雷达的数据融合进行了学术探讨,由于对应篇幅较大,单独安排在第 5 章进行论述。考虑到红外雷达的主要设计出发点是能够提供与微波雷达相当的能力,而微波雷达能够提供三坐标信息,因此,第 6 章和第 7 章分别按双波段和激光两种技术手段,介绍了红外预警雷达提供距离信息的方法。

由于远程红外预警雷达概念系首次提出，国内外均没有研制先例，且受限于作者水平，难以完全消化吸收众多参研单位的学术观点、技术积累和研制心得，因此本书难免存在不妥之处。本书编写的目的是希望通过总结已有的认识与经验，使得红外预警雷达能够在更广的范围内被大家认识和了解，从而为继续深入开展技术研究和推动装备发展提供一个新的起点。

作者

2017 年 4 月

目　录

第1章 绪论

1.1 机载远程红外预警雷达概念

众所周知，雷达(Radar)是指“无线电探测与定位”(Radio Detection and Ranging)。机载远程红外预警雷达就是搭载在飞机平台上、工作在红外电磁波频段、具有探测和定位功能并主要执行远程搜索与监视任务的系统。之所以将这种工作在红外频段的探测与定位系统称为“雷达”，是因为它在军事需求、设计理念、工作模式以及所提供的信息种类等多方面与传统和现有的各类红外探测系统不同，而与雷达更为类似。

在军事需求方面，隐身飞机的出现对探测系统的能力提出了更高的要求。雷达作为最主要的探测器，在机载条件下用于远程预警，存在一些难以克服的问题。一是采用低频段探测隐身飞机虽然能够获得较大的雷达目标截面，但是在机载条件下由于孔径限制，角度测量精度难以提高。二是随着电磁环境的复杂化，与雷达有关的有意干扰和无意干扰强度日益增大，干扰样式日益增多，复杂电磁环境下雷达工作能力可能出现严重下降。因此，为更好地应对隐身飞机和复杂环境，并解决依赖雷达探测存在的问题，探测手段的多元化是必然趋势。虽然隐身飞机的设计也考虑到了红外目标辐射特性的缩减，但仍以雷达目标截面的缩减为主，且目标的红外热辐射是其固有特征，无法完全消除，红外探测系统就为探测手段的多元化提供了可能。

在新的军事需求牵引下，现有红外探测系统的设计理念可能需要借鉴预警雷达从而发生重大变化。预警雷达在系统设计方面存在覆盖空域(包括探测距离和立体角两个方面)与数据率(DR)两个方面的基本矛盾。欲增加探测威力，要求尽量增大天线孔径来提高天线增益(相应地减少了波束宽度)，使传播过程中的雷达发射能量更为集中，从而保证照射到目标上有足够能量，而由于角度分辨力和信噪比的提高，角度测量精度也相应提高，但同时带来对既定空域的搜索时间增加；降低天线增益和增大波束宽度，可以缩短空域搜索时间，这是增大雷达威力的有利因素，但同时又带来能量分散的缺点，对保证作用距离不利。因此,时间资源的平衡和利用是预警雷达系统设计的重要问题。在红外探测系统用于远程预警时,为保证足够远的反隐身预警威力,与雷达类似,增加接收孔径是一种重要的技术措施;同时,由于预警探测系统一般要求搜索空域比较大,典型要求是全方位搜索,因此,红外远程探测系统设计必须充分考虑时间资源的分配问题,确保在一定的时间约束条件下,覆盖既定空域,保证探测性能。当然,由于红外系统的精度潜力远远高于雷达,因此在覆盖空域和时间的平衡中即使对精度要求有所降低,仍然能够获得足够高的精度,这使红外预警雷达与雷达系统在设计上稍有不同之处。另外,由于远程红外预警系统在机载条件下有可能同雷达或其他系统进行集成或协同工作,因此,在探测能力匹配、信息综合、工作流程与操作界面等方面与传统的红外探测系统也会有所不同。

预警雷达系统广泛采用相控阵技术,有可能对红外预警雷达的工作模式设计带来显著影响。相控阵技术在时间和能量的分配方式上,相比机械扫描雷达有了更多的灵活性。由于数据率(覆盖一定空域所用时间称为扫描周期,其倒数称为数据率,单位为 Hz;习惯上也将数据率的量纲与扫描周期的量纲等同使用,单位为 s)可以由计算机控制,除了全方位扫描常规搜索数据率(如 10s,为通常情报雷达的数据率)外,在需要增大探测距离时可以降低数据率(对于微波雷达来说,理论上,数据率每变化 1 倍,其探测距离相应变化约 20%),在需要改善情报连续性或提高对高机动目标的跟踪效果时,可以提高数据率,此时探测距离有所下降。在相控阵条件下,微波雷达既可以以正常数据率执行搜索和常规跟踪任务,还可以在扫描过程中,调度波束以较短的时间间隔(如 4s)对已经跟踪的目标进行回扫。远程红外预警雷达由于与雷达工作方式及探测性能的匹配,其工作模式可能相比传统的红外探测系统更为丰富。虽然红外探测系统目前不能通过非机械方法来提供波束捷变能力,但由于其转动惯量不大,通过转台结构来实现快速扫描和慢速扫描,在探测距离和高机动目标跟踪等方面获得与雷达类似的能力是可能的。

现代机载预警雷达广泛采用三坐标体制,提供距离、方位和高度信息。虽然红外系统以被动方式工作,一般不能提供距离信息,但是仍然存在提供距离信息的技术可行性。例如:通过交叉定位或单站快速定位技术,有可能对地面固定目标提供距离信息;利用激光与红外系统配合,在红外搜索过程中插入激光波束,有可能对固定或空中运动目标进行测距;或者,为兼顾常规目标及隐身目标、低速目标及高速目标的探测,红外系统可能采用双波段工作,从而也为利用双波段进行测距和定位提供可能。再如,通过多架飞机之间的协同,也可能给出目标的三坐标信息。

总之,在反隐身和对抗复杂环境的军事需求牵引下,红外探测系统可能成为执行远程预警任务的重要手段,因此本书提出远程红外预警雷达这一新概念,作为继前视红外（Forward Looking Infrared，FLIR）系统、导弹逼近告警（Missile Approach Warning，MAW）和红外搜索跟踪（Infrared Search and Track，IRST）系统之后机载红外探测系统的新类型。红外预警雷达以红外光学为主要技术手段，以隐身飞机为主要探测对象，虽然在一定条件下可以通过成像来担负识别任务，但在功能上以搜索和跟踪为主，强调小信噪比条件下的目标检测。而受雷达的启发，其在功能和性能要求及系统设计上具有与传统红外探测系统不同的特点，代表了各类武器装备与技术深度融合发展的趋势，可能催生出新体制武器装备（如以红外预警雷达为主要传感器而不是以经典电磁体制雷达为主要传感器的预警机），并促进相关领域的技术发展。

1.2　机载红外探测系统的分类及发展

机载远程红外预警雷达是现有机载红外探测系统的发展。如前所述，机载红外探测系统通常分为前视红外系统、导弹逼近告警系统和红外搜索跟踪系统三大类。其中：前视红外系统探测载机的前下方，用于瞄准与监视，也可起到辅助导航作用；导弹逼近告警系统属于载机自我防御设备，可探测来袭导弹，发出导弹逼近告警信息，通常要覆盖载机 360°方位空域；红外搜索跟踪系统可探测载机 360°方位空域，用于检测与跟踪空中目标，主要是弹道导弹目标。回顾这三大类机载红外探测系统的发展过程，有助于进一步理解机载远程红外预警雷达概念。

1.2.1　前视红外系统

前视红外系统为攻击目标服务，战术要求是目标定位。在性能要求上，突出空间分辨力的作用，强调成像能力；在光学系统的设计上，对系统成像质量、几何畸变有很高要求。其使用特点是对前方感兴趣区域成像，通常不进行大空域范围的扫描。早期采用光机扫描成像方式，随着凝视型焦平面探测器的发展和应用，凝视成像已成为新一代前视红外系统的技术特征。为解决作用距离与视场覆盖之间的矛盾，在光学系统上采取了多视场角和二重 F 数的设计，通过视场角间的切换，实现不同距离清晰成像以及对目标由远及近的运动过程的全程监控。

前视红外系统通常包括红外传感器、激光指示/测距系统、光学组件、自动跟踪系统、电子控制系统、环境控制系统（ECS）等。其战场功能主要有导航、目标搜索、目标识别、目标跟踪和导弹制导等。以下列出了目前国内外典型机载前视红外系统。

1. AN/AAQ－13/14 LANTIRN 导航/指示吊舱

LANTIRN 是马丁·玛丽埃塔（Martin Marietta）公司于 1980 年开始研制的夜

间低空导航和红外指示系统。产品为吊舱形式,包括 AN/AAQ－13 导航吊舱和 AN/AAQ－14 指示吊舱,由攻击机运载,根据任务要求可选用一个或两个吊舱,使用灵活。

AN/AAQ－13 导航吊舱装备宽视场 FLIR 和 Ku 波段地形跟踪雷达,为飞机低空安全飞行提供夜视导航。

AN/AAQ－14 指示吊舱装备配置有宽/窄双视场 FLIR、激光指示器/测距仪、自动瞄准相关器、处理器和环境控制单元。指示吊舱与飞机控制器和显示器相连,并连接飞机火控系统,可进行低空、昼夜目标捕获和精确武器投放。表 1.1列出了上述吊舱主要性能指标。

表 1.1　LANTIRN 吊舱性能指标

型号	体积/mm^3	质量/kg	观测范围	视场	工作波段/μm	FLIR 孔径/mm
AN/AAQ－13	546×355×1985	195	56°×78°	21°×28°	8～12	—
AN/AAQ－14	ϕ381×2500	245	±150°	1.7°×1.7°(窄) 6°×6°(宽)	8～12	200

LANTIRN 系统大量装备于美国空军的 F－16C/D 和 F－15E 以及美国海军 F－14战斗机,并被多个美国盟国空军选用,是历史上市场占有率最高的战斗机光电吊舱之一。

2. AN/AAS－38 NITE Hawk 前视红外指示系统

AN/AAS－38 NITE Hawk 是洛克希德·马丁公司为战机全天候攻击而研制的目标指示系统,为飞行员提供电视格式的红外热图像,完成目标定位、识别、跟踪和激光指示。

系统以吊舱的形式挂载于战斗机机腹下方,内部设备包括红外传感器、光学系统组件、激光目标指示器/测距仪、惯性稳定机构、控制处理器等。该系统可为飞机任务计算机提供精确目标视线指向角和角变化率,并能为激光制导武器提供精确的目标距离数据和指示能力。

AN/AAS－38 系统性能指标如表 1.2 所列。

表 1.2　AN/AAS－38 系统性能指标

型号	体积/mm^3	质量/kg	观测范围	视场	精度/μrad	跟踪速率
AN/AAS－38	ϕ330×1840	158	纵向:+30°～－150° 横向:±540°	窄:3°×3° 宽:12°×12°	稳定:35 跟踪:230 指向:400	75(°)/s
AN/AAS－38A/38B	ϕ330×1840	168				
NITE Hawk	ϕ330×2440	195				

从 1983 年 12 月首批系统交付美国海军起,已有超过 500 套 AN/AAS－38

NITE Hawk 系统被美国海军/海军陆战队及世界多个国家采购。

3. ASQ－228 ATFLIR 前视红外先进瞄准系统

ASQ－228 ATFLIR 是雷声公司研制的先进瞄准吊舱，该系统集合了 AN/AAS－38 前视红外、AN/ASS－46 瞄准前视红外、AN/AAR－55 导航前视红外三种吊舱的功能，具备导航、目标探测、识别、定位和指示能力，可执行空中监视、近距支援、低空全天候导航、效果评估等战场任务。

ASQ－228 ATFLIR 内部设备包括分别用于瞄准和导航的红外传感器、电荷耦合元件（Charge Coupled Device，CCD）电视摄像机、激光指示器/测距仪、激光点跟踪器和控制处理器等。其中，瞄准前视红外传感器采用中波 640×480 像元凝视焦平面阵列探测器，发现和分辨目标距离和高度的能力得到提升。

表 1.3 为该系统吊舱主要性能指标。

表 1.3　ASQ－228 ATFLIR 性能指标

型号	体积/mm^3	质量/kg	视场	工作波段/μm	红外传感器像元规模
ASQ－228 ATFLIR	ϕ330×1830	191	0.7°×0.7°（窄） 2.8°×2.8°（中） 6°×6°（宽）	3～5	640×480

该系统装备美国海军 F/A－18 系列战机，并参与了伊拉克战争，美国海军计划采用该系统完成 F/A－18 系列战机的前视红外吊舱的升级。

4. AN/AAQ－28 Litening－Ⅱ前视红外吊舱

AN/AAQ－28 Litening－Ⅱ为诺斯罗普·格鲁曼公司研制的改进型 Litening 系统，用于提高战机昼夜攻击能力。该系统可提供实时的 FLIR 和 CCD 图像，具备探测、识别和激光指示目标能力，可执行监视、侦察和战场损伤评估等任务。

Litening－Ⅱ装备前视红外传感器、双视场 CCD 摄像机、激光指示器/测距仪、图像处理器、惯性导航系统和视频记录器等。红外传感器为中波 640×512 像元凝视焦平面阵列探测器。

表 1.4 为该系统吊舱主要性能指标。

表 1.4　AN/AAQ－28 Litening－Ⅱ性能指标

型号	体积/mm^3	质量/kg	工作波段/μm	红外传感器像元规模
AN/AAQ－28 Litening－Ⅱ	ϕ406×2208	200	3～5	640×512

该系统装备美国空军 F－16、以色列空军 AV－8B Harrier Ⅱ Plus 和印度空军“美洲虎”战斗机等，适用于 F－15E、A－10、F/A－18 及无人机等。

5. Damocles 瞄准吊舱

法国 Thomson－CSF Optronique 公司研制的 Damocles 吊舱主要用于激光指示，也可用于空地目标指示、导航、空空识别和侦察。

该系统主要装备有中波红外热像仪、双波段激光指示器/测距仪、激光点跟踪器、导航前视红外系统和 CCD 电视摄像机等。

该吊舱主要性能指标如表 1.5 所列。

表 1.5　Damocles 吊舱性能指标

型号	体积/mm^3	质量/kg	工作波段/μm	视场
Damocles	$\phi370\times2500$	265	3～5	前视热成像：1°×0.7°，4°×4° 导航前视：24°×18°

Damocles 是唯一一款欧洲生产的用于装备狂风战斗机的吊舱，该系统计划装备于法国空军"阵风"和"幻影"2000D 战斗机。

6. TIALD 热成像机载激光指示器

TIALD 是为英国空军"旋风"战斗机研制的前视红外夜间瞄准系统，采用激光指示、热成像、电视和视频跟踪组合，为飞机提供全天候精确制导攻击能力，主要为飞机投放激光制导武器指示目标，同时还具备被动空空攻击和侦察/监视能力。

TIALD 吊舱的主要设备包括热像仪、电视摄像机、激光指示器、收发光学系统、视频跟踪处理器和环境控制系统等。工作于不同波段的热像仪、激光器和电视摄像机共用光学路径，以减轻重量和节省空间。英国 BAE 系统公司为 TIALD 吊舱进行了升级改进，采用中波 384×288 像元凝视焦平面阵列探测器代替原有长波段扫描型热成像通用模块，以提升探测和识别距离。

表 1.6 为 TIALD 吊舱的主要性能指标。

表 1.6　TIALD 吊舱性能指标

型号	体积/mm^3	质量/kg	视场/(°)	工作波段/μm	红外传感器像元规模
TIALD	$\phi305\times2900$	210	3.6 和 10	3～5	384×288

TIALD 吊舱装备于英空军的"鹞式""美洲虎"和"旋风"战斗机。

7. EOTS 光电瞄准系统

EOTS 是洛克希德·马丁公司为美国第五代战机 F－35 研制的目标指示瞄准系统。工作模式包括空空目标瞄准定位和空面目标瞄准定位，具备目标探测、识别、定位和指示及攻击效果评估能力。

EOTS 以内埋式安装于机头前下方，外露光学窗口由平板式透光材料拼接而成，整体呈多面流线体结构，如图 1.1 所示。EOTS 是世界上首个也是唯一一个集第三代 FLIR、IRST 及激光指示测距和激光点跟踪功能于一身的高集成度高效费比的传感器系统。

图 1.1　EOTS 及光学窗口

1.2.2　导弹逼近告警系统

导弹逼近告警系统以来袭导弹为主要探测对象，用于飞机的自我防御。该系统在性能上对覆盖空域、数据率、探测概率及虚警率（FAR）要求高，以在尽可能远的距离准确、可靠地检测来袭导弹目标为目的。由于要兼顾高数据率和全向空域覆盖，该系统通常采用分布式孔径设计，通过多个传感器视场拼接同时覆盖全向空域。导弹逼近告警系统一般可由传感头、处理器、显控单元等部分组成。作为提升载机生存力的重要手段，告警系统要求高的目标探测概率及低的虚警率，并与红外对抗设备相连，以对导弹实施有效的干扰。

典型的导弹逼近告警系统概述如下。

1. AN/AAR－44/44A 导弹告警系统

AN/AAR－44/44A 是美国辛辛那提电气（Cincinnati Electronics）和雷神（Raytheon）两家公司联合研制的红外导弹告警系统，用以探测导弹红外辐射来实现导弹袭击告警。具有搜索跟踪处理多导弹威胁和对抗识别能力，可自动告警和自动施行对抗命令。

系统包括传感头、处理器、控制/显示单元等，传感头采用扫描透射型传感器，具有多种识别模式对付太阳辐射和水面反射以降低虚警率，配有 MIL－STD－1553B 总线接口。系统可安装于飞机内部或以吊舱形式挂载于飞机下部。

AN/AAR－44 部分性能指标如表 1.7 所列。

表 1.7　AN/AAR－44 性能指标

型号	体积/mm^3	质量/kg	功耗/W	兼容性
AN/AAR－44	传感头：$\phi 369 \times 400$ 处理器：$200 \times 212 \times 252$ 控制/显示单元：$102 \times 142 \times 150$	28	75（28V DC） 155（115V，400Hz）	MIL－STD－1553B

2. SAMIR 导弹告警系统

SAMIR 是萨吉姆公司防御与安全部门(SAGEM SA Defence&Security Division)和马特拉动力系统公司(Matra BAE Dynamics)共同研制的导弹告警系统,采用红外探测器自动检测导弹发射尾焰并进行定位,探测数据被传送给飞机电子对抗系统,具备多导弹检测告警能力。

SAMIR 主要设备包括红外双色探测器阵列、信号处理单元和集成冷却装置等。产品形式为集成模块,可安装于战斗机、直升机和运输机等不同类型飞机上。

SAMIR 性能指标见表 1.8。

表 1.8 SAMIR 性能指标

产品	质量	覆盖范围	测角精度
SAMIR	16kg	方位角 180°	优于 2°

3. PAWS 无源机载告警系统

PAWS 是以色列 Elisra 电子系统公司研制的探测导弹发射和来袭告警系统。通过探测和跟踪导弹排出的羽烟中的红外辐射,识别威胁性导弹和非威胁性导弹,具备多威胁告警能力。

PAWS 系统包括传感头和处理器。传感头内含一个或两个红外传感器,传感器与建立在 T805 32 位计算机基础上的处理器相连。

PAWS 可独立操作或与雷达告警接收器和激光告警系统集成,对导弹进行检测、跟踪和显示。

PAWS 的质量与尺寸如表 1.9 所列。

表 1.9 PAWS 的质量与尺寸

产品	质量/kg	尺寸
PAWS	传感头:6.5 处理器:9	传感头:132mm × 187mm × 365mm 处理器:203mm × 389mm × 127mm

1.2.3 红外搜索跟踪系统

红外搜索跟踪系统主要用于空域警戒和目标搜索、跟踪。战术要求是目标探测识别与跟踪,性能上要求作用距离与覆盖空域并重,侧重检测而非成像。使用时对大范围空域进行扫描,使探测器视场依次扫过探测空域完成空域覆盖。典型系统由扫描伺服机构、红外传感器、光学组件、信号处理系统和显示装置等构成。早期探测器以线阵焦平面阵列为主,随着技术的发展,凝视型面阵焦平面探测器也应用于此类系统,以提升扫描时的作用距离。作为被动式探测器,红外搜索跟踪既可独立对目标进行探测跟踪,又可与雷达配合完成对目标的搜索跟踪,提升了飞机全波段、全天候、多方位、抗电磁干扰的作战生存能力,历来受到各国的重视。

红外搜索跟踪系统的安装平台大致可以分为战斗机和大中型飞机两类。其中,安装于战斗机的典型系统有 F－14D 战斗机的 AN/AAS－42 系统、“台风”(Typhoon Rafale)战斗机的 PIRATE 系统、“阵风”战斗机的 FSO 系统、JAS－39 的 IR－OTIS 系统和 F－35 的 EOTS 系统(图 1.2);安装于大中型平台(相对于战斗机而言)的典型系统有安装于 RC－135 的 CORBA BALL 系统、E－2C 飞机的 SIRST 系统以及计划装备于 E－2C 和 E－3 预警机的“门警”系统(后未正式列装)。

(a)“台风”战斗机的PIRATE红外搜索跟踪系统

(b)“苏”-27K战斗机的光电雷达

(c) F-35战斗机的EOTS系统

(d) 法国“阵风”战斗机 FSO 前扇区光学系统

图 1.2　国外机载光电探测系统

1. AN/AAS－42 红外搜索跟踪系统

AN/AAS－42 是装备于 F－14D 的红外搜索跟踪系统,研制厂商为美国通用电气(GE)公司。整个系统为吊舱形式,以长波段(8 ~ 12μm)工作,可对辐射热能量的目标进行多路跟踪,利用一系列滤波和信号处理算法技术,抑制背景杂波,实现远距离探测目标。

系统由传感器头和控制处理器构成,传感器头以吊舱形式安装于 F－14 机首下方,控制处理器安装于座舱后,与飞机中央计算机系统相连,可与 AN/APG－71 型雷达相配合。

传感器头包括光学组件、红外探测器组件和三轴惯性稳定万向架,可实现系统自动或人工设定搜索。

AN/AAS－42 设置了与 APG－71 型战术空中截获雷达相类似的 6 个独立工作模式,方位和俯仰扫描量可选择,并由机组人员分别控制。

表1.10为AN/AAS－42的主要性能指标。

表1.10　AN/AAS－42主要性能指标

型号	体积/mm^3	质量/kg	工作波段/μm	探测距离/km
AN/AAS－42	吊舱:6.6×10^7 传感器头:3.75×10^7 控制处理器:1.74×10^7	吊舱:86.5 传感器头:41.28 控制处理器:16.78	8～12	晴朗天气 185

AN/AAS－42已装备美国海军两个F－14D中队,挪威空军F－16也装备了该系统。适用的载机平台还包括F/A－18和JAS－39。

2. 被动红外机载跟踪装置(Passive Infrared Airborne Tracking Device,PIRATE)系统

PIRATE由来自意大利、英国、西班牙的三家公司共同组成的Eurofirst公司研制。英国的Thales Optronics公司负责系统设计,西班牙的Tecnobit公司负责成像视频处理,意大利的FLIR公司负责系统集成与测试。该系统为“台风”战斗机研制,是飞机攻击与识别子系统的一部分,为态势感知和目标识别提供支撑。

PIRATE的主要由红外光学组件、惯性稳定扫描机构、红外传感器、控制处理器和信号处理器等构成。系统采用内埋式安装于飞机座舱左前方,外露窗口由整流罩保护。

PIRATE系统同时具备目标搜索跟踪和前视红外导航功能,分为IRST模式和FLIR模式。IRST模式包括多目标跟踪、从动捕获和单目标跟踪3种模式;FLIR模式包括着陆辅助、飞行辅助、头盔可扫描红外图像3种模式。

PIRATE主要性能指标如表1.11所列。

表1.11　PIRATE主要性能指标

型号	工作波段/μm	探测器规模	搜索范围/(°)	视场	跟踪精度/mrad	探测距离/km
PIRATE	8～12	780×8	方位:360 俯仰:±30	3°×3°(窄) 6°×6°(宽)	小于2	74(战斗机迎头)

3. 前扇区光学(Front Sector Elector－optical,FSO)系统

FSO系统是法国汤姆逊公司为“阵风”战机研制的光学传感器系统,用于空中目标截获,具备目标探测、跟踪及测距功能。

FSO系统的传感器包括红外、电视及激光器,系统传感器头安装于战机座舱风挡玻璃前,具有两个光学窗口。

FSO系统由飞机传感器管理系统管理,可独立工作,也可与雷达、SPECTRA自保护系统以及导弹导引头等交联使用。红外系统采用双波段(3～5μm和8～12μm)探测目标,中波段的使用提高了系统在潮湿气候条件下的探测能力。电视系统结合激光测距仪,为武器系统提供跟踪、识别和三维捕获能力。

该系统在 6000m 高度的空空模式下，红外搜索跟踪系统探测能力可达 130km，激光测距仪（LRF）超过 33km，电视作用距离在 45km 以上。

4. IR－OTIS 红外光学跟踪和识别系统

IR－OTIS 为瑞典 Saab Dynamics 公司研制的多功能红外搜索跟踪系统，计划装备于 JAS－39 Gripen 战斗机。该系统既能作为大扫描范围的 IRST 系统使用，又能作为窄视场的 FLIR 系统使用。可为战斗机提供目标捕获数据，也可用于地面攻击和侦察。

IR－OTIS 硬件设备包括长波红外（LWIR）热像仪、稳定系统、信号处理器、显示器和控制器等。热像仪工作波段为 7.7～10.3μm，探测器为 288×4 像元焦平面阵列，具有窄、中、宽 3 个不同视场。热成像仪和稳定系统组成传感器头，以内埋式安装于座舱盖前，外露的球形顶盖外径 180mm；显示器安装于座舱中央右侧，为小型电视监视器。系统采用 1553 数据总线与飞机计算系统进行通信。

IR－OTIS 的工作模式有 IRST 和 FLIR。对目标的跟踪可以在 FLIR 模式下以 25Hz 的图像速率进行跟踪，也可以在 IRST 模式下以 0.5Hz 的更新率进行跟踪。飞行员对系统的控制包括改变视场、控制视轴、修正焦距、改变工作模式和设置搜索区域。

5. 监视红外搜索和跟踪系统

SIRST 系统是 1996 年美国休斯飞机公司为美国海军研究所（NRL）和海军航空兵系统司令部研制的监视红外搜索和跟踪演示系统，该系统样机装备在 E－2C飞机上进行了试验。SIRST 用来探测和跟踪战术弹道导弹、飞机和巡航导弹（CM）等目标，为任务机组人员提供导弹的监视和跟踪信息。

SIRST 的探测器为凝视型双波段焦平面阵列，工作于中波 3.4～4.8μm 和长波 8.2～9.2μm。传感器头口径为 75mm，安装于直径 380mm 的常平架上，常平架安装于 E－2C 飞机鼻锥位置（见图 1.3）。系统的方位搜索范围为 ±45°，俯仰搜索范围为 －10°～＋55°；电子稳定传感器的瞬时视场为 87μrad，在俯仰方向上整个视场范围为 3.2°；探测器帧频为 250Hz。探测信号经 Hawkeye 主处理器，可使其输出信号与标准监视雷达的输出信号进行融合。系统从飞行高度 9.14km 的E－2C 飞机上搜索低空目标时，采用长波工作方式，扫描范围为 20°（方位）×3.2°（俯仰），相应的搜索区域为 93km×278km 的弧形区域。

从安装位置及俯仰向覆盖范围推测，SIRST 系统的主要探测对象为弹道导弹，其双波段体制可以使其对弹道导弹的目标类型、发射阶段具有一定的识别能力。

6. 光电分布孔径系统（DAS）

DAS 利用 6 台红外传感器分布在飞机四周，实现飞机全方位、全空间（4π 立体角）的覆盖。其安装位置如图 1.4 所示。它具有态势感知红外搜索跟踪

图 1.3　SIRST 系统

(SAIRST)和导弹告警(中波红外)功能,而且具有导航前视红外(Nav - FLTR)的功能,它的图像在驾驶员的头盔显示器(HMD)上显示,而且支援战场损伤指示(见图 1.5)。

图 1.4　EO - DAS 安装位置

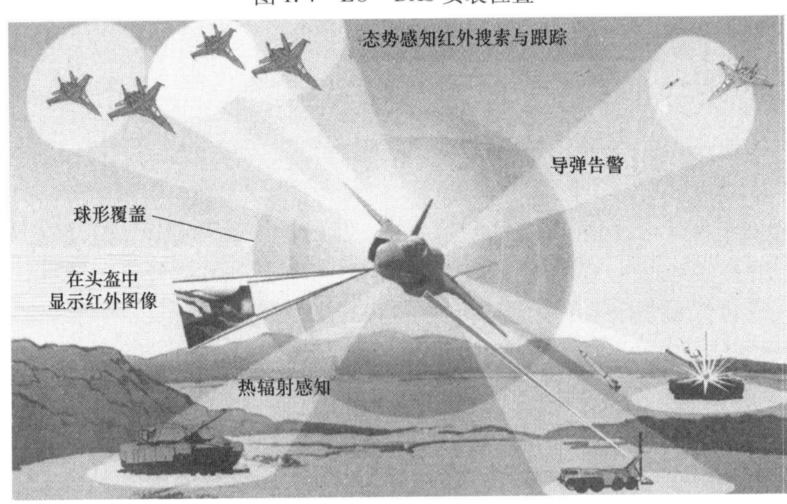

图 1.5　F - 35 JSF 的分布孔径系统(DAS)

DAS 采用 2048×2048 像元中波红外焦平面探测器(前期验证分别采用过 512×512 像元和 1024×1024 像元中波红外焦平面探测器),后端图像处理包括 6 个传感器的视场拼接、目标自动识别和自动跟踪等。DAS 是世界上第一个采用综合分布式架构实现 360°观测角的机载多用途光电系统。

7. "眼镜蛇球"系统

美国于 20 世纪 90 年代初开始了安装于更大型平台的机载 IRST 系统的尝试,最初进行的试验系统称为机载光学辅助(AOA)装置,后改为主要针对战区导弹防御的机载监视试验(AST)计划,用于评估和改进未来美国导弹防御发展的关键技术。AST 试验重点在于收集和分析不同防御计划的若干试验目标的红外数据,成功进行了 37 次试验任务。AST 采用的传感器为休斯飞机公司制造的低温制冷红外传感器,具有很高灵敏度。传感器总视场为 80°(宽)×40°(高),所有传感器以 10(°)/s 前后或 S 形扫描搜索工作,可搜索转跟踪或边搜索边跟踪,跟踪时瞬时视场为 3°(宽)×1°(高),总质量达到 2600kg。

1991 年,波音军用飞机公司为美国空军研制的 RC-135S"眼镜蛇球"(COBRA BALL)战略侦察机,主要装备为远程红外探测系统,用于侦察和跟踪弹道导弹,实质上起红外预警机的作用。在海湾战争中,"眼镜蛇球"有效地对来袭的"飞毛腿"导弹进行了早期预警,为地面火力拦截导弹起到了重要作用。其机上传感器在不断改进,新的改进型中在红外传感器上增加了一台高功率激光测距机。其改进型 Cobra Ball2 已于 1998 年投入使用。

"眼镜蛇球"远程红外探测系统包括 4 套光电系统,分别为中波红外阵列(MIRA)组件、实时光学系统、大孔径光学跟踪系统和激光测距机。如图 1.6 所示,MIRA 系统安装在 RC-135S 的舷侧,通过飞机舷侧的窗口探测目标。图中最前面的窗口就是 MIRA 的探测口。中间的两个窗口是 RTOS 的观测窗口。MIRA 系统重 295kg,由 6 个红外摄像机组成。每个摄像机的视场与邻近摄像机的视场略有重叠,从而产生稍小于 180°的侦察范围。RTOS 包含多个捕获和跟踪装置。用于跟踪的 LATS 焦距 305mm,能以很高分辨力探测跟踪小目标。激光测距机为工作波长 1.06μm 的 Nd:YAG 激光器。RC-135S"眼镜蛇球"可探测和跟踪 400km 远的升空导弹,可在弹道导弹发射后几秒内发现目标,跟踪其尾喷流,并可精确测得导弹助推器的熄火时间、级分离时间和喷流强度。通过将系统探测数据与探测数据的综合,可以将导弹发射点的位置定位在 1.6km 的范围内。

8. "门警"系统

美国海军还为其战区弹道导弹(TBM)防御系统研制了机载红外探测系统——"门警"(Gate Keeper)系统。该系统用于探测助推段或后助推段的战区导弹,可实现对目标的精确定位,并给出导弹的精确三维轨道数据。系统探测弹

图 1.6　RC－135S“眼镜蛇球”战略侦察机

道导弹的距离达 800km。

“门警”系统由红外搜索跟踪分系统和激光雷达/角跟踪（LR/T）系统组成。IRST 传感器为一对红外焦平面阵列，分别工作于中红外和远红外波段，通过望远镜万向支架的运动实现扫描，垂直视场为 4°，水平扫描速率为40（°）/s。IRST 的功能是发现和识别目标，并引导 LR/T 对目标进行精密跟踪和测距。LR/T 向目标连续发射一串激光脉冲，测出目标距离，通过距离和角度可计算出目标的弹道状态矢量。

“门警”系统的主要技术参数指标如表 1.12～表 1.14 所列。

表 1.12　“门警”系统的主要技术参数

参数	性能
光学系统视场	4°×2°（垂直×水平）
系统覆盖角度	－15°～85°（俯仰），360°（方位）
测距范围/km	100～1000
额定扫描速率/（（°）/s）	40
万向架旋转时间/s	1
万向架加速度/（（°）/s^2）	420
CR/T 拦截时间/ms	50
测距速率/Hz	20
平台高度/km	7.6～9

表 1.13　“门警”系统性能参数 IRST 部分

参数	性能
波长/μm	3.5～5，8～12
孔径/mm	200
阵列类型	HgCdTe
阵列尺寸	6×960（水平×垂直）
像元视场/μrad	100
扫描高度/（°）	4

表 1.14　“门警”系统性能参数 LR/T 部分

参数	性能
波长/μm	3.5～5,1.064
孔径/mm	200
阵列类型	光伏 InSb
阵列尺寸	128×128(水平×垂直)
像素视场/μrad	30
跟踪精度/μrad	约 5(信噪比最差时)

1.3　各类机载红外探测系统的比较

相比于已有的各类前视红外和导弹逼近告警(MAW)红外探测系统,远程红外预警雷达更类似于安装在战机或大中型平台上的 IRST 系统。两者在工作原理上,均是基于目标自身红外辐射实现探测,利用目标和背景之间的温差形成热点或图像来探测和跟踪目标,在系统光学设计、伺服稳定控制、杂波抑制技术和目标检测跟踪算法等基础技术方面可互相通用,都属于对未分辨目标的探测,在大空域搜索、杂波抑制、目标检测和目标跟踪上采用的工作机制相似,但又有显著的不同。

红外远程预警雷达系统是以对隐身飞机的远程探测为主要目标,兼顾对各类导弹目标的探测。隐身飞机在目标特性上,相比于弹道导弹,其辐射强度可能相差一两个数量级,特别是处于亚声速飞行状态下的隐身飞机,其辐射强度更低;如果不进行特别设计,针对弹道导弹探测而设计的现有系统将不能达到远程预警所需的距离要求。为增加探测距离,虽然可以考虑增大安装平台以增大光学孔径,但仅有孔径增加仍然不能满足要求,需要在系统总体设计、光学系统、探测器和信号处理等各个环节采取必要的技术措施,而这些技术措施的论证、分析以及系统设计,即构成了本书的主要内容。

1.4　机载远程红外预警雷达的主要功能性能要求

远程红外预警雷达的总体功能要求是具备远距离大空域搜索跟踪能力,可与预警雷达配合工作。具体包括 6 个方面,即探测距离、覆盖空域、完成一次全部覆盖范围探测所需的时间(数据率)、探测概率、虚警率以及测角精度。

远程红外预警雷达探测距离要满足对威胁目标的拦截要求,即在该探测距离内,在探测到目标后有足够的时间引导我方飞机对威胁目标进行拦截,并保证自身安全。在这种情况下，参考文献[2]中介绍的机载预警雷达对目标的探测距离要求，远程红外预警雷达对目标的探测距离要求也要超过300km。需要指出的是，由于远程红外预警雷达是根据探测隐身飞机目标的需要而提出的，而文献[2]中分析的主要对象是常规飞机目标，隐身飞机目标由于巡航速度更快，且携带的攻击武器其攻击距离更远，理论上，满足拦截和维护机载预警系统自身安全所需的探测距离需要更远才是合理的。

覆盖空域是指其探测范围应满足一定方位和俯仰角（高度）覆盖的要求。工作在微波波段的机载预警雷达，一般覆盖空域要求为方位360°、高度覆盖0～30000m；机载红外预警雷达应具备与微波预警雷达接近的空域覆盖能力。假设机载红外预警雷达工作高度为8000～10000m，下视探测对应的最大视距将超过300km，对应的俯仰角大致为±3°；为完成指定高度方向上的空域覆盖，可能需要在进行方位周扫的同时，高度方向上需要两线或多线扫描。附录A和附录B分别给出了在中、长两个波段和平视、上视和下视三种俯仰角下，大气透过率和背景辐射亮度的分析结果。值得注意的是，在下视条件下，由于背景辐射的影响，在其他因素不变情况下，红外预警雷达探测距离下降明显，同时虚警率也会大幅提高。图1.7为机载红外设备下视图像，其中红色框中的为飞机目标。可以看出，由于地物背景非常复杂，目标有可能完全淹没或嵌入地物背景中无法检测。

图1.7　高空下视红外图像（见彩图）

针对下视情况下地物目标造成的虚警问题，可根据被测目标的运动特点，通过时间维度的信号差异进行检测。但由于地物背景随时间变化比较快，如受风、太阳、地物目标运动的影响，也会造成时间维度的干扰，仅通过时间维度的滤波处理，也很难消除虚警。完全解决下视地物背景下的目标检测问题，还得从红外预警系统总体设计入手。最理想的手段是通过光谱探测的方法，通过不同目标的不同光谱分布特性对目标进行识别检测。这一方面的研究才刚刚展开,还有很多具体技术待攻克。

但是需要指出的是,除地物虚警等不利因素外,下视也会带来对目标观察角度方面的优势。例如对于飞机、导弹等目标,由于不存在遮挡,下视情况下其尾焰、蒙皮均会更多暴露在红外预警雷达中,从而引起目标辐射强度的增加,对作用距离有利。

对红外预警雷达的数据率要求是与微波雷达数据率相接近或匹配,便于数据融合和态势生成,当然,由于积分时间和多帧积累时间对作用距离有影响,很多情况下,首先应保证探测距离达到要求,以时间换距离是红外预警雷达提高探测距离的重要措施。本书第 3 章给出了典型红外预警雷达转动惯量的分析,基于分析结果可以认为,对于红外预警雷达,通过机械转动,可以在一定范围内实现类似于相控阵雷达的数据率的变化。当需要红外预警雷达提高数据率时,可以有两种方式:一种是限定在缩小的空域内使用,此时积分时间可以不变,由于覆盖空域缩小,数据更新率增加,虽然理论上单次检测的探测距离不变,但由于数据率提高,有助于提高跟踪质量,也可以适当增加积分时间,取得作用距离和数据率的兼顾,此时只要空域的缩小对数据率的贡献占主要地位,数据率就仍然是提高的;另一种是对于已经发现的目标,根据需要以一定时间间隔进行回扫,考虑到机械旋转的方式毕竟不如相控阵雷达中用计算机控制相位那样灵活,因此仅在对位于特定扇区内的特别重要的少数目标使用。

在雷达中,通常使用检测概率和虚警率两个指标对检测能力做出规定。对于情报雷达来说,检测概率通常为 50%,其物理意义是把检测视作随机行为,因此 50% 的检测概率及其对应的探测距离表明,在该距离上的某次检测,有 50% 的概率是能够被发现的,即临界检测。如果雷达用于火控或识别,通常会将检测概率调整为 80% ~90%,此时临界检测变为可靠检测。虚警率则描述了系统电子噪声对检测的影响,其物理意义是在没有目标信号情况下,系统电子噪声超过门限的概率,根据虚警率和检测概率要求,可以联合确定检测门限,最常用的虚警率为 10^{-6}。在红外预警雷达中,可以借鉴雷达的这两项指标对其检测能力做出规定,第 3 章对此展开了进一步的论述。需要指出的是,前述的虚警概念描述了系统自身特性对检测的影响,人们还在另外一个意义上谈论系统的虚警概念,即外部环境因素对系统检测的影响,例如,太阳光、海面和陆地表面等背景辐射有可能频繁引起虚假的目标报出。事实上,外部因素引起的虚警在很大程度上影响系统设计,也显著地影响系统的用户体验,需要在系统设计中引起高度重视。

对于虚警的理解,红外预警雷达与经典雷达是存在一定区别的。经典雷达系统中对虚警、杂波干扰等有严格区别,红外预警雷达则没有这样严格区别。对于红外预警雷达,凡是将非目标检测为目标的行为都定义为虚警。因此,红外预警雷达产生虚警的原因就会较多。噪声会产生虚警,背景杂波(如云层)会产生虚警,杂散光会产生虚警,红外探测器的盲闪元也会产生虚警。红外预警雷达产生虚警有系统自身因素,也有背景因素。对于噪声虚警,红外预警雷达与经典雷达系统一样,需要通过各种处理最终实现信噪比的提升。很多弱信号目标检测算法就是针对这种噪声-信号模型进行处理的,主要的处理方法有跟踪前检测和检测前跟踪等。

对于背景杂波、杂散光、盲闪元,则主要需要通过背景抑制、模式识别等方法进行有效识别去除虚警。背景杂波,目前通用的方法有形态学方法抑制背景,杂散光和盲闪元通常采用时间特性或运动特性进行识别。

红外预警雷达的测角精度与角度分辨力有关。假设微波雷达的测角精度按波束宽度的1/10计算,典型值约为0.3°,即使红外雷达孔径为雷达孔径的1/20,由于工作频率可能相差1000倍以上,其测角精度仍然比雷达至少高2个数量级。在机载条件下,由于需要惯导向红外预警雷达提供扫描指向和姿态信息,若惯导的姿态误差按0.1°算,仍比红外预警雷达自身所能达到的测角精度低一个数量级。

参考文献

[1] 何建伟,曹晨,张昭. 红外系统对隐身飞机的探测距离分析[J]. 激光与红外,2013,43(11):1244-1247.

[2] 陆军,郦能敬,曹晨,等. 预警机系统导论[M]. 北京:国防工业出版社,2011.

[3] 曹晨. 机载预警雷达70年发展回顾与展望[J]. 现代雷达, 2015,37(12):6-12.

[4] Laforce F. Optical receiver using Silicon APD for space applications[J]. Proc. Of SPIE, 2009, 7330:73300R-1.

[5] Barenz J, Baumann R, Tholl H D. Eyesafe imaging Ladar/infrared seeker technologies[C]. International Society for Optics and Photonics, 2005, 5791:51-60.

[6] 沈宏海,黄猛,李嘉全,等. 国外先进航空光电载荷的进展与关键技术分析[J]. 中国光学,2012,5(1):20-29.

[7] 吴耀. 大视场红外搜索光学系统研究[D]. 哈尔滨:哈尔滨工业大学,2011.

[8] 李泽键. 红外搜索系统作用距离的计算方法研究[D]. 长春:长春理工大学,2012.

[9] 杨百剑,万欣. 新一代机载红外搜索跟踪系统技术发展分析[J]. 激光与红外,2011,41(9):961-964.

[10] 孙文,王刚,姚小强. 美国天基红外预警系统概况与启示[J]. 传感器与微系统,2016,35(4):1-7,34-36.

[11] 王合龙,陈洪亮,何磊,等. 机载光电探测与对抗系统发展浅析[J]. 红外与激光工程,2008(37):315-318.

[12] 陈苗海. 机载光电导航瞄准系统的应用和发展概况[J]. 电光与控制,2003,10(4):42-46.

[13] 李德栋,肖楚琬,逄绪阳. F-35全向光电探测系统实战性分析[J]. 激光与红外,2017,47(3):322-326.

[14] 吕明春,梁红卫. 全向凝视型光电探测技术[J]. 光电技术应用,2008,23(1):42-44.

[15] Engel M, Navot A, et al. Sea spotter: a fully staring naval IRST System[J]. Proc. SPIE, 2013,8704: 87040.

[16] 吴亚惠,张宇翔,王晓东. 机载光电吊舱地面测试技术研究[J]. 测控技术,2016,35(1):81-83.

第2章 目标辐射与大气传输

2.1 目标特性

目标是探测系统的作用对象，也是系统设计的出发点。理论上，一切具有温度特征的物体均可成为红外系统的探测目标。在军事应用中，红外系统的探测目标包括飞机、导弹、舰船、车辆及人体等。对于机载远程预警系统，主要的探测对象是飞机和导弹，包括战斗机、轰炸机、无人机、战术导弹、弹道导弹、巡航导弹等。这些目标的辐射特性详情均属于保密范畴，但是应用辐射定理和一些公开的资料，通过建模仿真计算，可以得到较准确的估算值。如再通过实际测量试验对模型进行校验和完善，则可获得置信度较高的计算结果，但通常需要大量的跟飞/伴飞测量试验数据来支撑。

国外在飞机目标红外特性研究方面做了大量工作，已经建立多个飞机目标与环境光学特性通用模型，并形成工业标准。针对现役的第四代隐身战机的红外特性研究国外也在开展相应的理论建模和测量研究。欧美等发达国家开发的飞机目标红外特性模型主要有：

NIRATAM——北约8个主要国家联合开发的飞机红外特性计算模型。该模型考虑了影响飞机红外特征的主要影响因素并开展联合建模研究，1991年第一次发布，已经应用于欧洲“狂风”战斗机，俄罗斯“米格”战斗机，美国F-16、F-4和F-104等飞机的红外特征建模研究，并进行了大量跟飞/伴飞测量试验进行模型的校验，具有较高置信度。

SIRUS——英国空间系统高级研究中心开发的空中/空间目标（含推进系统）红外特征计算模型。该模型考虑了影响目标红外特征的6种影响因素并进行联合建模，同时考虑了目标表面材料的光学特性，建立参数化的目标表面材料双向反射函数（BRDF），并应用到红外特征计算模型中。

IRST——美国重型航空器研究所开发的远距离重型目标红外特性计算仿真软件。该模型在1994年发布的版本中包含了8个标准化模块；其中SPIRITS模块为其标准的飞机红外特征计算模型，后来用于典型隐身战斗机目标红外特征建模并进行了模型的校验。该模型还包括云计算模块、大气传输特性模块和光学传感器模型等。

国内在空中目标红外特性建模与仿真技术方面也开展了一系列的研究。多家高校及科研院所在飞机整机红外特性计算研究、蒙皮温度计算研究、飞机红外特征的影响因素、发动机尾喷焰流场的模拟与气体红外辐射计算、尾喷口红外辐射计算、大气透过率特性计算、空中目标红外成像仿真和空中目标红外隐身(IRS)特性等多个方面进行了研究。

2.1.1 飞机类目标

飞机产生的红外辐射主要由四部分组成:进气道及尾喷管部位的热辐射,尾焰羽流的热辐射,由气动加热和内部热源与机身热交换产生的蒙皮辐射以及机身反射天空、地面、太阳的辐射。飞机类目标的红外辐射特性可从这四个部分进行分析。

1. 非隐身飞机

这里所说的非隐身飞机,是指没有采用红外隐身措施的飞机。非隐身飞机的目标辐射由上述 4 个部分在各方向的投影叠加而成。

1) 尾喷管辐射

进气道及尾喷管部位的热辐射计算与所用的发动机有关。尾喷管由发动机排出的气体加热,可将尾喷管看作黑体辐射源,从它的温度和喷管面积来计算其辐射(见图 2.1)。

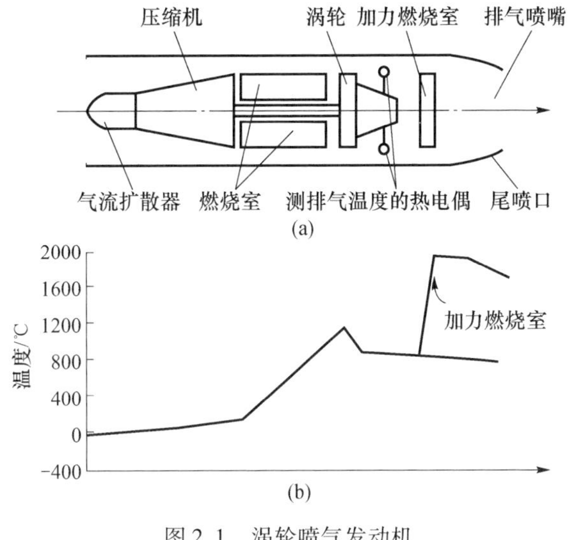

图 2.1 涡轮喷气发动机

喷管温度大小由发动机排出气体温度(EGT)来近似。排出气体温度是发动机一项重要的性能指标,可综合反映涡轮叶片材料的热极限和强度极限,在飞行员仪表板上可监视。通过一些公开的资料可查到发动机的性能指标,进而可确定尾喷管的温度。

工程计算中,尾喷管可考虑成一发射本领为0.9的灰体辐射源,温度等于排出气体温度,面积等于排气喷嘴的面积。

图2.1为典型的涡轮喷气发动机结构和轴向温度分布示意图,气流温度从涡轮出口到排气喷嘴段上几乎保持不变,热交换使得喷嘴壁的温度接近气流温度。

对尾喷管辐射(NR)更精确的分析将涉及计算流体力学和计算传热学(包括计算辐射学)的综合性数值分析。

2）尾焰辐射

尾焰辐射强度与排出气体分子的温度和数目有关,这些值取决于燃料的消耗。排出尾焰通常被分为一些区,在这些区内为简化起见温度和物质浓度均可假定为常数。喷气引擎排除尾焰的大部分辐射来自位于非半流体区出口面的附近,总尾焰辐射的3/4是在这一区内产生的。该区的主要成分是 CO_2 和 H_2O,因此是选择性辐射体。

对尾焰红外辐射特性的仿真首先是利用CFD软件仿真处射流流场并根据可压缩流控制方程解算出尾焰流场的温度分布、组分压强分布、组分浓度分布;然后采用微观谱带模型,将非均匀性气体的辐射看作均匀气体辐射的C-G近似法,并在计算中考虑谱线的碰撞展宽效应和多普勒展宽效应,最后仿真出尾焰任意方向的红外辐射强度。

3）气动蒙皮辐射

由于气动加热,飞机的蒙皮温度将经受剧烈的变化,从而产生相应的红外辐射。工程计算中,通过求驻点(ST)温度的方法求得蒙皮辐射。驻点是指当空气流过物体时,在物体表面,空气气流由于高温高压形成的完全静止的任意点。在这一点的温度称为驻点温度。驻点温度可由下式给出:

$$T_s = T_0\left[1 + r\left(\frac{\gamma - 1}{2}\right)Ma^2\right] \tag{2.1}$$

式中:T_0为周围大气温度;r 为恢复系数,一般取 $r = 1.4$;γ 为空气定压热容量(CCP)和定容热容量之比,$\gamma = 1.4$;Ma 为飞行马赫数。

由求得的驻点温度,应用普朗克定律即可计算出蒙皮辐射出射度,结合飞机尺寸参数,进而可求出辐射强度。

更精确的计算则需要考虑飞机表面复杂的几何外形及实际的表面散射状态,并考虑飞机内外部热环境的耦合作用。

4）机身反射辐射

机身反射辐射包括天空、地面和太阳的辐射,还与机身表面的光学特性有关。天空、地面辐射与大气条件、温度等多种因素有关,采用估算的方法,可用天空背景温度和地表温度套用普朗克定律进行计算。太阳辐射强度计算也如此,但最终计算结果要按实际的太阳辐射强度进行归一化,实际的太阳辐射强度可按太阳常数的 80% 来计算。

通过对上面几部分(尾喷管、尾焰、蒙皮、反射辐射)的辐射强度计算,整个目标飞机在一定条件下,在某个方向上的总的辐射强度就可得到,即

$$I_{目标(\theta\varphi)} = I_{尾管(\theta\varphi)} + I_{尾焰(\theta\varphi)} + I_{蒙皮(\theta\varphi)} + I_{反射(\theta\varphi)} \tag{2.2}$$

图 2.2 和图 2.3 示出了某型号飞机不同条件下的红外辐射强度计算结果,目标的发射系数取 0.8。

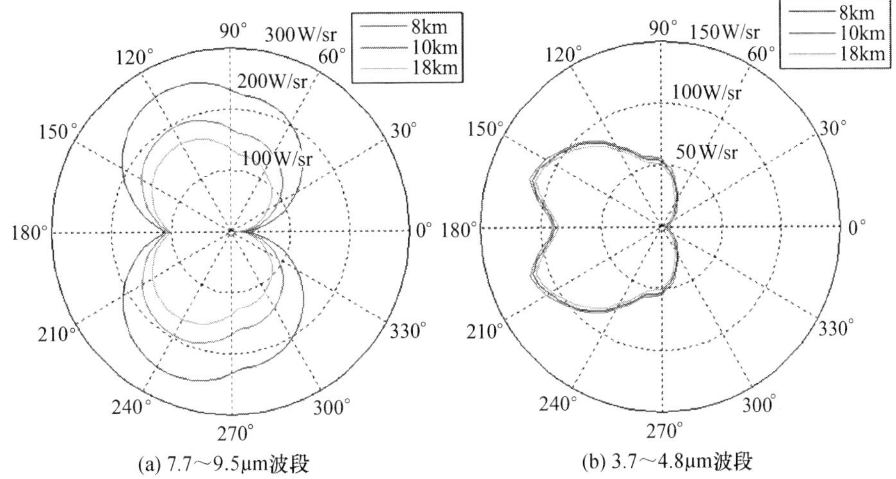

图 2.2　不同海拔下,目标飞行速度 $Ma = 0.9$,目标红外辐射强度分布曲线(见彩图)

2. 隐身飞机

由于采取红外隐身措施,隐身飞机的红外辐射特性与非隐身飞机的特性有所区别。对于发动机尾喷管和排气尾焰,红外隐身技术采取的措施有发动机隔热、异形喷管、发动机及喷管结构布局优化、排气出口调整遮蔽、喷射冷却剂等,达到减小、变向,遮蔽尾喷管和排气尾焰红外辐射的目的。对蒙皮辐射和环境辐射反射,红外隐身技术采取的措施主要是利用红外隐身涂料,通过改变目标表面发射率,调整表面温度及辐射特征以实现目标的低可探测性。

1) 尾喷管及尾焰的计算方法

对隐身飞机的尾喷管及尾焰的计算采用对发动机建模仿真的方式进行。

由于隐身飞机可能采用方形双喷管,不具备轴对称的条件,需要对其尾流场进行三维建模数值计算。首先根据发动机特性参数,建立内流场的计算模型,根据给定的内流场参数如尾喷管出口温度、压力及油气比数据等计算喷口处的总

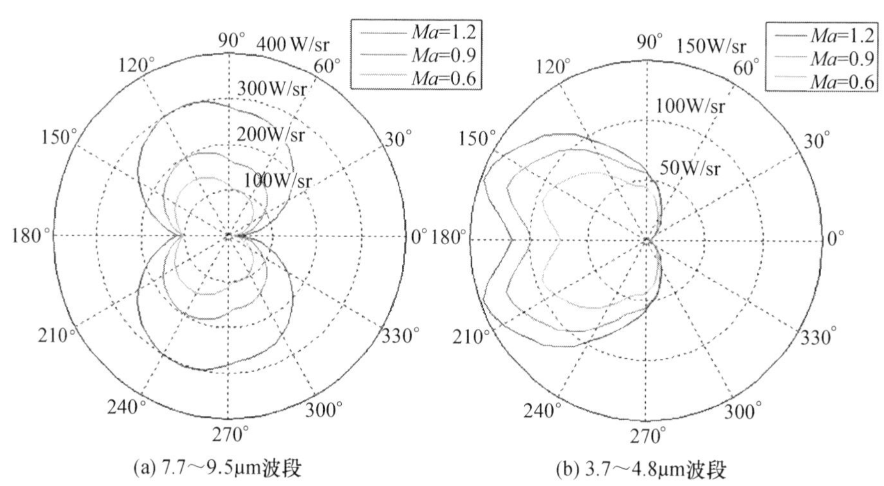

图 2.3　不同飞行速度下，目标飞行高度 10km，目标红外辐射强度分布曲线（见彩图）

温、总压及尾气各种组分的质量分数；然后划分尾流场的轴对称网格，设置边界条件；根据模型计算内流场分布；分别建立喷口腔体辐射计算模型、喷焰流场计算模型及喷焰辐射计算模型；基于内流场计算结果进行喷口辐射及喷焰流场计算。

在计算腔体的红外辐射时，对腔体内一点的红外辐射，要考虑到整个腔体对该点的辐射贡献。假设光线看到腔体内的第 i 个单元，则该面元的辐射包含自身辐射和考虑到对其他单元辐射的反射辐射，则该单元的辐射亮度可表示为

$$N_i(\lambda) = \varepsilon_i N_0(\lambda, T_i) + \rho_i \sum_{j \neq i} \varepsilon_j F_{ij} N_0(\lambda, T_j) \tag{2.3}$$

式中：ρ_i 为第 i 个单元的表面光谱反射率；$N_0(\lambda, T_j)$ 为温度为 T_j 的黑体辐射谱亮度。

为了提高雷达和红外隐身性能，对进气道和尾喷管进行了专门设计。进气道采用 S 形设计，二元尾喷管设计成带有吸收性介质的复杂腔体。当腔体结构较为复杂时，内壁存在面元相互遮挡，利用蒙特卡罗（Monte Carlo）法来完成辐射传递角系数的计算，并利用基于统一计算架构的硬件加速来完成角系数的快速计算。

对于喷焰的红外辐射计算，针对某四代机典型发动机二元矢量方喷口尾焰流场建模并在此基础上建立尾焰辐射特性计算模型。尾焰流场模型的输入参数为发动机工作条件，模型输出的计算结果为喷焰流场特性。尾焰流场特性作为尾焰辐射计算模块的输入参数，包括三维流场（TDFF）特征、各点速度、压

力、温度、组分浓度。尾焰辐射模型输出的计算结果为三维流场各点的光谱辐射亮度。

对高温气体光谱辐射参数的计算,根据现在已经公布的气体光谱数据库,针对喷焰中辐射特性显著的组分,建立其高温状态下的谱带模型。建立的谱带模型要能准确地描述辐射组分的谱带分布特性,并且能满足较高的温度条件。

对非均匀流场辐射传输的计算,根据喷焰流场中气体的物性特点,确立在这种高温非均匀条件下辐射传输方程的求解途径,如采取六流法计算流场中辐射亮度的分布。

非轴对称流场目标辐射特性计算,针对方形等非轴对称的喷口,建立相应的辐射计算网格,以计算观测方向上的辐射亮度分布。

2) 气动蒙皮及反射辐射的分析计算

对隐身飞机,气动蒙皮辐射和环境辐射反射形成的辐射通量密度可表示为

$$W_t = \varepsilon_t \sigma T_t^4 + (1 - \varepsilon_t) H_e \tag{2.4}$$

式中:ε_t 为表面发射率;σ 为斯忒藩 - 玻耳兹曼常数;T_t 为飞机表面温度;H_e 为环境辐射辐照度。

式(2.4)表明,隐身飞机机身产生的辐射强度与飞机表面温度、表面发射率及环境辐射有关。表面温度是飞机从高速飞行产生的高温高压气动附面层内吸收的热量和表面向外辐射热量之间的热平衡值。当所吸收的热量相同时,低发射率的表面向外辐射的热量小,温度增加幅度大于高发射率表面。分析隐身涂料造成的影响,不仅要考虑低的表面发射率,还要考虑因减低发射率导致的温度变化。

正常情况下,飞机的表面温度近似等于气动附面层的驻点温度。采用红外隐身涂料后,改变了飞机表面的辐射发射率,存在两种可能:一是减小了全光谱段的发射率;二是只减小了大气传输窗口波段的发射率,其余波段的发射率不变。下面对这两种可能进行分析,结合分析结果给出采用隐身涂料后,目标辐射特性的变化情况。

(1) 减小全光谱段发射率。由于辐射发射率减小,表面向外辐射能量的能力减低,因此飞机自身温度将增加,由此引起辐射强度的变化。全光谱发射率涂料的飞机表面温度与发射率变化关系如图 2.4 所示。

以 8 ~ 12μm 波段的辐射强度为例,由于温度变化的影响导致辐射强度变化情况如图 2.5 所示。

对 8 ~ 12μm 波段的辐射强度,随着速度的增加,各发射率表面产生的辐射通量密度均明显增大。计算结果表明,当飞行速度大于马赫数 1.6 时,随发射率的减小,辐射通量密度下降,且发射率越低,辐射通量密度下降越明显。当飞行速度小

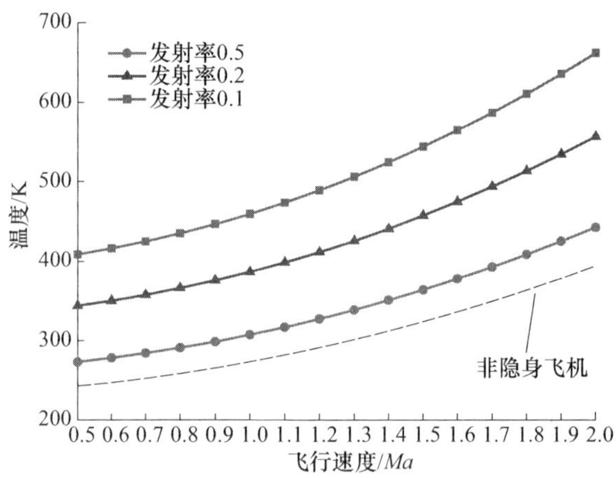

图 2.4 全光谱发射率涂料的飞机表面温度与发射率变化关系(见彩图)

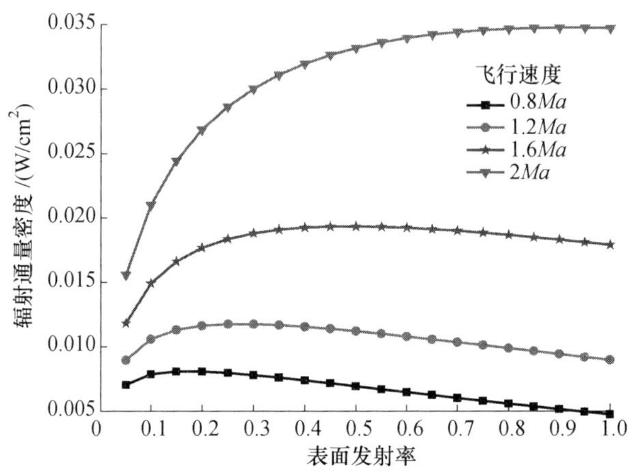

图 2.5 辐射通量密度(8 ~ 12μm 波段)与表面发射率关系(见彩图)

于马赫数 1.6 时,随发射率的减小,辐射通量密度出现先增大再减小的变化。

为进一步说明涂料表面发射率对目标辐射特性的影响,分析不同表面发射率下飞机正迎头辐射强度,如图 2.6 所示,飞机正迎头面积取 2.5m^2,飞行高度 10km,环境辐射亮度 300W/m^2。

当飞行速度增大时,发射率小的表面,8 ~ 12μm 波段的辐射强度增加幅度小,3 ~ 5μm 波段的辐射强度增加幅度大。对于表面发射率小于 0.5 的全光谱隐身涂料,飞机从低速到高速的飞行过程中,可有效减小 8 ~ 12μm 波段辐射强度的变化幅度,但相对应地增加了 3 ~ 5μm 波段辐射强度的变大幅度。对 8 ~ 12μm 波段辐射,低发射率涂料在飞机高超声速(马赫数 >1.5)飞行阶段可抑制辐射强度的增加,发射率越低,抑制效果越明显;但在亚声速和低超声速飞行阶

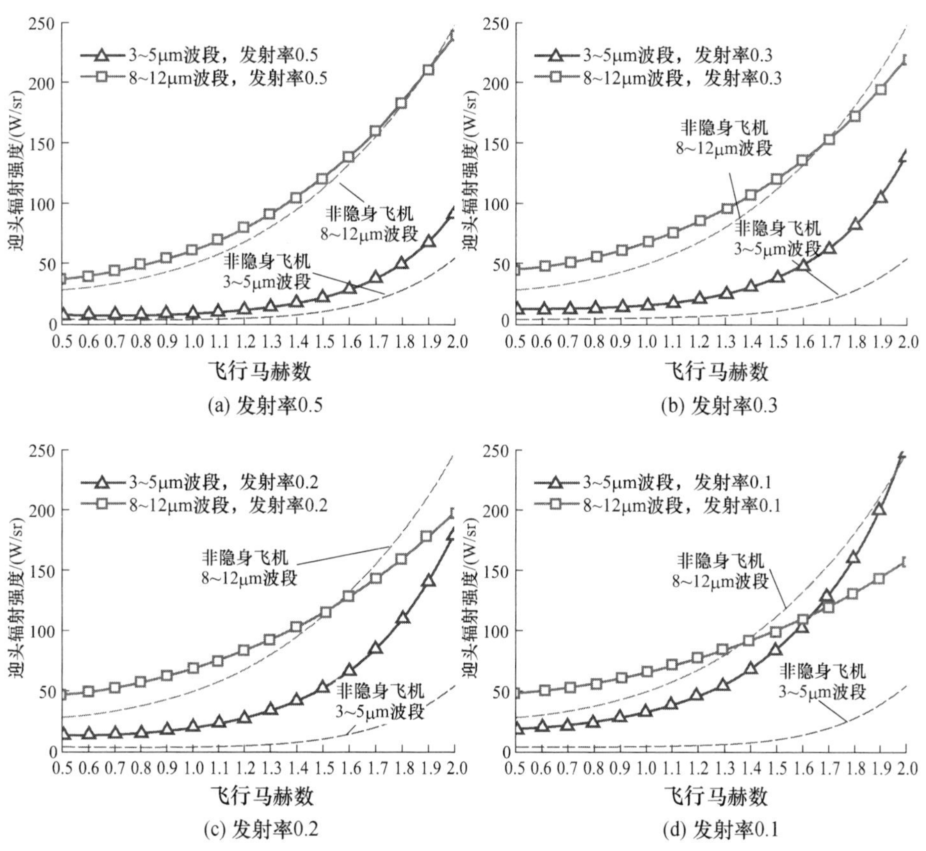

图 2.6　表面发射率对迎头辐射强度的影响

（飞行高度 10km，环境辐射亮度 300W/cm^2）（见彩图）

段，低发射率涂料增加了该波段的辐射强度。对于 3 ~ 5μm 波段辐射，在飞机从低速到高速的全过程中该波段的辐射强度均增大，发射率越低，辐射强度增加的效果越明显。对这种现象可从能量守恒角度去解释：由于发射率低的表面不容易将从气动附面层吸收的热量辐射出去，积累的热量使温度增加，辐射峰值波长向低波段转移，低波段辐射能量占总辐射能量比例上升。也就是说，8 ~ 12μm 波段上被抑制的辐射强度并不凭空消失，而是通过增大 3 ~ 5μm 波段辐射强度来实现平衡，符合能量守恒定律。

以上分析说明，采用全光谱波段发射率小的隐身涂料，只有在飞机超高速飞行阶段（马赫数 >1.6）才可有效减小蒙皮辐射，飞行速度小于马赫数 1.2 时，没有达到减小蒙皮辐射的效果。

（2）减小大气传输窗口波段发射率。假设减小的是红外中波段 3 ~ 5μm 和长波段 8 ~ 12μm 的发射率，其余波段发射率不变。红外隐身前和隐身后，由于飞机表面从气动附面层吸收了相同热量，根据能量守恒，达到热平衡时，表面向外辐射的总通量密度不变，有

$$
\begin{aligned}
\varepsilon_0 \sigma T_s^4 &= \varepsilon'(W_{3\sim5\mu m} + W_{8\sim12\mu m}) + \varepsilon_0 \sigma T'^4 - \varepsilon_0(W_{3\sim5\mu m} + W_{8\sim12\mu m}) \\
&= \varepsilon_0 \sigma T'^4 - (\varepsilon_0 - \varepsilon')(W_{3\sim5\mu m} + W_{8\sim12\mu m})
\end{aligned}
\tag{2.5}
$$

式中：ε_0、ε'分别为隐身前和隐身后的表面发射率；T'为隐身后飞机的表面温度；$W_{3\sim5\mu m}$、$W_{8\sim12\mu m}$分别为温度下 3 ~ 5μm 和 8 ~ 12μm 波段的辐射通量密度，可根据普朗克公式计算，即

$$
\begin{cases}
W_{3-5\mu m} = \int_3^5 \dfrac{c_1}{\lambda^5} \dfrac{1}{e^{c_2/\lambda T'} - 1} d\lambda \\
W_{8-12\mu m} = \int_8^{12} \dfrac{c_1}{\lambda^5} \dfrac{1}{e^{c_2/\lambda T'} - 1} d\lambda
\end{cases}
\tag{2.6}
$$

式中：c_1为第一辐射常数；c_2为第二辐射常数；λ 为波长。

由式(2.5)，采用选择性发射涂料的飞机表面温度变化情况如图 2.7 所示。

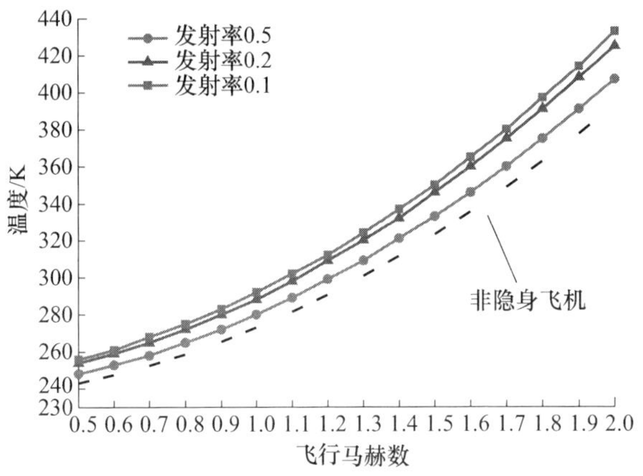

图 2.7　选择性发射涂料的飞机表面温度与发射率变化关系（见彩图）

在上述温度下，相应的 3 ~ 5μm 及 8 ~ 12μm 波段的辐射通量密度变化情况如图 2.8 和图 2.9 所示。

计算结果表明，采用 3 ~ 5μm 波段和 8 ~ 12μm 波段发射率小的选择性红外隐身涂料，降低了飞机表面 3 ~ 5μm 波段和 8 ~ 12μm 波段的辐射通量密度，且随着飞行速度的增加，两波段的辐射通量密度下降的效果越明显。在这两波段上，表面发射率越低，辐射通量密度减小的效果越明显。

要判断飞机蒙皮红外隐身的效果，还需要考虑环境辐射发射的影响。根据式(2.4)，机身反射的环境辐射与表面发射率有关。为此，分析了包括环境辐射发射在内的飞机红外隐身前后不同表面发射率的正迎头辐射强度，如图 2.10 所

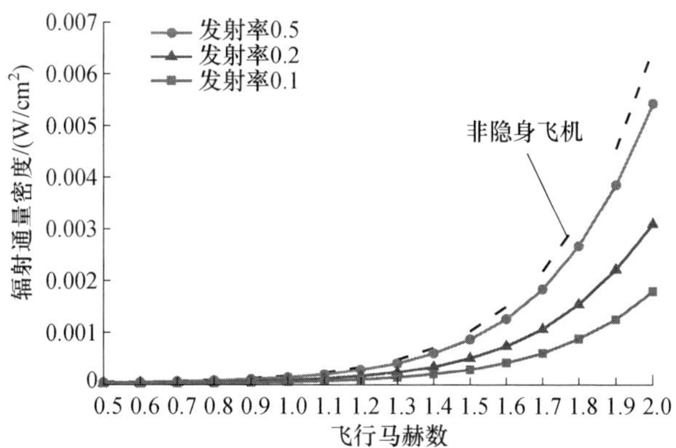

图 2.8 不同发射率下 3 ~ 5μm 波段辐射通量密度变化情况(见彩图)

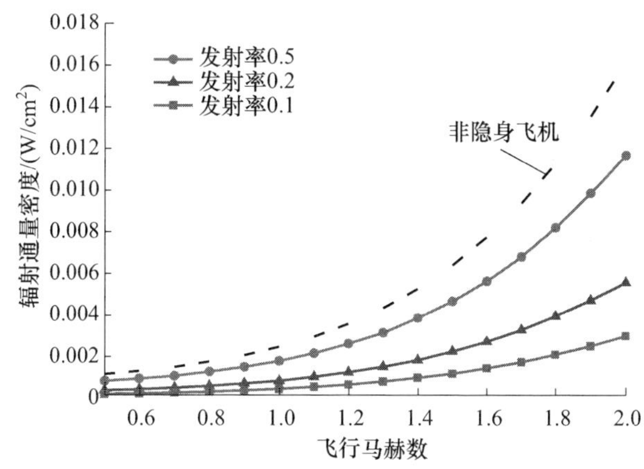

图 2.9 不同发射率下 8 ~ 12μm 波段辐射通量密度变化情况(见彩图)

示,飞机正迎头面积取 2.5m^2,飞行高度 10km,环境辐射亮度 300W/m^2。

环境辐射对目标 3 ~ 5μm 波段的辐射特性影响较大,对 8 ~ 12μm 波段的辐射特性影响小。在 3 ~ 5μm 波段,飞机亚声速和低超声速飞行时,选择性隐身涂料的表面发射率越低,对环境辐射的反射量就越大,总的辐射强度相对于非隐身飞机越大;在高超声速飞行阶段,表面发射率越低,总的辐射强度越小,隐身涂料在飞机高超声速飞行阶段可有效减小该波段的辐射强度。这种现象是可以解释的,飞机在亚声速飞行时,在 3 ~ 5μm 波段的蒙皮辐射量小,该波段的环境辐射相对较大,发射率低的表面反射了大部分的环境辐射,使总的辐射强度增大;高超声速飞行时,产生的 3 ~ 5μm 波段蒙皮辐射大于所反射的环境辐射,环境辐射的影响变小,总的辐射强度体现的是飞机自身的蒙皮辐射。

对 8 ~ 12μm 波段,飞机从低速到高速飞行的全阶段,表面发射率越低,总的

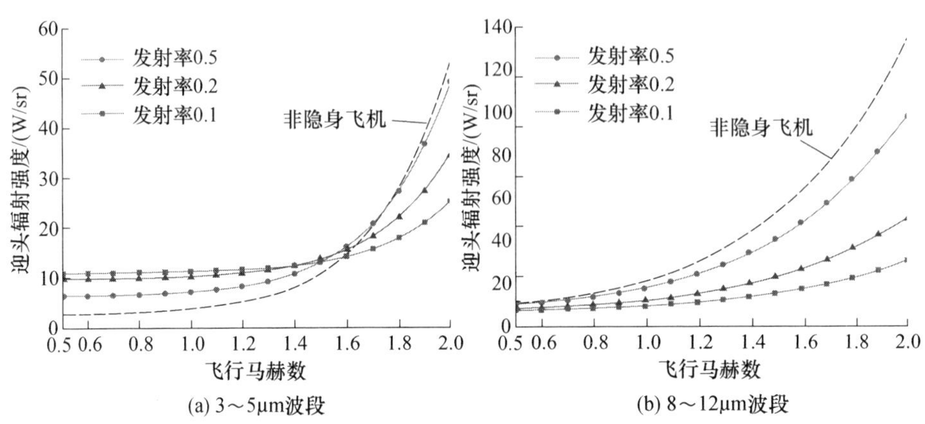

图 2.10　选择性发射涂料的飞机迎头辐射强度(见彩图)

辐射强度越小。隐身涂料有效减小了该波段的辐射强度,且涂料表面发射率越低,辐射强度减小越明显。这是由于环境辐射中,8 ~ 12μm 波段辐射量所占的比例小,对总的辐射强度基本没有影响。

通过以上分析,采用选择性发射率的隐身涂料,可有效减小 8 ~ 12μm 波段的蒙皮辐射强度;而在 3 ~ 5μm 波段,蒙皮辐射强度受环境辐射影响较大,只有在飞机超高速飞行阶段才可有效减小该波段的蒙皮辐射。

2.1.2　导弹类目标

1. 弹道导弹

战术弹道导弹的全弹道过程可以分为点火助推段、大气层外中段以及返回大气的再入段。对于大气层外中段,因飞行轨道高,且红外辐射特性不明显,以预警卫星探测为好。机载探测设备主要关注点火助推段以及再入段。

弹道导弹在助推段主要的辐射来源有火箭尾焰和蒙皮加热。弹道导弹的火箭尾焰长约 50m、喷口处尾焰直径 4m,温度约 1800K,尾焰平均温度约 1400K。

弹道导弹弹头在助推段与再入段因与大气摩擦产生气动加热,导致弹头温度升高。高温弹头也是弹道导弹红外辐射的主要来源之一。图 2.11 为某典型弹道导弹弹头温度变化曲线。

全弹道过程在助推段,以火箭尾焰辐射为主,总的辐射能量约 2MW。3 ~ 5μm 中波段红外辐射能量约占总辐射能量的 30% ,8 ~ 12μm 长波段占总辐射能量 5% 。

在再入段,弹头与火箭分离,弹头的红外辐射主要以蒙皮气动加热辐射为主。不同高度弹道导弹弹头红外辐射波谱如图 2.12 所示。

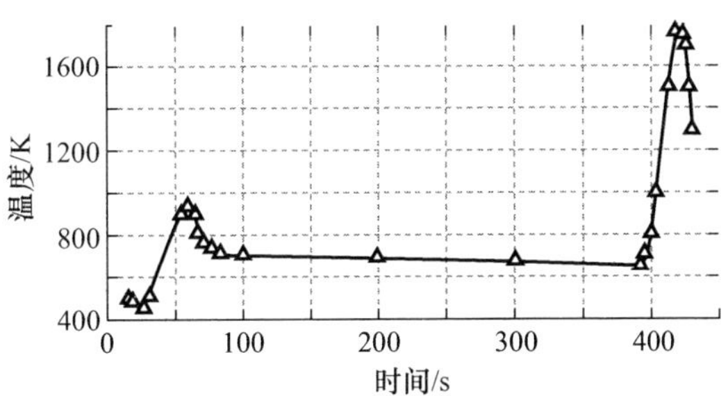

图 2.11　典型弹道导弹弹头温度变化曲线图

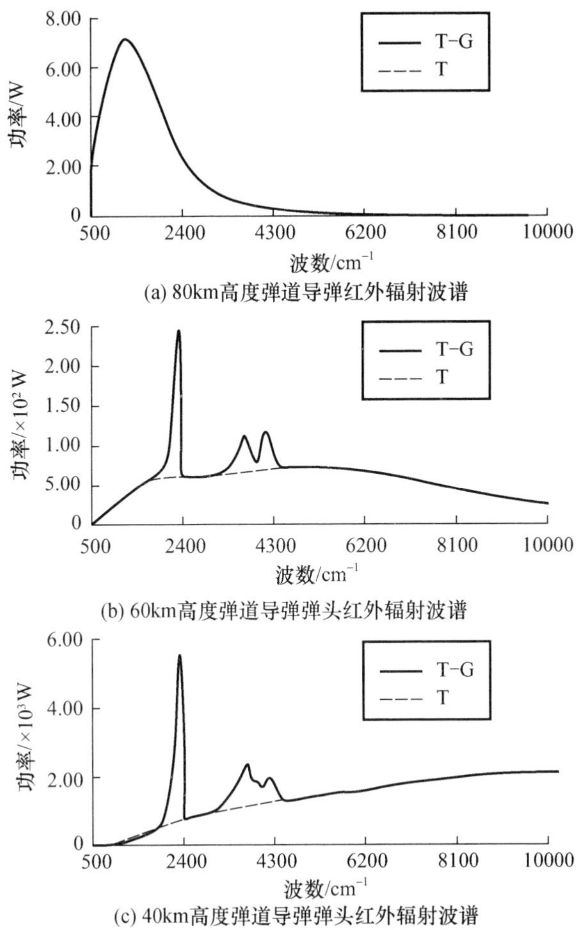

(a) 80km高度弹道导弹红外辐射波谱

(b) 60km高度弹道导弹弹头红外辐射波谱

(c) 40km高度弹道导弹弹头红外辐射波谱

图 2.12　不同高度弹道导弹弹头红外辐射波谱

在再入段初期，弹道导弹红外辐射集中在长波段，随着高度的降低，导弹的速度加快，因气动加热，弹道导弹的红外开始向中、短波方向偏移。对于预警来说，越早发现目标，越能有效采取措施拦截弹道导弹；随着高度的降低、导弹速度加快，拦截难度也加大。

2. 巡航导弹

巡航导弹一般直径小，低空大马赫数飞行，是反舰、反航空母舰的主要武器。巡航导弹的主要红外辐射有蒙皮的气动加热、高温尾喷焰辐射、高温尾喷管辐射。

巡航导弹的动力系统都属于喷气发动机。按照喷气发动机所用氧化剂的不同来源，可分为火箭发动机和空气喷气发动机。发动机高温排气和加力燃烧时的尾喷焰辐射光谱主要取决于尾喷焰的结构（形状、尺寸、压力和温度）和化学成分。无论导弹的动力系统是哪种类型的发动机，发动机的尾喷焰都是导弹的重要辐射源。尾焰的辐射主要集中在 2.4 ~ 3.1μm 和 4.3 ~ 4.5μm 波段，在这两个波段，尾焰的辐射系数平均为 0.5。

设尾焰喷口的温度为 T_2，喷口内气体的温度为 T_1，而相应的压力为 P_2、P_1，有以下关系：

$$T_2 = T_1 \left(\frac{P_2}{P_1}\right)^{\frac{\gamma-1}{\gamma}} \tag{2.7}$$

式中：对于燃烧产物，$\gamma = 1.3$。

对不同类型的发动机，工程计算时取值如下：

对于涡轮喷气发动机，飞行时压力比 $P_2/P_1 = 0.5$，$T_2 = 0.85T_1$；

对于涡轮风扇发动机，飞行时压力比 $P_2/P_1 = 0.4$，$T_2 = 0.81T_1$；

对于液体火箭发动机，飞行时压力比 $P_2/P_1 = 0.05$，$T_2 = 0.5T_1$；

对于固体火箭发动机，飞行时压力比 $P_2/P_1 = 0.2$，$T_2 = 0.69T_1$。

由求得的温度，根据斯忒藩 - 玻耳兹曼定律及普朗克公式可计算尾喷焰的红外辐射强度。

巡航导弹气动加热的蒙皮辐射计算与非隐身飞机蒙皮辐射计算相同。

表 2.1 给出了某型巡航导弹不同探测方向上的红外辐射强度。

表 2.1　某巡航导弹辐射特性

探测方向	发动机尾焰辐射强度/(W/sr)	尾喷管辐射强度/(W/sr)	蒙皮辐射强度/(W/sr)	总辐射强度/(W/sr)
前向迎头	41.93	—	9.99	51.92
正侧面	158.08	117.71	139.87	415.66
25°	143.27	103.68	126.76	376.71
60°	79.04	58.86	69.94	207.84

2.1.3　仿真分析

本小节以隐身战斗机目标为例,对目标的红外辐射进行仿真。

1. 目标三维模型

参考国外服役或在研的典型隐身战斗机,选取目标机身长约 19m,翼展约 14m,机高 5m。三维仿真模型如图 2.13 所示。

图 2.13　隐身飞机的三维仿真模型

2. 流场分析

飞机目标在飞行过程中受到气动影响,使机身各个部分的温度分布各不相同,尾喷焰在空气中膨胀,压力逐渐变化,从而使飞机的红外辐射特性发生变化。对模型进行网络划分,建立外部流场计算域,如图 2.14 所示。

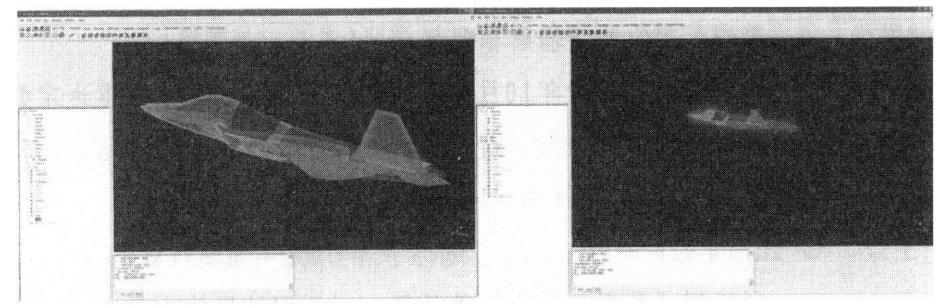

图 2.14　网络划分

1）基本控制方程

流场分析时考虑了流体与固体壁面之间的耦合换热问题,因此在数值计算中,综合考虑导热、对流、辐射三种传热方式共同作用下的能量平衡关系,需要求解描述流体流动和传热的质量守恒方程、动量守恒方程和能量守恒方程及固体导热方程:

$$\frac{\partial \rho}{\partial t}+\rho\frac{\partial U}{\partial x}+\rho\frac{\partial V}{\partial y}+\rho\frac{\partial W}{\partial z}=0 \tag{2.8}$$

$$\frac{\partial(\rho U_i)}{\partial t}+\frac{\partial(\rho U_i U_j)}{\partial x_j}=-\frac{\partial P}{\partial x_i}+\frac{\partial}{\partial x_j}(\mu\frac{\partial U_i}{\partial x_j}-\rho\overline{u_i u_j})(i=1,2,3) \tag{2.9}$$

$$\frac{\partial(\rho\Theta)}{\partial t}+\frac{\partial(\rho U_j\Theta)}{\partial x_j}=\frac{\partial P}{\partial x_j}(\Gamma\frac{\partial\Theta}{\partial x_j}-\rho\overline{u_j\theta})+\frac{1}{c_p}(\Phi+\dot{q}-\nabla\cdot q_r) \tag{2.10}$$

式中：(U,V,W)为平均速度；ρ 为平均温度；Θ 为平均温度；P 为平均压力；$-\rho\overline{u_i u_j}$为雷诺应力；$-\rho\overline{u_j\theta}$为紊流热流；$\Phi$ 为由黏性耗散产生的热流源项；$\dot{q}$ 为由燃烧产生的热流源项；$-\nabla\cdot q_r$ 为通过辐射产生的热流源项。

2）湍流模型

湍流模型常用 SST $k-\infty$ 模型。SST $k-\infty$ 模型考虑到湍流剪切应力的输运，不但能够对各种来流进行准确的预测，还能在各种压力梯度下精确地模拟分离现象，综合了 $k-\infty$ 模型在近壁模拟和 $k-\infty$ 模型在外部区域计算的优点，从而使计算结果更准确。该模型是由 Menter 发展的，其控制方程为

$$\frac{\partial}{\partial t}(\rho k)+\frac{\partial}{\partial x_i}(\rho k u_i)=\frac{\partial P}{\partial x_j}\left(\Gamma_k\frac{\partial k}{\partial x_j}\right)+\overline{G}_k-Y_k+S_k \tag{2.11}$$

$$\frac{\partial}{\partial t}(\rho\omega)+\frac{\partial}{\partial x_i}(\rho\omega U_i)=\frac{\partial P}{\partial x_j}\left(\Gamma_\omega\frac{\partial k}{\partial x_j}\right)+G_\omega-Y_\omega+D_\omega+S_\omega \tag{2.12}$$

式中：$\overline{G}_k$为湍流动能；G_ω为湍流频率；Γ_k为湍流动能的有效扩散系数；Γ_ω为湍流频率的有效扩散系数；Y_k为湍流动能的损失；Y_ω为湍流频率的损失；D_ω为交叉扩散项；S_k、S_ω为辐射热源。

3. 红外辐射

1）蒙皮辐射

蒙皮的红外辐射包括其自身的发射辐射和它对入射辐射的反射，除取决于表面特性和温度分布以外，还取决于入射辐射的大小。蒙皮表面辐射模型如图 2.15 所示。

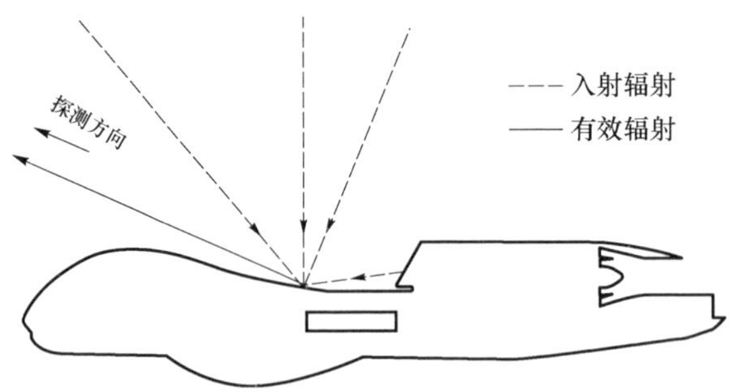

图 2.15　飞机蒙皮表面辐射模型

辐射边界条件与导热和对流的边界条件不同，它与界面的辐射性质有关，并

且由于吸收、发射和散射的远程性，其辐射边界条件中常含有远程项。飞机蒙皮类似与灰体界面，辐射边界条件可写为

$$L_{\lambda,m}(0)=\varepsilon_m L_{b\lambda}(T_m)+\frac{1-\varepsilon_m}{\pi}H_{\lambda,m}^0 \tag{2.13}$$

式中：右边第一项为壁面微元 m 的自身辐射的光谱辐射亮度；第二项为壁面微元 m 对入射辐射的反射形成的光谱辐射亮度。

考虑到固体表面不同方向的差异，通过双向光谱反射分布函数表征其表面特征，如图 2.16 所示。

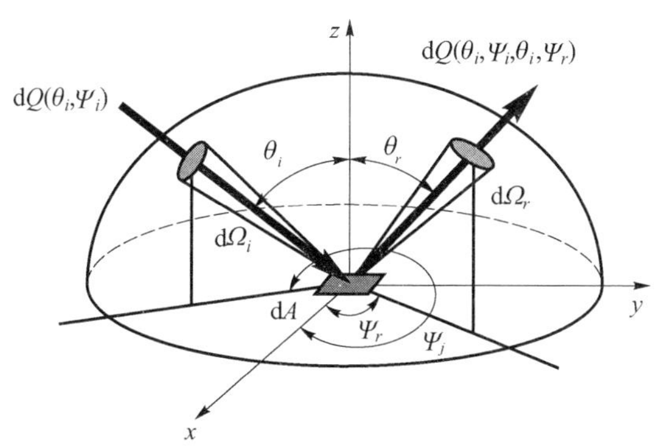

图 2.16　双向光谱反射分布模型

2）尾喷焰燃气辐射

燃气的吸收、发射和散射具有容积参与性和光谱选择性，其红外辐射特性主要取决于燃气的温度、压力，以及参与辐射换热介质的组分分布等参数。辐射线在穿过燃气的时候，燃气内的介质一方面通过吸收和散射造成在辐射线所在方向的辐射能量的衰减，另一方面通过发射和对其他方向入射能量的散射造成辐射线所在方向的辐射能量的增加，其物理描述如图 2.17 所示。

数学描述为

$$\underbrace{\frac{\mathrm{d}L_\lambda(S)}{\mathrm{d}S}}_{C}=-\underbrace{a_\lambda L_\lambda(S)}_{(Ex)}+\underbrace{a_\lambda L_{\lambda,\mathrm{b}}(S)}_{(Em)}-\underbrace{\sigma_{s\lambda}L_\lambda(S)}_{(Es)}+\underbrace{\frac{\sigma_{s\lambda}}{4\pi}\int_{\omega_i=4\pi}L_\lambda(S,\omega_i)\Phi(\lambda,\omega,\omega_i)\mathrm{d}\omega_i}_{(S)} \tag{2.14}$$

式(2.14)是辐射亮度传输方程，它描述了辐射能量在介质中沿着射线传输的过程中能量的变化与吸收、发射和散射的相互关系。其中：

(C)项为单位时间内、经过位于 S 处的单位面积、在 ω 方向的单位立体角中传输的光谱能量经过单位距离的变化率；

(Ex)项为由于吸收引起的光谱能量衰减；

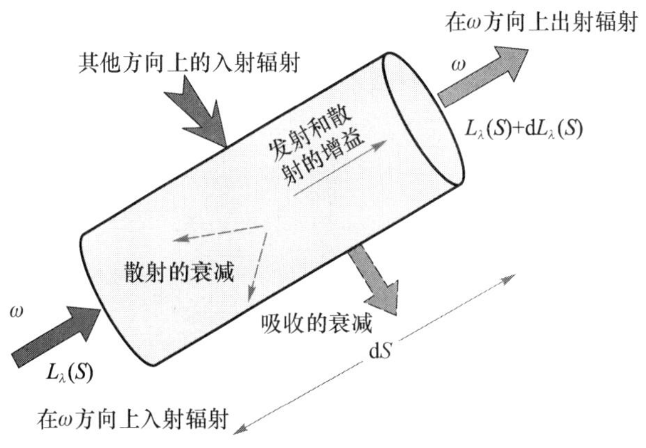

图 2.17　燃气的红外辐射模型

(*Em*)项为由于发射引起的光谱能量增加;

(*Es*)项为由于散射引起的光谱能量衰减;

(*S*)项为由于各个方向投射在 *S* 处的能量的散射引起的光谱能量增加。

上述传输方程是一个微分－积分方程,通常它是一个非线性方程,在工程应用上只有数值解,求解方法主要有差分法和射线踪迹法两大类。求解过程中需要的物理参数除了射线出发点的辐射亮度以外,还包括燃气的温度、压力、组成浓度;二氧化碳、水蒸气和一氧化碳吸收,燃气内固体颗粒的粒径和复折射率等。

3) 尾喷管辐射

尾喷管为高温腔体,其内部既包含固体壁面辐射,也包含喷管内高温燃气辐射。尾喷管辐射如图 2.18 所示。

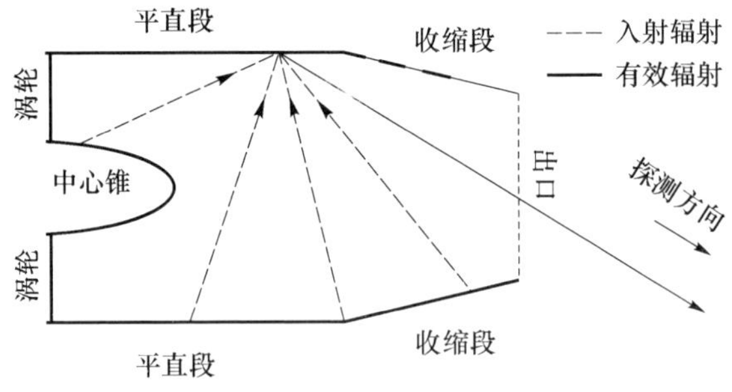

图 2.18　尾喷管的红外辐射模型

尾喷管内辐射计算模型复杂,包含固体壁面微元辐射、经过燃气吸收、燃气辐射等过程,以及被其他壁面微元吸收、发射的辐射,建立离散计算模型如图 2.19所示。

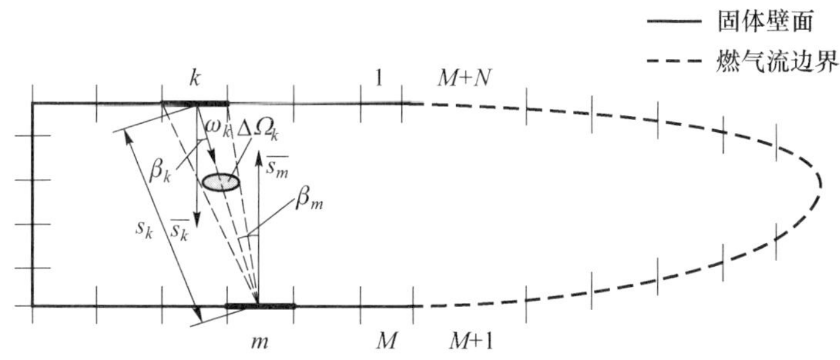

图 2.19　尾喷管内红外辐射计算模型

分析微元面 m 的入射辐射照度 $H_{\lambda,m}$ 时，根据辐射亮度传输方程及传输过程，可得

$$H_{\lambda,m} = \sum_{k=1}^{M+N} \pi F_{m\rightarrow k}\left(L_{\lambda}(0)\prod_{i=1}^{n}\tau_{\lambda}(i) + \sum_{i=1}^{l} L_{\lambda,b}(T_1)[1-\tau_{\lambda}(1)] + \sum_{i=2}^{n} L_{\lambda,b}(T_i)[1-\tau_{\lambda}(i)]\prod_{j=1}^{i-1}\tau_{\lambda}(j)\right) \tag{2.15}$$

式中：$H_{\lambda,m}$为辐射照度；M 为尾喷管壁面微元数；N 为尾喷燃气边界微元数；$L_{\lambda}(0)$为壁面微元面发出的光谱辐射亮度；$L_{\lambda,b}(T)$为燃气微元发射的光谱辐射亮度；$\tau_{\lambda}(i)$为第 i 段介质的光谱透射率。

通过对各个微面元积分求解，获得尾喷管的红外特性。

4. 背景辐射

飞机目标红外辐射影响主要有太阳、大气和地面三种背景辐射。

1）太阳辐射

图 2.20 为太阳的辐射光谱示意图。太阳光谱的主要能量分布在紫外、可见光和近红外区域，这些区域的能量对飞机蒙皮有加热作用，从而间接对飞机的红外辐射产生影响。此外，探测器还可接收蒙皮反射的红外波段的太阳光谱。

太阳可近似为温度为 5900K 的黑体，它的辐射到达地球大气层后，在有些波段的能量被大气中的水蒸气、二氧化碳等吸收－发射性介质吸收而产生衰减。因此，到达机体表面的直接入射太阳红外辐射照度可表达为

$$H_{\text{sum},m} = \frac{\Omega_{\text{sum}}\cos\theta}{\pi} E_{\text{b}}(T_{\text{sum}},\lambda)\cdot\tau_{\text{air}}(\lambda) \tag{2.16}$$

式中：Ω_{sum} 为太阳对地球的立体角；θ 为太阳射线与壁面发线的夹角；T_{sum} = 5900K；τ_{air}为沿程大气的吸收率。

飞机反射辐射影响的主要差别是不同季节、不同地点时，飞机与太阳的相对位置不同，导致反射的太阳辐射特征也不一样，如图 2.21 所示。

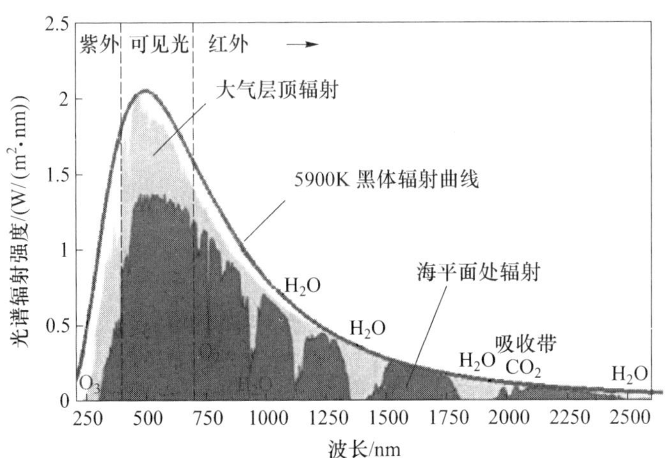

图 2.20　太阳辐射光谱示意图

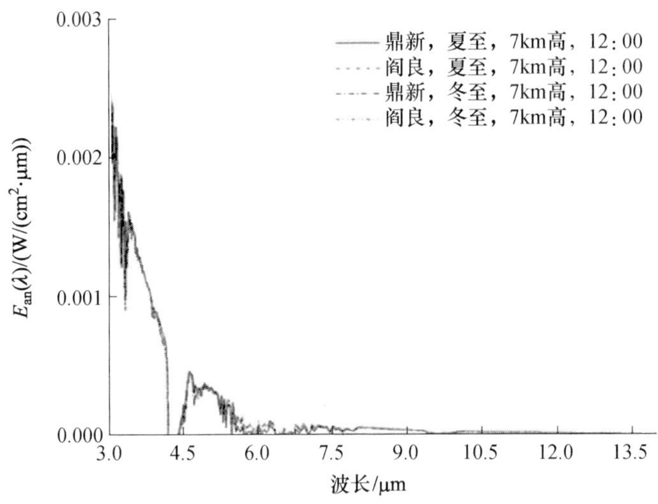

图 2.21　太阳辐射光谱

2）大气辐射

大气辐射对机身的辐射照度为

$$H_{air,\lambda} = \int_0^{2\pi} \frac{1 - \tau_{lcoal}(\lambda)}{\pi} E_b(T_{lcoal},\lambda) \cdot \tau_{path}(\lambda)\cos\beta d\omega \tag{2.17}$$

式中：τ_{lcoal}为地大气透过率；τ_{path}为程大气透过率；β为射线与壁面夹角。

在飞机的飞行高度内，大气的温度、水蒸气含量随着高度的增加逐渐下降，因此越接近地面的大气辐射越明显。图 2.22 为大气辐射光谱，由图可见，下方的辐射明显高于上方,而且大气辐射主要集中在远红外波段。

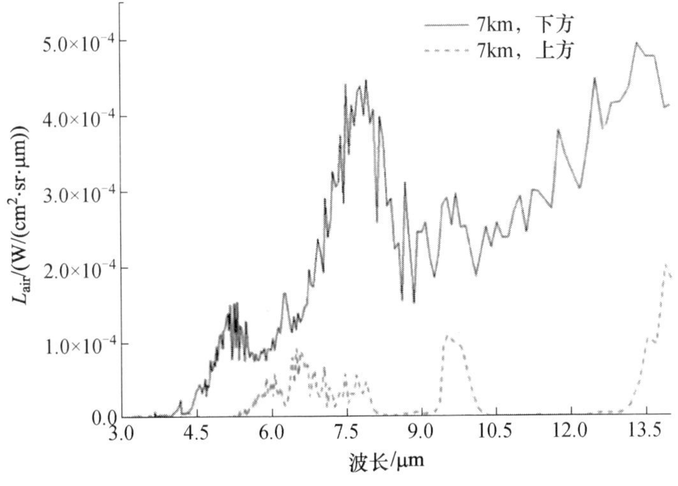

图 2.22　大气辐射光谱

2）地面辐射

地面可近似看作发射率为 0.95 的灰体,并假设夏季的地表温度为 300K,冬季地表温度为 273K。地面对机身的辐射照度为

$$H_{\text{air},\lambda} = \int_0^{\Omega_{\text{earth}}} \frac{\varepsilon_{\text{earth}}}{\pi} E_{\text{b}}(T_{\text{earth}},\lambda) \cdot \tau_{\text{path}}(\lambda)\cos\beta \mathrm{d}\omega \tag{2.18}$$

5. 红外隐身

第四代战斗机除采用了大量的电磁隐身处理外,也加入了一些红外隐身手段,其主要措施有:

(1)采用后机身蒙皮冷却和排气系统冷却,降低了飞机除前向以外各个方向的红外特征。其中对 3～5μm 波段后向红外辐射降低大约 67%,对 8～14μm 波段后向红外辐射降低大约 51%。

(2)采用低发射材料,降低了飞机在各个方向的红外辐射,其中对 3～5μm 波段的后向红外辐射降低大约 30%,对 8～14μm 波段正前向红外辐射降低大约 65%,左右、正后向红外辐射降低大约 32%。

(3)低发射率材料、降温措施综合应用,可以在单项技术应用的基础上进一步降低飞机在各个方向的红外辐射,但其抑制效果小于单项的算术和。其中对 3～5μm 波段的后向红外辐射抑制效果在 72% 左右,对 8～14μm 波段正前向、正后向红外辐射抑制效果在 68% 左右。

在仿真中综合考虑低发射率材料、降温措施、二元喷口等隐身措施的影响,给出了对假设目标飞机红外辐射特性的仿真。

6. 仿真结果

目标在20km高度飞行，探测器俯仰角度为 $+\alpha$，由于地球曲率和视线方向的影响，探测方向与目标飞机在俯仰方向夹角为 β，能够探测到目标机部分尾气流，如图2.23所示。

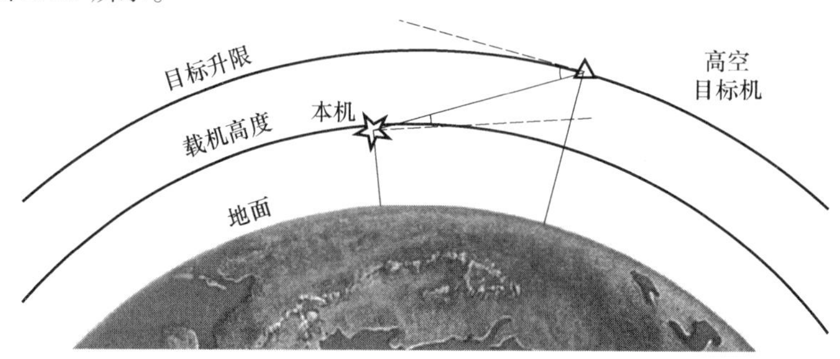

图2.23　上视情况

目标机贴海平面飞行时，探测方向与目标飞机在俯仰方向夹角较小（见图2.24）。探测器俯仰角度为 $-\alpha$ 时，由于低空环境温度较高、大气稠密，使目标机身气动加热较大，增加了目标的红外辐射。另外，由于高度优势，下视情况下可以观测到更大飞机蒙皮及尾焰面积。

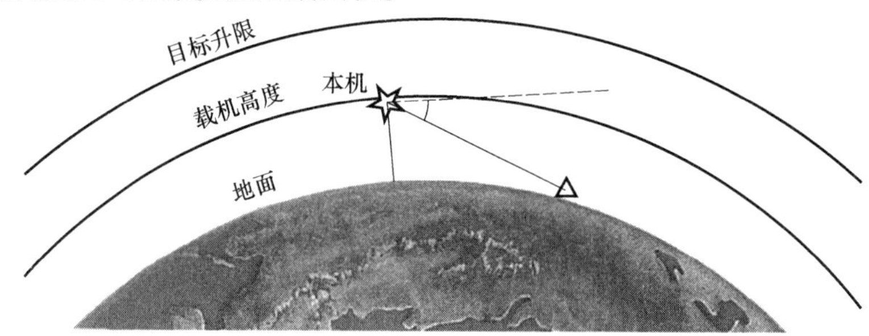

图2.24　下视情况

目标飞机以速度马赫数0.8飞行，仿真其在10km高度及进入角时的中波辐射强度如表2.2所列。

表2.2　目标飞机中波辐射强度仿真

进入角/(°)	0	5	10	20	30	90	180
辐射强度/(W/sr)	0.2992	1.4322	4.6285	16.7702	35.2737	139.1009	390.0244

长波各向辐射强度如表2.3所列。

表2.3　目标飞机长波辐射强度仿真

进入角/(°)	0	5	10	20	30	90	180
辐射强度/(W/sr)	19.6637	25.5737	32.0713	46.5040	62.1153	116.2272	181.7274

2.2 大气传输特性

多数红外系统必须通过大气才能观察到目标,从目标来的辐射在到达红外传感器前,会被大气中某些气体有选择地吸收,大气中悬浮微粒也能使光线散射,其结果使目标红外辐射在传输过程中发生了衰减。另外,大气路径本身的红外辐射与目标辐射相叠加,将减弱目标与背景的对比度,因此大气对于红外预警雷达的作用距离具有非常重要的影响。

红外辐射的大气透过率取决于气象条件和所处背景,并随天气条件、高度和背景而变的。大气对红外系统的影响表现为辐射衰减,即辐射通量通过大气而减弱。衰减过程与大气气体分子的吸收,大气中分子、气溶胶、微粒的散射,气象条件(云雾雨雪)的衰减有关。

可用大气衰减系数来表征光谱透过率。光谱透过率 τ 和衰减系数 α 之间的关系满足布盖尔 - 朗伯定律:

$$\tau = \exp(-\alpha \cdot D) \tag{2.19}$$

式中:D 为辐射通过介质的距离。

总的大气光谱透过率用下式确定:

$$\tau_{总} = \tau_1 \cdot \tau_2 \cdot \tau_3 \tag{2.20}$$

式中:τ_1 为气体吸收形成的大气光谱透过率;τ_2 为气体散射形成的大气光谱透过率;τ_3 为气象衰减形成的大气光谱透过率。

2.2.1 大气窗口

假设一束全光谱波段的辐射经过大气传输,由于大气的衰减作用,在波段分布上会形成一些高透过率的区域及低透过率的区域,这些具有较高透过率的波段区域称为“大气窗口”。图 2.25 为典型的大气透过率光谱分布图,图中可高透过的区域即为“大气窗口”。

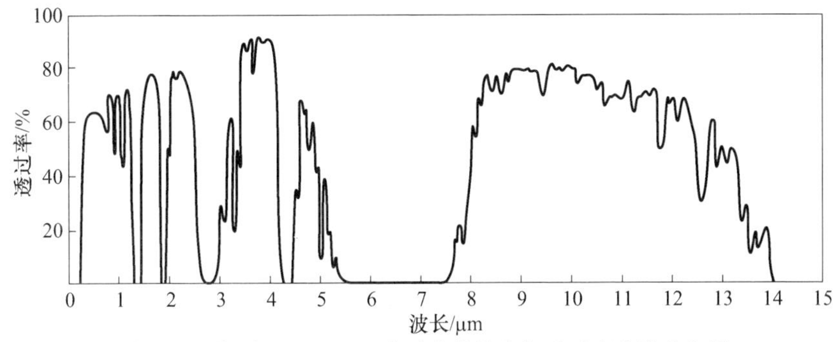

图 2.25 海平面上 1.8km 水平路程的大气透过率光谱分布图

“大气窗口”的透过率与气候、高度、水平路程、大气状况等多种因素有关，不同条件下，大气透过率的光谱分布不尽相同，但总的来看，具有较高透过率的波段区域较为稳定。常用的“大气窗口”有：近红外波段的 0.76 ~ 1.1μm；短波红外波段的 1 ~2μm；中波红外波段的 3 ~5μm；长波红外波段的 8 ~12μm。

2.2.2 大气吸收与散射

大气的组成成分中对红外辐射有吸收的是水蒸气、二氧化碳、甲烷及一氧化氮等，某些大气污染物如高浓度的工业排放气体也对红外辐射有吸收，具体的有一氧化碳、氨气、硫化氢、氧化硫等。从吸收强弱看，二氧化碳和水蒸气属于强吸收；甲烷和一氧化氮在大气成分中所占比例较小，属于弱吸收，影响较小；工业排放的气体浓度较高时，对红外辐射的吸收也可被探测到。上述气体对红外辐射的吸收具有光谱选择性。水蒸气和二氧化碳的吸收对红外系统工作影响较大：水蒸气对 1.87μm、2.7μm、3.2μm、6.3μm 附近的红外辐射有吸收，形成较明显的吸收带；二氧化碳在 2.7μm、4.3μm 及 15μm 附近产生强烈的吸收。水蒸气的吸收与大气中水蒸气的含量有关系，含量越高，吸收越严重。随着高度的增加，大气中的水蒸气含量逐渐减少，在高空，水蒸气的吸收比二氧化碳的吸收降低要迅速得多，对于高空大气透过率主要考虑二氧化碳吸收的影响。

大气中存在的散射介质引起红外辐射的散射。散射介质是指大气中存在的悬浮微粒，包括霾、雾、云、雨等。弥散在气体中的悬浮微粒系统称为气溶胶。霾是弥散在大气溶胶各处的细小微粒，由盐晶粒、灰尘或燃烧产物等组成，微粒半径小于 0.5μm。当湿度较大时，湿气凝聚在这些微粒上，形成凝聚核，当凝聚核增大为半径大于 1μm 的水滴或冰晶时，就形成了雾。云的成因同雾，区别是雾可以接触到地面，云则不能。雨是以水滴形式落到地面的沉降物，雨滴的最小半径一般为 0.25mm。

在仅含散射介质（无吸收）的大气中，通过某一路程长度 L 的光谱透过率可表示为

$$\tau = e^{-\gamma \cdot L} \tag{2.21}$$

式中：γ 为散射系数。散射系数与波长有关，其规律可用下式来近似：

$$\gamma \approx \lambda^{-\psi} \tag{2.22}$$

当粒子尺度比波长小得多时，这种情况的散射称为瑞利散射（RS），ψ 值一般取 4。当粒子尺度与波长可比拟时，这种情况的散射称为米氏散射。当粒子尺度比波长大得多时，此时散射与波长无关，为无选择性的散射。在大多数情况下，对地面上的霾，ψ 约为 1.3；对雾和云，ψ 近似为零。在红外波段，雨的散射与波长无关，ψ 近似为零。

2.2.3 大气透过率的计算

红外辐射在大气传输的透过率计算早期都用查表法。通过将实验确定的大气透过率数据列成表格的形式，其数据来源于光谱模型计算，并根据实验数据来修正。目前，工程广泛利用实用的大气传输计算软件，但国内大气模型理论研究还不完善，可以利用的国外大气模型也存在较大误差。常用的大气传输计算软件主要有 LOWTRAN、MODTRAN、HITRAN、FASCODE 等。

LOWTRAN 软件由美国空军地球物理实验室和空军剑桥研究实验室于1972年研制的大气透过率计算软件，可简单快捷地估算 0.25 ~ 28.5μm 波段低分辨力（波数 $20cm^{-1}$）的大气透过率。其最初目的是计算光在大气传输中的透过率，后来发展为可计算斜程大气透过率、大气背景辐射，阳光及月光的单次散射和阳光的直射辐射度。

LOWTRAN 软件的计算法则是认为大气衰减是各种衰减因素的综合效果，具体计算时，某一波段大气的总透过率是各种因素造成的透过率的乘积。在知道各种大气组分的含量后，先计算每一种成分的各条单一吸收谱线的位置和吸收线的形状，再计算集合成谱线带的结果。根据辐射传输方程计算指定路程上的大气衰减量，导出吸收的谱线带透过率和连续谱带透过率。除大气组分吸收外，根据分子瑞利散射计算模型、气溶胶吸收和散射计算模型、大气连续谱衰减模型，以及地球曲率与折射对路径和总吸收物质含量的影响分析等，分别计算散射形成的透过率和气溶胶形成的透过率。所有的透过率相乘即得到总透过率。由于在所考察的波长范围内，存在多种不确定因素，如吸收系数随波长而变，温度和压强影响吸收线形状，吸收系数是分子浓度的函数，大气吸收组分的浓度、温度及压强与地理位置、高度、季节和气象条件有关等，采用了基于经验的估算方法，求得平均透过率。

1989 年推出的 LOWTRAN7 的大气模式包含了 13 种微量气体的垂直分布，6 种气体的温度、气压、密度以及水蒸气（H_2O）、臭氧（O_3）、一氧化碳（CO）、甲烷（CH_4）、一氧化二氮（N_2O）的垂直分布，还包括沙漠风、卷云、雨云模式，以及气象和季节的大气模式。在设定的模式下，可计算大多数的大气组分透过率。

MODTRAN 是在 LOWTRAN 基础上改进分辨力波数（提高至 $2cm^{-1}$）的版本，基本保持了 LOWTRAN 的功能，改进和增加了一些功能。

FASCODE 是快速高分辨力计算软件。该软件假定大气为球面分布模型，对大气主要成分 N_2 和 O_2 分子带、水蒸气的展开效应、O_3 的连续吸收带进行计算；对各种分子和气溶胶粒子散射模型在波段范围进行扩展。软件的优点是可对吸收谱线进行逐根计算，以适应精确研究的要求。

很多学者通过实验对上述软件的准确性进行了分析和比较，较为可靠的结论是:LOWTRAN7 误差大于 7%,MODTRAN 误差小于 3%,FASCODE 误差小于 1%。因此,理论计算大气透过率一般只能作为系统设计的参考,很多数据还需要依赖在实际工程中积累经验。

以 MODTRAN 软件为例,计算典型的大气窗口 3 ~ 5μm 及 8 ~ 12μm,平均大气透过率随传输路程的变化关系如图 2.26 及图 2.27 所示。设定的大气条件为中纬度夏季,运行模式为散射辐射,应用气溶胶模型为乡村消光系数,气象视距 23km,无云无雨。

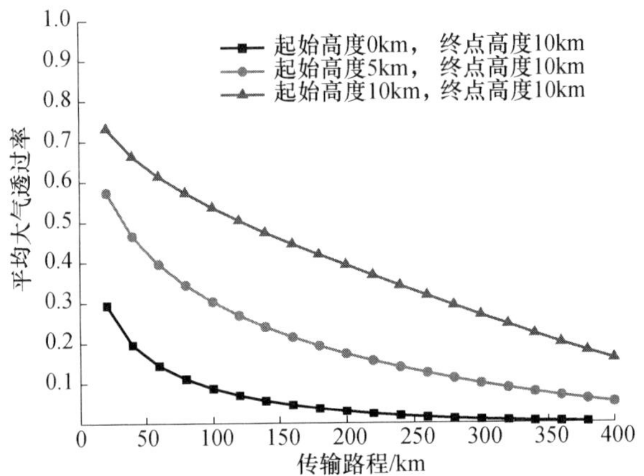

图 2.26　大气窗口 3 ~ 5μm 平均大气透过率(见彩图)

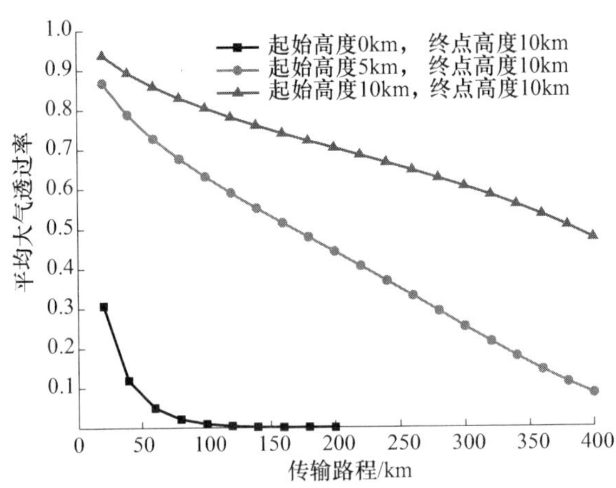

图 2.27　大气窗口 8 ~ 12μm 平均大气透过率(见彩图)

总的来看,高空大气传输路径的大气透过率明显高于低空。对比图 2.26 和图 2.27,在高空,8 ~ 12μm 波段的大气透过率优于 3 ~ 5μm 波段,随高度的降低,8 ~ 12μm 波段的大气透过率下降幅度大于 3 ~ 5μm 波段,低空中 3 ~ 5μm 波段透过率优于 8 ~ 12μm 波段。从探测角度看,红外系统空中探测较地面探测在大气透过率上获益大,探测距离可得到相应提高;对高空目标,适合采用 8 ~ 12μm 波段,对低空目标,适合采用 3 ~ 5μm 波段。

参考文献

[1] 石晓光,宦克为,高兰兰. 红外物理[M]. 杭州:浙江大学出版社,2013.

[2] 吴晗平. 红外搜索系统[M]. 北京:国防工业出版社,2013.

[3] 周世椿. 高级红外光电工程导论[M]. 北京:科学出版社,2014.

[4] 王磊. 导弹飞行中段红外成像仿真研究[D]. 长沙:国防科技大学,2014.

[5] 陈国强. HgCdTe - APD 主被动读出电路设计[D]. 上海:中国科学院研究生院(上海技术物理研究所),2014.

[6] 柴世杰,童中翔,李建勋,等. 典型飞机红外辐射特性及探测仿真研究[J]. 火力与指挥控制,2014,39(8):26 - 33.

[7] 李韬锐,童中翔,黄鹤松. 飞机红外辐射特征仿真研究[J]. 激光与红外,2017,47(2):189 - 194.

[8] 万士正,常晓飞,闫杰. 红外空空导弹气动光学传输效应分析方法[J]. 西安:西北工业大学,2015,33(4):621 - 626.

[9] 桑建华,张宗斌. 红外隐身技术发展趋势[J]. 红外与激光工程,2013,42(1):14 - 19.

[10] 易亚星,余志勇,曹菲,等. 红外目标可测度[M]. 北京:国防工业出版社,2015.

[11] 高钰涵. 红外搜索系统作用距离的研究[D]. 长春:长春理工大学,2014.

[12] 寇添,于雷,周中良. 机载光电系统探测空中机动目标的光谱辐射特征研究[J]. 物理学报,2017,66(4):049501.

[13] 赖远明,田金文,明德烈. 一种评估飞机可见光隐身性能的概率方法[J]. 计算机与数字工程,2017,45(1):1 - 4.

[14] 戴聪明,魏合理,陈秀红. 通用大气辐射传输软件(CART)大气散射辐射计算精度验证[J]. 红外与激光工程,2013,42(6):1575 - 1581.

[15] 李宏,孙仲康,徐晖. 再入大气层弹道导弹弹头及其伴随重诱饵的红外辅射特性[J]. 系统工程与电子技术,1997(8):28 - 33.

第3章 机载远程红外预警雷达总体设计

机载红外预警雷达在执行作战任务时，主要是在一定空域内对目标进行早期搜索发现，然后配合激光测距仪或其他传感器给出目标的点迹、航迹以及速度等信息。典型的机载红外预警雷达包括光学系统、红外探测器件、信号处理电路及输出显示部件。红外探测器件通过光电转化原理将红外辐射转变为电信号，光学系统为实现光电转化目的服务，信号处理电路在光电转化的基础上工作，输出显示部件将处理结果输出。对于红外预警雷达，还包括实现大区域覆盖的功能部件——扫描伺服及控制机构。另外，对于任何一个探测系统，必须基于目标特性来完成设计，本章以典型隐身空中目标为主要探测对象，对红外预警雷达的总体设计进行分析。

3.1 红外预警雷达组成

3.1.1 红外预警雷达工作原理概述

凡是温度大于0K的物体都会产生热辐射，其热辐射满足普朗克定理，物体发出的辐射是物体温度及物体辐射系数的函数，红外预警雷达就是利用该原理针对远距离红外弱小目标遂行预警探测、跟踪、识别、定位的探测系统。

红外系统的基本组成如图3.1所示。由景物发出的红外辐射(IR)经空间传输到红外探测系统，红外探测系统中红外光学系统接受景物的红外辐射，并将其会聚在红外探测器上。探测器将入射的红外辐射转换成电信号。信号处理系统将探测器送来的电信号处理后得到感兴趣目标的图像、角位置、大小、亮度/灰度分布、相对运动角速度等目标信息。信号处理系统把处理完成的信息分别传输给储存器用以记录目标信息，传输给伺服机构用以完成目标的捕获与跟踪，传输给显示系统进行显示等。红外探测系统取得一定空域内的景物的方式有两种：一种是调制工作方式，另一种是扫描工作方式。图3.1中的M为调制器或扫描器。若红外探测系统采用调制工作方式，则环节M为调制器。调制器用来对景物红外辐射进行调制,以便确定被测景物的空间方位,调制器还配合着取得基准信号,以便送到信号处理系统作为确定景物空间方位的基准。在红外探测技术发展的初期,受探测器发展的限制,通常采用调制方式。现在,随着焦平面探测器的发展,基本已经不再采用调制方式进行探测,而是采用扫描方式工作。在扫描型红外探测系统中,M 为扫描器,对景物空间进行扫描以便扩大观察范围及对景物空间进行分割,进而确定景物的空间坐标或摄取景物图像。扫描器也向信号处理系统提供基准信号及扫描空间位置同步信号,以作信号处理的基准及协调显示。当红外探测系统需要对空间景物进行搜索、跟踪时,需要设置伺服机构。跟踪时,按信号处理系统输出的角偏差信号对景物进行跟踪;搜索时,需将搜索信号发生器产生的信号送入信号处理系统,经处理后的信号驱动伺服系统使其在空间进行搜索。对机械扫描系统而言,扫描器和伺服机构总是合并设置为一个环节。

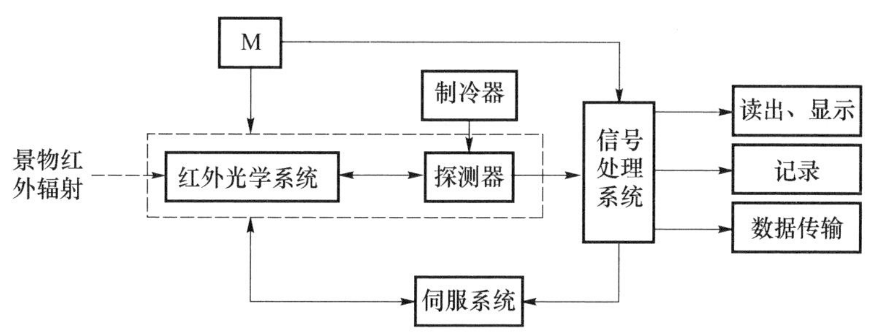

图 3.1 红外系统的基本结构框图

3.1.2 红外预警雷达总体设计环节

红外预警雷达设计一般包括对目标和场景的红外辐射特性研究,系统工作环境的大气传输特性研究以及红外预警雷达的各组件参数设计研究。红外预警雷达按功能一般分为光学系统、探测器组件、扫描机构及伺服控制系统、信号处理系统等(见图 3.2)。

1. 红外辐射

针对红外预警雷达的工作目的,一般针对目标的典型红外波段进行辐射特性分析。

2. 大气通道

红外预警雷达检测与跟踪的目标距离往往达几十千米、上百千米甚至上千千米,必须考虑这段距离大气对红外辐射传输的衰减。大气衰减是影响红外预警雷达使用的重要因素。不同的气象条件、不同地区、不同季节,大气的传输都不相同,因此,红外预警雷达设计需要充分研究使用地区、使用环境的大气统计

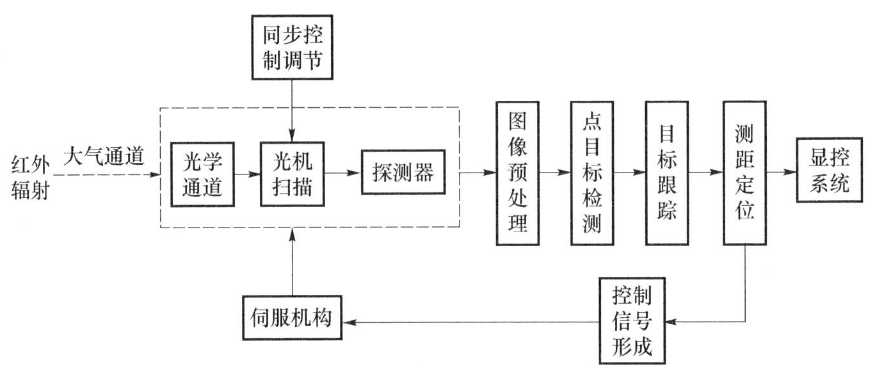

图 3.2　红外预警雷达总体框图

特性,并根据大气统计特性全面评估选择红外预警雷达的探测波段。

3. 红外探测器

红外探测器主要用来获取和输出外界景物中的红外图像信息。红外探测器从工作模式上分有线阵器件和面阵器件。两种器件工作方式各有不同,系统设计各有优缺点,需要根据红外预警雷达的相关指标要求全面分析选择。

4. 光学系统

光学系统主要收集来自景物、目标和背景的红外辐射。根据系统设计要求不同,光学系统设计可以是折射式、反射式或折反混合式等不同形式。

5. 扫描及伺服机构

红外探测器的视场一般较小,用于远程预警探测,系统视场更小。为了覆盖足够大的空域,一般需要采用光机结构进行扫描。伺服机构就是控制光机扫描具体工作方式的控制器。

6. 信号处理系统

信号处理系统需要将红外探测器的信号和伺服控制器的信息进行综合处理。从红外探测器的信息中进行图像处理、目标检测、跟踪处理,获取目标信息,从伺服控制器获取相应的角位置信息、运动速率信息等,将这两类信息综合,形成完整的目标信息。

3.2　红外预警雷达关键技术指标

3.2.1　探测距离

目标探测距离是红外预警雷达的核心指标,推导一般作用距离方程,有利于理解系统设计技术指标与战术指标之间的关系。唯一的假定是系统的噪声受探测器噪声所限制。如果设计不良或装配不妥不满足上述假定,则实际探测距离将小于方程所计算的值。

对于远距离目标，目标不能充满一个瞬时视场，其光谱辐射照度为

$$E_\lambda = \frac{J_\lambda \tau_a(\lambda)}{R^2} \tag{3.1}$$

式中：J_λ为目标的光谱辐射强度；$\tau_a(\lambda)$为传感器到目标的路程上的光谱透过率；R为目标的距离。

入射在探测器上的光谱辐射功率为

$$P_\lambda = E_\lambda A_0 \tau_0(\lambda) \tag{3.2}$$

式中：A_0为光学系统入射孔径的面积；$\tau_0(\lambda)$为传感器的光谱透过率（包括保护窗口、光学系统、滤光片、调制盘基片以及次反射镜的遮挡）。

探测器产生的信号电压为

$$V_s = P_\lambda \mathcal{R}(\lambda) \tag{3.3}$$

式中：$\mathcal{R}(\lambda)$为探测器的光谱响应度。

以上推导仅适用于在中心波长 λ 附近的一个无限小的光谱区间。对任一光谱区间，信号电压可以在整个区间进行积分，得

$$V_s = \frac{A_0}{R^2}\int_{\lambda_1}^{\lambda_2} J_\lambda \tau_a(\lambda)\tau_0(\lambda)\mathcal{R}(\lambda)\,d\lambda \tag{3.4}$$

导入探测器的均方根噪声值，可得信噪比为

$$\frac{V_s}{V_n} = \frac{A_0}{V_n R^2}\int_{\lambda_1}^{\lambda_2} J_\lambda \tau_a(\lambda)\tau_0(\lambda)\mathcal{R}(\lambda)\,d\lambda \tag{3.5}$$

遗憾的是，式(3.5)不能直接求解，因为大气透过率 $\tau_a(\lambda)$是波长和距离的函数。由于积分中含有和波长有关的若干项，求解式(3.5)就复杂了。将与波长有关的各项由积分形式换成传感器光谱通带内的平均值或积分值，就可以避开这一困难。做法是，假定光谱通带为一矩形，即在 λ_1和 λ_2之间的透过率是 τ_0，在此区间以外的透过率为零。λ_1和 λ_2之间的辐射强度 $J_\lambda d_\lambda$ 可用 J 来代替。进一步假定目标是黑体，J 的值就能用辐射计算尺方便地算出来。$\tau_a(\lambda)$项可用某些假定距离上的 λ_1和 λ_2间的大气透过率的平均值 τ_a 来代替。同样，$\mathcal{R}(\lambda)$用 λ_1和 λ_2间的平均响应度 $\mathcal{R}$ 来代替。除非几个函数中有一个函数在光谱通带内变化很迅速，否则上述近似求解法的误差很小的。代入这些变化的值，解出作用距离，得

$$R = \left[\frac{A_0 J \tau_a \tau_0 \mathcal{R}}{V_s}\right]^{1/2} \tag{3.6}$$

当前，通常用 D^* 表示探测器的性能，探测器性能各参数间的关系如表 3.1

所示。

表 3.1　表示探测器性能的参数

性能参数	表示式
响应度/($V\cdot W^{-1}$)	$\mathfrak{R}=\dfrac{V_s}{HA_d}$
等效噪声功率/W	$NEP=HA_d\dfrac{V_n}{V_s}$
等效噪声照度/($W\cdot cm^{-2}$)	$NEI=\dfrac{NEP}{A_d}$
探测度/W^{-1}	$D=\dfrac{1}{NEP}$
D^*/($cm\cdot Hz^{1/2}\cdot W^{-1}$)	$D^*=\dfrac{(A_d\Delta f)^{1/2}}{NEP}$

表 3.1 中,A_d 为探测器面积,V_n 为均方根噪声电压,V_s 为均方根信号电压,H 为照度,Δf 为等效噪声带宽。

$$\mathscr{R}=\frac{V_s}{HA_d} \tag{3.7}$$

$$D^*=\frac{V_s(A_d\Delta f)^{1/2}}{V_nHA_d} \tag{3.8}$$

由此

$$\mathscr{R}=\frac{V_nD^*}{(A_d\Delta f)^{1/2}} \tag{3.9}$$

和上述做法一样,D^* 考虑为 λ_1 和 λ_2 之间的平均值,其值可根据 D^* 对波长的曲线来估算,或者根据 D^* 的峰值和相对响应曲线来估算。如果传感器的瞬时视场是 ω(球面度),得到探测器的面积

$$A_d=\omega f^2 \tag{3.10}$$

式中:f 为光学系统的等效焦距。

用数值孔径(NA)表征光学系统,即

$$NA=\frac{D_0}{2f} \tag{3.11}$$

式中:D_0 为光学系统入射孔径的直径。

代入这些值,并用 $\pi D_0^2/4$ 置换 A_0,则距离方程变为

$$R=\left[\frac{\pi D_0(NA)D^*J\tau_a\tau_0}{2(\omega\Delta f)^{1/2}(V_s/V_n)}\right]^{1/2} \tag{3.12}$$

当用距离方程来求解最大探测或跟踪距离时，V_s/V_n 项表示为系统正常工作所需的最小信噪比。在红外预警雷达中，V_s 通常取峰值，V_n 取均方根值。对不同的系统，方程均须进行相应的修正。依据参数类型对式(3.12)进行整理，得

$$R=\underbrace{\left[I_{\lambda_1\sim\lambda_2}\tau_d\right]^{1/2}}_{\text{目标和大气透过率}}\underbrace{\left[\frac{\pi}{4}D_0^2\tau_0\right]^{1/2}}_{\text{光学系统}}\underbrace{\left[\frac{D^*}{(ab)^{1/2}}\right]^{1/2}}_{\text{器件}}\underbrace{\left[\frac{\delta}{(\Delta f)^{1/2}\cdot \mathrm{SNR}}\right]^{1/2}}_{\text{系统特性和信号处理}} \tag{3.13}$$

在式(3.13)中，第一项为被测目标的辐射强度，以及沿探测方向的大气透过率，该项为探测系统外部指标；后三项为探测系统内部参数，分别为光学参数、探测器参数以及系统和信号处理参数。式(3.13)各参数含义如下：

(1) 目标辐射强度 $I_{\lambda_1\sim\lambda_2}$：光谱波段内目标辐射强度(W/sr)。

(2) 大气透过率 τ_a：吸收红外辐射的主要因素是 H_2O 和 CO_2，其中 CO_2 主要集中在 20km 以下的空中，而 H_2O 主要集中在 2～3km 下的空中。对于隐身战斗机，其主要飞行高度在 20km 以下，因此大气衰减对其探测的影响较大。而对于超远程空空导弹，由于其巡航高度一般大于 30km，因此大气衰减对探测造成的影响较小。

(3) 光学口径 D_0：为光学系统入瞳(EP)直径，由式(3.13)可以看出，光学口径与探测距离大体呈线性正比关系。

(4) 光学透过率 τ_0：光学透过率，目前典型红外预警光学系统的透过率可优于 0.6。

(5) 探测率 D^*：也称为比探测率。其物理含义是 1W 辐射通量入射到 1cm^2 面积的光敏元上，并用带宽为 1Hz 电路测量所得到的信噪比，是一种对光敏元面积和测量电路带宽归一化的探测率。

(6) 像元尺寸 a、b：分别为探测器像元的长、宽尺寸，探测器的采样即相当于一个空间频域低通滤波。一般情况下，探测器像元尺寸与光学系统特征频率之间的对应关系为

$$A=\frac{1}{2a(b)} \tag{3.14}$$

式中：A 为光学系统特征频率；$a(b)$ 为探测器像元的长(宽)。

(7) 修正因子 δ：计算公式为

$$\delta=k_0\cdot\eta_{CS}^{1/2}\cdot\eta_{SC}^{1/2}\cdot\eta_Q^{1/2}\cdot\eta_{COV}^{1/2} \tag{3.15}$$

式中：k_0 为光斑模糊系数；η_{CS}为冷屏效率；η_{SC}为扫描效率；η_Q 为量子效率；η_{COV}

为填充系数。

(8) 系统等效带宽 Δf:系统等效带宽的值与目标扫过一个像素或一个分辨单元所需的时间成反比,这段时间称为驻留时间 t_d,因此系统等效带宽可由下式得出:

$$\Delta f = \frac{K}{t_d} \tag{3.16}$$

式中:K 为调整系数,一般取 0.5 ~3。

积分时间的选取主要受系统接收到外界辐射功率的强弱影响,机载红外预警雷达从外界接收的辐射功率可分为两部分,即点源目标和背景辐射。根据系统接收的背景能量和相应系统指标,通过红外器件模型和相关理论计算可得到像元的饱和积分时间,通常选择饱和积分时间的 2/3 为系统工作积分时间。

(9) 信噪比 SNR:一般由对系统探测概率及虚警率的要求决定。

3.2.2 数据率(扫描周期)

红外预警雷达完成一次空域搜索需要的时间,称为扫描周期。扫描周期的倒数,即为数据率(但通常也把数据率的量纲与扫描周期的量纲等同使用,即都以 s 作为单位,这里数据率的量纲为 Hz)。假设红外预警雷达探测器选择凝视型,探测器面元尺寸 $a \times b$;规模 $M \times N$(扫描型也可等效按此分析,$N=1$),红外预警雷达帧视场(一帧图像对应的视场大小)为

$$\theta = M\frac{a}{f}, \varphi = N\frac{b}{f} \tag{3.17}$$

红外预警雷达帧频为 $f_{帧}$,假设搜索空域大小为 $A \times B$,则系统以最大可能速度扫描一周搜索视场所需时间为

$$T = \frac{1}{f_{帧}} \times \frac{A \times B}{a \times b \times N \times W \times (1-\eta)} f^2 \tag{3.18}$$

系统光学口径为 D_0,则有

$$T = \frac{1}{f_{帧}} \times \frac{A \times B}{a \times b \times N \times W \times (1-\eta)} (D_0 F)^2 \tag{3.19}$$

所以,数据率为

$$f_v = \frac{1}{T} = f_{帧} \times \frac{a \times b \times N \times W \times (1-\eta)}{A \times B \times (D_0 F)^2} \tag{3.20}$$

式中:f_v 为数据率;F 为光学 F 数;η 为扫描成像时,相邻两帧重叠率,最大可能速度时,$\eta = 0$。

3.2.3 光学孔径、焦距

从探测距离和数据率公式可以看出，光学孔径与探测距离成正比，而数据率与光学孔径的平方成反比（见图 3.3）。红外预警雷达设计，要求探测距离远，数据率高。光学孔径设计成为同时满足这两条指标的矛盾所在，如何进行取舍，需要根据系统具体的要求进行分析。

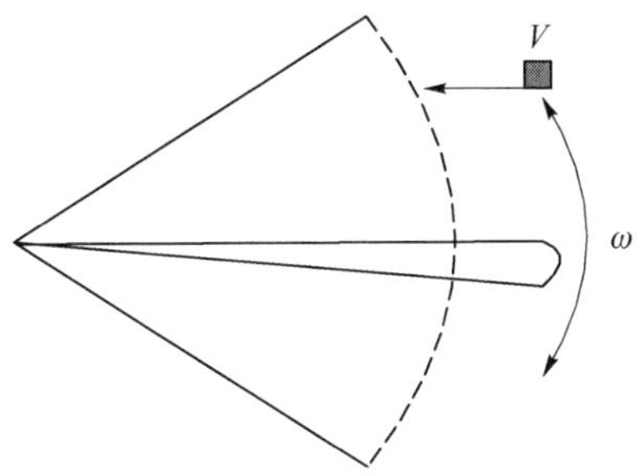

图 3.3　红外预警雷达搜索目标示意图

目标在 $A \times B$ 区域内任意位置出现的概率是随机的；也就是说，并不能保证目标距离为 R 时，系统视轴刚好指向目标。当视轴指向目标时，此时的目标距离为

$$R' = R - vt \tag{3.21}$$

式中：v 为目标运行速度；t 为视轴运行到目标处所用时间，即发现目标所用时间。

因为目标出现在任意位置是随机的，所以发现目标时间也是随机的，最长时，$t = T$，最短时，$t = 0$。假设目标出现在任意位置符合平均概率分布，则 t 在 $(0, T)$ 上满足平均概率分布，其期望为 $T/2$。

系统对目标的发现距离统计平均值为

$$R' = R - v\frac{T}{2} \tag{3.22}$$

将式(3.6)、式(3.19)代入式(3.22)，得

$$R' = \left[\frac{\tau_{\text{a}} \times \Delta J \times \pi}{a \times b \times \text{NETD} \times \dfrac{\Delta M}{\Delta T} \times \left(\dfrac{S}{N}\right)_E}\right]^{\frac{1}{2}} (D_0) - \frac{v}{2}\frac{1}{f_{帧}} \times \frac{A \times B}{a \times b \times N \times W \times (1 - \eta)} (D_0 F)^2 \tag{3.23}$$

式中：R' 为搜索跟踪系统搜索状态下的统计发现距离。

根据式(3.23),当探测器选定的情况下,对于一定空域内的目标,红外预警雷达具有最大统计发现距离。

整理式(3.23),可得

$$R' = -\frac{v}{2}k_1 f^2 + k_2 f = -\frac{v}{2}k_1\left(f^2 - 2\frac{k_2}{vk_1}f\right) \tag{3.24}$$

$$R' = -\frac{v}{2}k_1\left(f - \frac{k_2}{vk_1}\right)^2 + \frac{k_2^2}{2vk_1} \tag{3.25}$$

式中

$$k_1 = \frac{1}{f_{帧}} \times \frac{A \times B}{a \times b \times N \times W \times (1-\eta)} \tag{3.26}$$

$$k_2 = \left[\frac{\tau_a \times \Delta J \times \pi}{a \times b \times \mathrm{NETD} \times \dfrac{\Delta M}{\Delta T} \times \left(\dfrac{S}{N}\right)_E}\right]^{\frac{1}{2}} \tag{3.27}$$

f 为系统焦距。

当系统焦距 $f = \frac{k_2}{v}$ 时,系统有最远探测距离(见图 3.4):

$$R'_{\max} = \frac{k_2^2}{2vk_1} \tag{3.28}$$

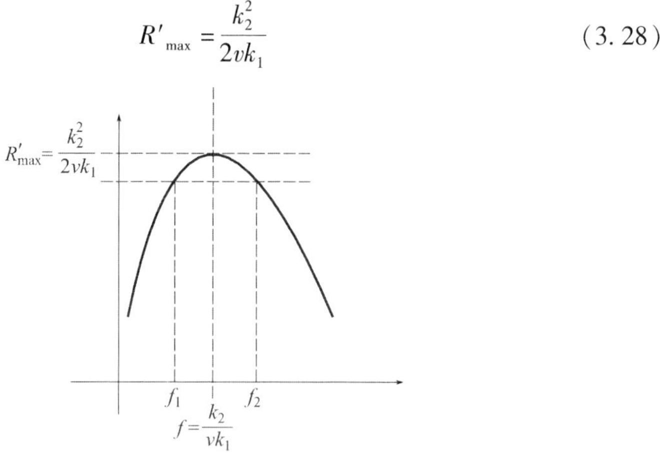

图 3.4　统计平均探测距离与焦距的关系

当战术探测距离 $R > R'_{\max}$ 时,系统不成立。

当战术探测距离 $R \leqslant R'_{\max}$ 时,理论上系统焦距存在两种选择:

$$f = \frac{k_2 \pm \sqrt{k_2^2 - 2Rvk_1}}{vk_1} \tag{3.29}$$

选择短焦距 f_1,系统静态探测距离短,视场大,扫描速度快,且体积小,重量轻;选择长焦 f_1,系统静态探测距离远,视场小,扫描速度慢,体积大,重量轻。红外预警雷达设计可以根据其他方面的需求,如跟踪距离、跟踪速度、系统体积、重量等限制条件,决定是选择短焦还是长焦(即小口径还是大口径)。

3.2.4　虚警概率与探测概率

虚警概率是指探测系统噪声信号电压超过阈值电压的概率。在实际工程中,是在某一段时间内,系统报出的虚警次数。其计算公式为

$$P_{fa} = \frac{1}{\Delta f \cdot t_{fa}} \tag{3.30}$$

式中:Δf 为放大器带宽;t_{fa} 为平均虚警间隔时间,即系统平均只给出不大于一次假报警的时间。

与虚警概率相似,探测概率是指探测系统目标信号电压超过阈值电压的概率。

在红外预警雷达对小目标进行远程探测时,信号电流及背景电流均可用高斯分布函数描述,由于背景信号强度与目标信号强度并无较大的差异,因此其概率分布会存在重叠(见图 3.5)。图中 I_b、I_s 分别为背景及目标信号强度的均值,I_t 为阈值。可以看出,虚警概率 P_{fa} 以及探测概率 P_d 均由阈值 I_t 的选择决定,降低阈值 I_t 可以提高探测概率 P_d,但同时也会增加虚警概率 P_{fa}。

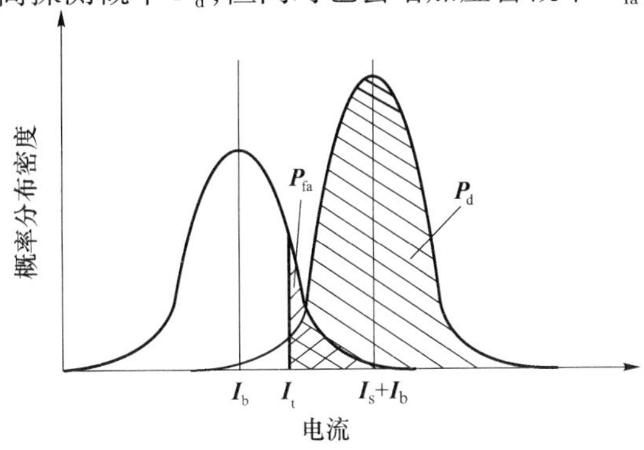

图 3.5　探测阈值与探测性能的关系

依据图 3.5,假设系统信号与噪声的输出电压的概率密度函数分别为 $P_0(U)$、$P_1(U)$,当采用恒虚警检测方法时,即奈曼 - 皮尔逊(NPR)准则的检测方法进行理论计算时,单帧探测概率和虚警概率的公式为

$$P_d = \int_{I_t}^{\infty} P_0(U)\,dU \tag{3.31}$$

$$P_f = \int_{I_b}^{\infty} P_1(U)\,dU \tag{3.32}$$

在单帧检测无法满足探测概率和虚警概率要求，或者为了降低信号检测对信噪比的要求时，可以采用积累检测方式。积累检测可以在保证虚警概率不大于某一定值的情况下，使探测概率为最大或使所需的信噪比为最小。假设经过 m 帧积累，其中 k 帧检测到信号，则积累后的虚警概率和探测概率服从二项式分布规律，表达式为

$$P_{\mathrm{fa}} = \sum_{j=k}^{m} C_m^j P_{\mathrm{f}}^j (1 - P_{\mathrm{f}})^{m-j} \tag{3.33}$$

$$P_{\mathrm{D}} = \sum_{j=k}^{m} C_m^j P_{\mathrm{d}}^j (1 - P_{\mathrm{d}})^{m-j} \tag{3.34}$$

因此，在实际工程中，首先依据对系统虚警概率、探测概率的要求，确定探测所需的帧数，并依此按照图 3.6 计算出单帧所需的信噪比，进而指导探测器的参数确定及选型、设计。

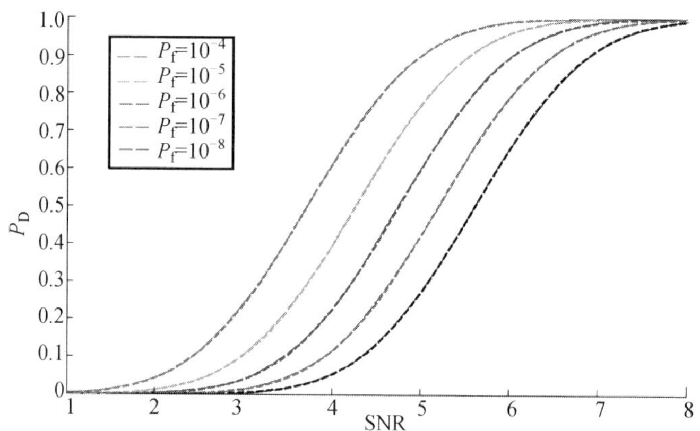

图 3.6 不同虚警率下信噪比与检测率的关系（见彩图）

3.2.5 工作模式

参照微波相控阵雷达的工作方式，以覆盖一定空域的数据率分类，红外预警雷达可以有常规探测（即正常数据率探测）、低数据率探测（即增程探测）模式以及高数据率跟踪模式 3 种。这 3 种方式中，覆盖空域均可以限定在全空域（360°）或某一定扇区（如 60°）进行。

1. 常规探测

在红外预警雷达接收到任务系统指令后，依据预先设计好的俯仰角度进行常规搜索探测。依据探测器帧视场和帧频设置扫描速度，以典型数据率（如 10s 左右，类似于情报雷达）完成空域搜索。在搜索过程中，针对目标信噪比，对目标单帧检测（多帧积累积分检），实现对弱小目标的远距离探测。同时，信号处

理部分完成目标航迹管理,形成批次和点迹信息,每隔一个周期向任务系统上报一次。

常规模式的方位角覆盖通常为360°。由于机载红外预警雷达的探测机理,其在以常规模式进行探测时可能会由于机身遮挡而存在盲区,针对这个问题一般通过两种方式解决:

(1) 多位置加装。优点是增加方位覆盖范围,增加数据率;缺点是增加装机负担。

(2) 多机协同补盲。优点是可同时完成定位工作;缺点是增加任务执行代价。

常规模式仰角则一般由目标特性、光学系统性能、探测器性能以及数据链要求等因素综合确定。

在硬件条件无法满足俯仰角要求时,可以通过俯仰阶跃方式弥补光学系统的俯仰差距,通过多分光、拼接的方式弥补探测器间像元数的差距。

2. 增程探测

可以通过降低系统转速、增加成像器件的积分时间,增加系统的信噪比,提高对目标的探测距离。

增程模式(ERM)由于以时间换距离,数据更新率有所降低,对维持跟踪不利;若将增程模式的覆盖范围或扫描限制在一定空域时,探测距离和数据更新率可以通过牺牲方位覆盖性能而得到一定程度的兼顾。

3. 快速跟踪

该模式是指红外预警雷达在执行常规预警探测任务的同时,对已发现的重点目标进行较短周期(该周期通常短于正常数据率的一半以下)的扫描,以维持对重点目标的良好跟踪。

这种方式有两种:一种是搜索加回扫方式;这种方式下,搜索范围可以较大,在顺序对空域进行搜索时,对已发现的目标以较短的时间间隔(如2~4s)驱动转台朝目标方向进行回扫和跟踪;另一种是小扇区快速扫描模式,扫描范围局限在重点目标所在的区域内,通常比第一种方式小,如60°扇区,转台在该扇区内有规律地来回扫描。为简化系统设计,实践中可以第二种应用方式为主。

3.2.6　角度分辨力

角度分辨力是红外预警雷达的一项重要的作战性能指标,由光学系统性能及探测器像元性能两方面的因素综合确定。由于波长仅为微波雷达的千分之一,红外预警雷达具有很高的角度分辨力,其空中密集目标分辨能力要优于微波雷达。

红外预警雷达的光学系统角分辨力可通过艾里斑角直径公式推导:

$$\theta_{x,y} = \frac{2.44 \cdot \lambda}{D} N_{\mathrm{d}} \tag{3.35}$$

式中：λ 为光学系统的截止波长（CW）；D 为光学系统的孔径；N_{d} 为光学像差的作用因子。

由于探测距离较远，典型空中目标一般可以看作是点目标，因此红外预警雷达的角分辨力一般只要优于空中编队间的最小间距即可：

$$\theta_{x,y} \leqslant \frac{L}{R} \tag{3.36}$$

式中：L 为空中编队目标间的距离；R 为红外预警雷达的最大探测距离。

当对 300km 外相互间距为 100m 的目标编队进行探测时，其观测角度为 0.02°。按照典型红外预警雷达性能计算，当目标辐射中心波长为 12μm、观测孔径为 300mm 时，红外预警雷达是能够清晰分辨目标的。

3.3 光学系统设计

红外光学分系统是红外预警雷达的核心组成部分，具有对目标红外辐射能量进行收集、会聚、成像的功能。红外光学分系统的构型以及口径、焦距、像差、传函等指标直接决定了系统的探测性能。红外光学系统具有焦距长、口径大的特点，同时还需要满足宽波段探测、构型紧凑、目标辐射利用效率高等要求。此外，由于机载环境温度变化范围为 -55 ~ +70℃，红外光学分系统需采用无热化设计，以保证红外预警雷达在宽温范围内的成像质量和探测性能。

光学系统的性能直接影响系统接收目标信号的大小、背景干扰的大小和杂散光造成的噪声大小。描述光学系统性能的指标主要光学口径、*F*#、透过率、瞬时视场、波段范围、光学调制传递函数 MTF（或点扩散函数 OSF）、像差和畸变等。为了兼顾探测距离和数据率的要求，光学系统需要满足大孔径、小 *F*#、高透过率和宽光谱波段的要求。大孔径意味着红外预警雷达能够接受到更多的目标辐射能量。在探测器规模一定的情况下，为了保证系统数据率，光学系统需要尽可能大的光学视场。在孔径一定的情况下，*F*#越小，光学视场越大。

光学系统既具有能量收集功能，也存在一定损耗。光学系统的这种损耗用光学透过率表示。光学透过率越高，目标能量利用率越高。同时，透过率对光学系统的自身辐射也有影响。光学透过率低，光学系统产生的背景辐射噪声就会越高。

宽光谱是红外预警雷达发展的必然趋势，其原因：一是光谱范围越宽，接收到的目标能量越大，目标信噪比越高，系统探测性能越好；二是随着多光谱、高光谱探测识别技术的发展，红外预警雷达也将通过多光谱、高光谱技术提升系统探测、识别能力。光谱变宽,会导致光学系统设计难度增加,其原因:一是光谱越宽,色差越难控制;二是光谱越宽,光学透过率越难提高。

综上所述,对于红外预警雷达,设计人员通常需要重点关注光学系统的 3 个方面:光学传输效率和成像质量,以及光学系统的体积和重量。机载环境对红外光学系统性能的要求较为苛刻,在光学系统设计中通常会面临所选材料、系统体积、重量与成像质量之间的矛盾。好的光学系统设计,就是要有效合理地解决这个矛盾。解决这一矛盾可从 3 个方面统筹考虑:光学参数、系统构型及光学材料。

3.3.1　光学参数

一个光学系统无论多么复杂,其光路的变化都是由折射和反射引起的。平行于光轴的光线,经过光学系统后发生偏折,几何光学上定义了一些虚拟平面,这些平面与光轴垂直,入射光线延长线和出射光线反向延长线相交点所在的平面称为主平面,主平面与光轴的交点称为主点;两条以上出射光线相交点所在的平面称为焦平面,相交点称为焦点。虚拟平面的定义,将光学系统实际上的许多折射和反射,简化为主平面上的一次偏折,等效于复杂的光线偏折变化。主点和焦点是光学系统的基点,可表征光学系统的基本特性。焦距就是光学系统主点到焦点的距离,是光学系统的重要参数,系统的光学特性的描述绝大部分均与焦距有关。

对于远程红外预警雷达,重点关注的是能量收集能力。在光学系统中,有两个参数可描述能量收集能力,分别是 $F\#$和数值孔径。

$F\#$(即 F 数)是表述光学系统接收的总辐射通量的一种主要方法。它的定义为

$$F\# = \frac{f}{D} \tag{3.37}$$

式中:f 为效焦距;D 为径光栏或入瞳的直径。

孔径光栏即限制总辐射通量最大光束直径的物体,在孔径光栏前方若有光学零件,它形成的光栏像称为入瞳。

数值孔径也是光学系统中另一种常见的表述接收通量的参数,定义为

$$\mathrm{NA} = n \cdot \sin u \tag{3.38}$$

式中:n 为最后一个光学表面与后焦点间介质的折射系数;u 为会聚在焦点的光锥的半角。

根据光学系统特性和简单的几何关系,数值孔径与 $F\#$可进行换算,当光学系统处于空气中($n=1$)时,两者的换算关系是

$$NA = \frac{1}{2(F\#)} \tag{3.39}$$

$F\#$越小，接收的辐射通量越多。红外光学系统需要与红外探测器件的 $F\#$相匹配，在光学系统 $F\#$确定的情况下，光学系统的焦距与光学口径成正比。一般认为增加光学口径可增大目标辐射的接收面积，有利于提高作用距离，但在$F\#$限制下，增加的光学口径相应地要增大系统的焦距，进而增大系统的体积和重量。对机载红外预警雷达，应优先选择 $F\#$小的红外焦平面探测器件，在焦距不变，系统体积、重量增加不多的情况下，增大光学口径。

光学系统视场是系统能感应到目标存在的空间体积的角度。对红外预警雷达，需要区分两个视场：瞬时视场和搜索视场。瞬时视场由红外探测器件的大小来确定，是所探测的一帧图像覆盖的体积空间的角度。由一个小的瞬时视场，通过光学或机械的方法，在一定时间内使其有规律的运动，来完成较大空间体积的搜索覆盖，所覆盖的空间体积的角度就是搜索视场。红外光学系统的视场对应于探测器件的瞬时视场，在设计上要求至少大于探测器件的瞬时视场。除了满足探测器件的瞬时视场外，光学系统视场角设计还应结合搜索时间进行考虑。在搜索视场一定条件下，光学系统视场角过小，将增加系统的搜索时间，系统视场角过大，增加光学设计的难度。

在设计机载远程红外预警雷达的光学系统时，需要统筹考虑系统能量收集能力、覆盖范围、体积、重量等关系，协调好一些互相矛盾的设计要求，提出合理的设计参数。得出光学系统的基本设计参数后，就要解决工程实现的问题，主要涉及系统构型设计和光学材料的选择。

3.3.2　光学系统构型

红外光学系统的性能特性与构型关系密切，不同构型的光学系统具有自身特点同时也存在局限性。对设计者而言，需要根据系统总体性能指标要求，在充分把握各构型特点的基础上，对光学系统结构进行合理的设计选型，满足性能指标要求。

对红外光学系统，传统的系统构型包括反射式、折射式及折返式系统。随着技术的发展，新型的红外光学系统方兴未艾，出现了离轴三反射式、折衍混合式、红外双波段、自适应光学系统、合成孔径光学系统（SAOS）等多种系统。红外光学系统在轻型化、大口径、低成本、高成像质量及复杂环境适应性等方面得到了全面发展。下面介绍可能用于机载远程红外预警雷达中的光学系统构型。

红外光学分系统将采用在型号中得到验证成熟的望远光学加会聚光学的构型。这种构型采用望远光学、会聚光学分模块设计，有利于保证各个模块的成像质量和加工精度，提高红外预警雷达的装配性、测试性和维护性。并且，由于望远系统对入射光束进行倍率压窄，其出射光束为平行光，更有利于在光路中设计消旋机构、摆镜、分光镜等光学模块。

红外光学分系统是红外预警雷达的核心组成部分，具有对目标红外辐射能量进行收集、会聚、成像的功能。红外光学分系统的构型以及口径、焦距、像差、传函等指标直接决定了系统的探测性能。

红外光学系统具有焦距长、口径大的特点，同时还需要满足双波段探测、构型紧凑、目标辐射利用效率高等要求。此外，由于机载环境温度变化范围为 -55 ~ +70℃，红外光学分系统需采用无热化设计，以保证红外预警雷达在宽温范围内的成像质量和探测性能。

1. 反射式光学系统（ROS）

反射式系统的最大特点是没有色差和二级光谱，成像质量受温度影响较小。由于是反射系统，受材料光学特性的影响较小，可在较宽的光谱波段工作；反射表面还可通过镀膜处理，在基底材料和具体机械结构选择上具有灵活性，可制作大尺寸、重量轻的系统。

反射式系统局限性是像差校正手段有限，只能校正两种像差，且易受杂散光的影响。大多数的反射式系统还存在中心遮拦，系统辐射通量和调制传递函数受到影响。

反射光学系统有几种经典的系统构型，大多数反射镜系统都是从这些经典的构型上发展起来的。这几种经典系统构型就是最早在天文观测领域应用的古典反射系统，如牛顿系统、卡塞格伦系统、格里高利系统以及赫谢耳系统。图 3.7 为以上 4 种系统的构型图。

这些反射光学系统最早是作为天文望远镜来使用，以球面或抛物面反射镜为主反射镜。由于球面反射镜或抛物面反射镜的焦点在入射光线的方向上，在使用时带来诸多不便，人们开始考虑采用各种方式将焦点引到主反射镜光路外边。牛顿采用一块平面反射镜将会聚光路反射，在望远镜外边形成焦点，这样的反射系统称为牛顿系统。卡塞格伦系统是在主反射镜会聚光路里放一块凸面反射镜，将主反射镜的会聚光路再次反射回主反射镜，经主反射镜中心中空部分在主镜外形成新的焦点。格里高利系统与卡塞格伦系统在结构上类似，区别是次反射镜是一块凹面反射镜。以曲面反射镜为次反射镜的系统，其有效焦距比主反射镜的焦距要大。赫谢耳系统不采用加入次反射镜的方式，而是将大 *F*#的主反射镜倾斜一定的角度，使主焦点处于入射光束的外侧。使用大 *F*#的主反镜是为了使彗差（光学系统像差中的一种）保持在可容许的范围内。

对牛顿、卡塞格伦及格里高利系统，被次反射镜或它们的支撑件遮挡的入射孔径的那部分面积称为中心遮拦，其大小与主次反射镜位置排列方式及 *F*#有关。一般情况下，牛顿系统的中心遮拦最小，格里高利系统最大。存在中心遮拦

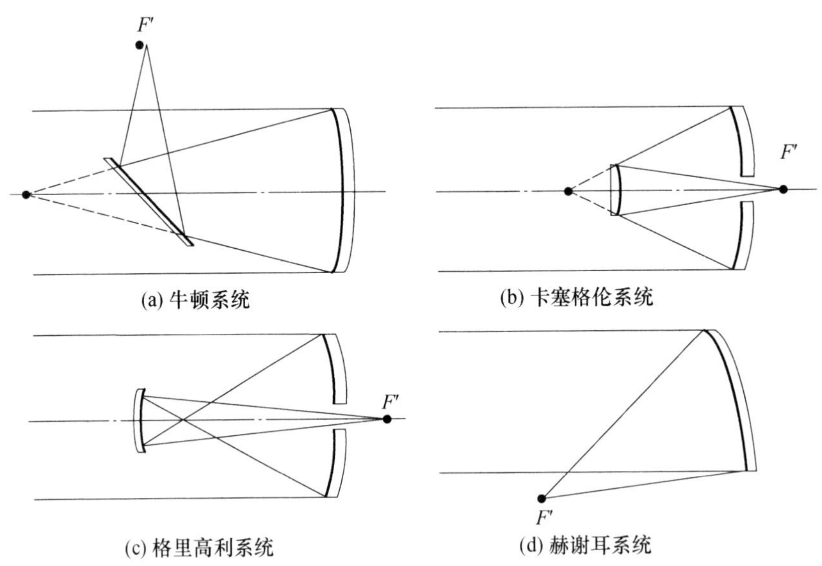

图 3.7　反射光学系统构型

时，光学系统的 $F\#$ 不能简单地用式（3.37）计算，而采用有效 $F\#$ 来表示，其计算式为

$$(F\#)_{有效}=\frac{f_{有效}}{D_{\mathrm{p}}}\left[\frac{1}{1-\left(\frac{D_{\mathrm{obs}}}{D_{\mathrm{p}}}\right)}\right]^{\frac{1}{2}} \tag{3.40}$$

式中：$f_{有效}$ 为系统的有效焦距；D_{p} 为反射镜的入射孔径；D_{obs} 为次反射镜（或其他障碍物）的直径。

当不存在遮挡光线的障碍物时，式（3.40）即简化为式（3.37）。

在机载应用中，光学系统的体积、重量是不可忽视的因素。双反射镜系统中，主反射镜一般直接固定于镜筒的一端，次反射镜则安装在镜筒的另一侧，紧固在专门的镜罩里，镜罩靠三脚架或其他方式在镜筒里实现支撑。故与体积有直接关系的参数是筒长，即安装筒的长度，也就是主反射镜和次反射镜之间的距离。为减小镜筒的体积和重量，一般希望镜筒短些。在相同的等效焦距和主反射镜直径条件下，牛顿系统的筒长最长，其次是格里高利系统，卡塞格伦系统的筒长最短。在获得长焦距短筒长方面，卡塞格伦系统的优越性较为明显。

2. 折射式光学系统（RLOS）

折射式光学系统通常由两片以上的光学透镜组成，其特点：全通光口径，无中心遮拦；像差校正手段较多，像质优化潜力大；可设计成多视场系统。在红外应用上，其最大的缺点是受限于红外光学材料特性，透红外波段的光学材料品种有限,设计选择不多。折射系统受温度效应影响较大,机载环境使用时,通常要进行无热化设计,对材料选择要求更加严格。受限于加工设备及材料物理特性限制,折射式系统的口径一般不能做得很大。

折射式光学系统在结构上一般有两组元系统、三组元系统、四组元系统等。典型的三组元系统如图 3.8 所示。

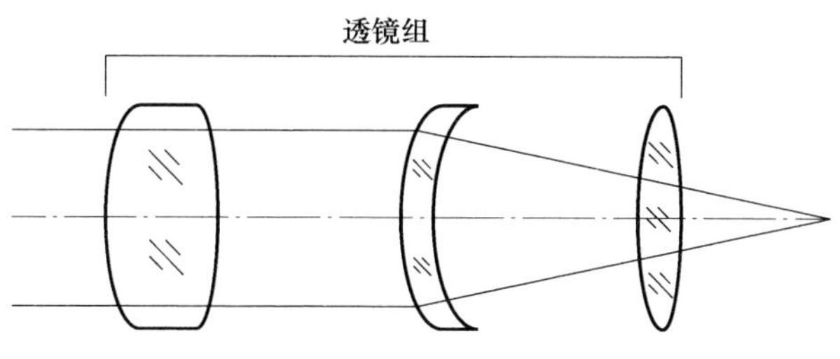

图 3.8　三组元系统

3. 折反式光学系统(RROS)

折反式光学系统是由一主反射镜和适当的折射元件组成的系统,通常以球面反射镜为基础,加入校正透镜组合而成。相对于反射式系统,折反式系统具有视场大、像差小的特点;相对于折射式系统,折反式系统具有结构紧凑,易于实现无热化设计的特点。其局限性在于所需要的镜片较多,增加装配难度,成本较高,存在中心遮挡且易受杂散光影响。

典型的折反式系统是施密特望远镜系统和包沃斯/马克苏托夫望远镜系统,其结构如图 3.9、图 3.10 所示。

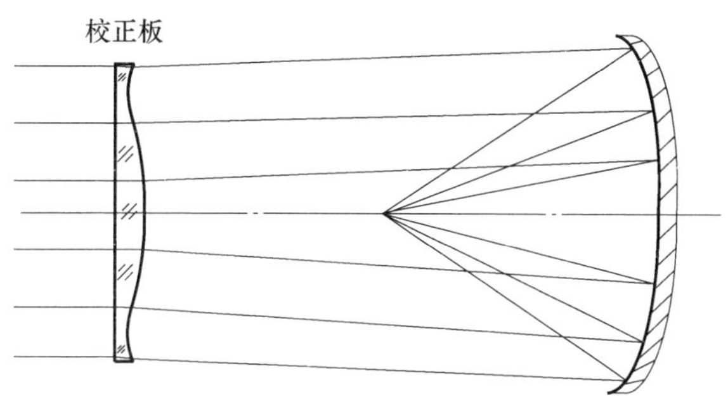

图 3.9　施密特系统

施密特系统由一个球面主反射镜和施密特校正板组成。施密特校正板为一块非球面透镜,放置于球面反射镜的曲率中心。校正板的形状设计成消除主反射镜的球差,着重校正的往往是带球差。使用时还可加入一面次反射镜,将系统所成的像面引至主反射镜光路外边。施密特系统可提供大视场范围的优质像。

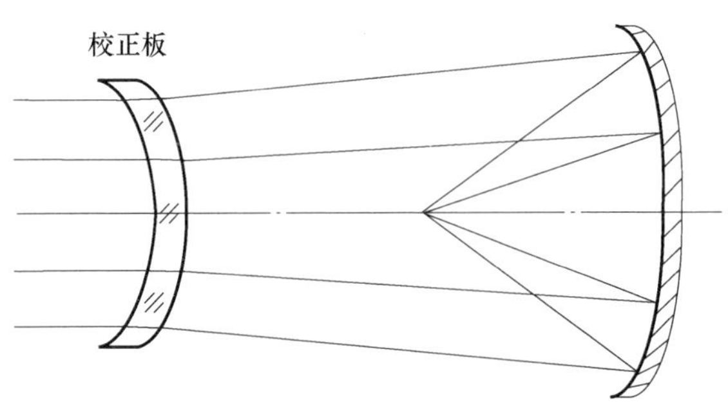

图 3.10　包沃斯/马克苏托夫系统

包沃斯/马克苏托夫系统由一主反射镜和一弯月形校正透镜组成。弯月形校正透镜补偿主反射镜产生的球差,放置于主镜的曲率中心。该系统同样可在大视场范围内获得良好的像质,和施密特系统相比,包沃斯/马克苏托夫系统的所有光学表面均为球面,便于制作加工,且所需的镜筒长度大为缩短。

4. 离轴三反射系统

为解决双反镜的中心遮拦问题,人们发展了离轴三反射系统。离轴三反射光学系统的设计理论是高斯光学,以共轴三反射光学系统结构为初始结构,通过光栏离轴或视场离轴,或二者相结合的方法实现中心无遮拦。为完善系统像差,在优化过程中,采用高次非球面镜来满足性能要求。理论上,采用三面光焦度为"正—负—正"分配的反射镜,可以补偿校正系统的各主要像差,通过设计,还可实现空间的合理分布,在大相对孔径条件下可最大限度地节省空间。

离轴三反射系统具有无中心遮拦、无色差、无二级光谱、使用波段范围宽、易做到大孔径、抗热性能好、结构紧凑等诸多优点,但相应的系统自由变量增多,增加了设计的复杂性和难度。由于结构的不对称,系统装调上存在较大难度,尤其是大口径离轴三反射系统的装调,具有很大的技术挑战性和风险性。典型的离轴三反射系统结构如图 3.11 所示。

5. 离轴四反射式系统

与一般光学系统相比,空基遥感光学系统具有长焦距、大口径、波段宽、装机条件苛刻等特点。随着未来战场对机载武器装备性能要求的不断提高,现有离轴三反射光学系统在装备小型化、轻量化等方面已经无法满足要求,当系统长度和焦距的比值约小于 0.25 时,通过三反射光学系统已难以实现机载化设计。

离轴四反射光学系统是在三反射系统的基础上增加一片反射,通过一定的光栏离轴或视场离轴,得到非对称光学系统,以消除共轴系统的中心遮拦问题并有效校正像差。随着计算机辅助装调技术的不断发展,复杂光学系统的装调难

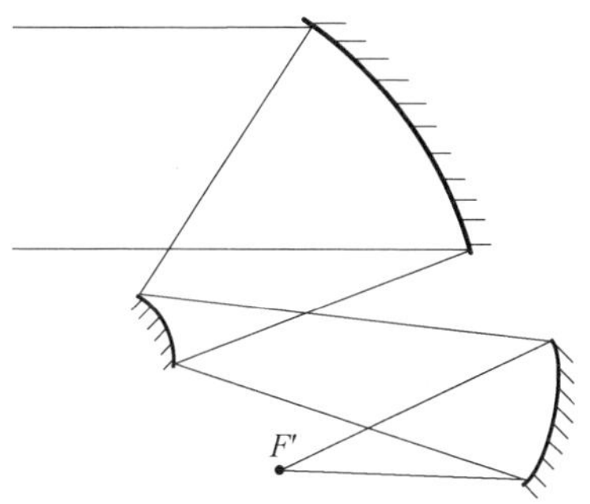

图 3.11　离轴三反射光学系统

度逐渐降低，离轴四反射系统将更广泛地应用于中长波红外机载光学系统中。典型的离轴四反射系统结构如图 3.12 所示。

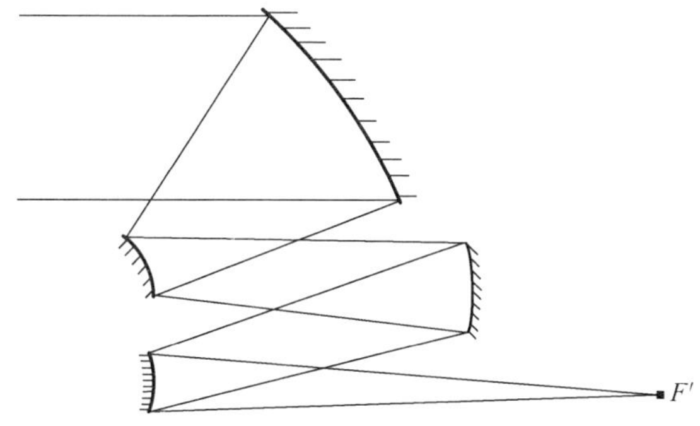

图 3.12　离轴四反射光学系统

6. 折衍混合系统

折衍混合系统是折射光学元件与衍射光学元件相结合的光学系统。衍射光学元件是在透镜的某个表面蚀刻上二元光学图形，形成一种折射－衍射双面透镜。与普通的光学元件相比，衍射光学元件具有独特的衍射色散和温度特性，能很好地消除消色差和热差。目前衍射元件的缺陷是衍射效率较低。作为一种表面三维浮雕结构，二元光学图形的制备需要同时控制平面图形的精细尺寸和纵向深度，制作上存在难度，相应的成本较高。

7. 红外双波段系统

红外辐射主要有近红外（0.75～2.5μm）、中红外（3.2～4.5μm）和远红外（8～14μm）3 个大气窗口，大多数的红外光学系统仅工作在其中某个波段。红外双波段系统就是工作于其中某两个波段的系统。目前，红外双波段系统结构上多为分光路或部分共光路，用分光学器件将红外辐射分成独立的两个波段光路进行处理。而随着双波段红外探测器技术的发展及谐衍射透镜概念的提出和应用,未来的双波段系统将有可能不再需要区分不同波段的光路,系统设计结构更加紧凑,透射比更高。

图3.13为目前典型的中长波红外双波段光学系统的结构示意图。中长波双波段采用共孔径光学系统。设计分为两部分:一部分是中长波共用光路;另一部分是分光后单波段光路。

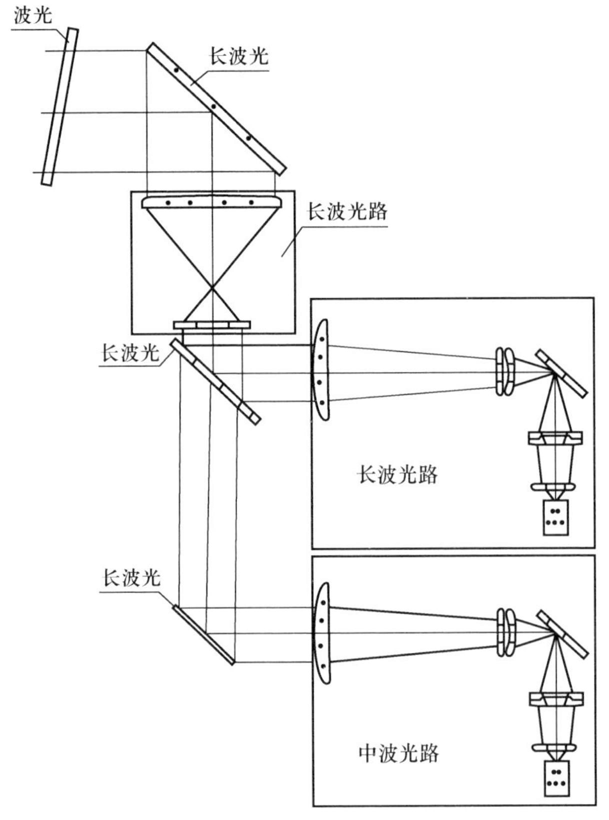

图3.13 红外双波段光学系统

在中长波共光路部分中,红外光学系统的工作波长范围很宽,可用的折射材料有限并且还受环境温度及其他因素的影响,致使光学系统像差的校正,特别是色差和温差的校正十分困难,采用折射式光路设计时,两个波段的光学透过率都很低。采用反射式光路设计,可以减少中长波能量在此部分的损失。因此,中长波共光路部分通常采用反射式光路设计。

在分光后两个单波段的光路设计中,可分两点进行考虑:一是在材料的选择上,尽可能使用高折射率、低色散的晶体作为光学材料;二是在光学设计中采用折/衍混合光学设计方法,可较好地进行矫正色差和消热差设计,对缩小光学系统体积,减轻重量,提高成像质量具有较好的效果。

8. 光学系统构型选择

望远光学系统常采用的方式有透射式、折反式、同轴反射式以及离轴反射（OAR）式 4 种，几种方式的优缺点如表 3.2 所列。

表 3.2 不同望远系统对比表

	透射式	折反式	同轴反射式	离轴反射式
双波段光学透过率	低	较低	高	高
中心遮挡	无	有	有	无
系统体积（长度）	长	较长	短	短
双波段色差	有	低	无	无
杂散光（包括冷发射）	较多	较多	多	少

针对红外预警雷达工作特点，一般需要具备对中波、长波红外辐射小目标进行远程探测的能力，因此对光学系统有着大口径、高透过率、色差小、结构紧凑等要求。综合考虑透射式、折反式、同轴反射光学系统，存在中心遮挡、能量利用率低、视场角小等问题，而离轴三反射光学系统虽克服了中心遮挡和视场小的问题，却存在结构不够紧凑、体积较大的缺陷。

因此，为了实现大视场、无遮挡、结构紧凑的设计，望远系统将采用离轴四反射系统构型。

3.3.3 红外光学材料

在光学设计中，光学材料的选择和系统构型选用通常是结合起来考虑的。随着红外光学材料的发展，供设计者选择的红外材料品种越来越多，可提供大尺寸的红外光学材料也在增多，减小了设计师在选择光学系统时的材料限制，增加了设计自由度。

红外光学材料的增多带来了如何选择的问题。在机载应用环境下，除了关注材料的透过率及折射系数外，还要考虑材料的物理性质。

对含折射光学器件的光学系统，在选择光学材料时，应根据预定系统的用途，综合考察材料的以下性质：

（1）光谱透过率及其随温度的变化；

（2）折射系数及其随温度的变化；

（3）硬度；

（4）表面对液体的抗浸蚀性；

（5）密度；

（6）热导系数；

(7) 热膨胀系数;

(8) 比热容;

(9) 弹性模量;

(10) 软化和溶化温度;

(11) 射频特性。

红外光学材料特性可通过查询专业的文献而获得,文献[4]给出了常用的红外光学材料特性,并对各种材料的应用进行了介绍。

为提高光学材料对红外辐射的透过率,减小材料表面反射,材料表面通常还要镀上增透膜,以消除某些给定波长上的发射。一般来说,折射系数大于 1.6 的透过材料,大部分入射的红外辐射通量将从表面发射而损失掉,使用这些材料时必须镀增透膜。

对于反射系统,为提高反射率,通常要镀高反射膜。蒸发金属膜是常用的高反射膜,大多数的金属膜,其反射率在较长的波长上比短波长的要好。铝、银、金、铜的蒸发膜在红外中波及长波段都具有高的反射率,铝和银是最常用的材料,银膜的反射率略高于铝膜。

除了关注光学系统的材料,机载红外设备还需要考虑红外窗口材料问题。机载军用平台通常在恶劣的环境中工作,气动冲击、热冲击、雨点、沙粒等侵蚀破坏将对红外设备产生严重影响,需要高性能的外部窗口使其与外界环境隔离。红外窗口既要保护设备不受外界环境损伤,又要保证不降低红外设备的光学性能。在设计时不但要充分考虑材料的光学性能、化学性能、力学性能及热性能等,还需要对其强度、外形及安装方式进行分析,以提高红外窗口在各种工作环境中的适应能力。

对机载红外设备的红外窗口,一般要求其材料具有以下特征:

(1) 光学性能好。材料折射率均匀,以避免发射散射;在使用波段内具有高透过率。

(2) 热稳定性好。材料能经受气动加热和高度变化所引起的温度冲击,透射比和折射率不随温度变化而显著变化。

(3) 化学稳定性好。窗口材料长时间暴露于空气中,应能防止大气中的盐溶液或腐蚀性气体的腐蚀,且不易潮解。

(4) 机械强度高。材料具有足够高的强度,以承受载机高速运动时的速压载荷。

在中波红外波段,常用的窗口材料主要有蓝宝石(Sapphire)、尖晶石(Spinel)、氟化镁(MgF_2)、熔融石英(SiO_2)等,这些材料在 3 ~ 5μm 波段具有较高的红过透射率。长波红外的常用窗口材料主要有锗(Ge)、硒化锌(ZnSe)、硫化锌(ZnS)等。硫化锌具有较高的光谱透射比和较宽的透射波段(覆盖 3 ~ 5μm 和

8 ~ 12μm两个大气窗口），同时还具有较好的力学性能、热性能和化学稳定性，是受到关注的红外窗口材料。

3.3.4　自由曲面光学

由于技术体制的限制，传统光学系统在视场方面逐渐无法满足未来战场对机载红外预警雷达的要求。为了改善离轴反射式光学系统非对称离轴像差，扩大光学视场，光学自由曲面技术应运而生，它是一种非旋转对称的非传统光学曲面，具有很高的设计自由度。自由曲面不仅有利于实现灵活多样的结构布局，还具备优化成像质量、提升性能指标、减小体积和重量的设计潜力，充分满足了当前光学成像系统的发展要求。自由曲面的诞生是光学设计领域的一次瓶颈突破、一项技术革新，相关研究已成为国际光学工程领域的一大新兴热点。

在起初的相当长一段时间内，由于受到加工、检测等方面水平的制约，光学自由曲面仅被应用于误差要求相对宽松的照明系统设计中，如 LED 照明、光束整形等。近年来，随着加工工艺和检测技术的迅速发展与大幅提高，自由曲面开始广泛地应用于成像系统设计中，如高精度军用航空航天系统、空间遥感测绘、光刻系统、全景相机、打印机、扫描仪、投影仪、投影电视、医用内窥镜、汽车后视镜等。

1. 光学自由曲面的定义

光学自由曲面通常是指无法用球面或非球面系数来表示的非传统光学曲面。目前，自由曲面没有严格确切的定义，广义而言可以是以下几类曲面的统称：

（1）没有旋转对称轴的复杂非常规连续曲面；

（2）非连续、有面形突变的曲面，如微透镜阵列、衍射面和二元光学面等特殊曲面；

（3）非球面度很大的曲面，包括旋转对称曲面，如描述共形光学整流罩的椭球曲面。

在航空航天领域的光学成像系统中，上述第一类自由曲面往往具有十分重要的应用价值，具备实现优异像质、先进指标、灵活结构、小巧体积的设计潜力，尤其是针对反射式离轴系统设计，且其连续的面形也更易于加工、检测与装调，因此本书主要讨论这一类自由曲面。

2. 光学自由曲面面形的常用数学描述

在介绍光学自由曲面面形的常用数学描述之前，不妨首先回顾一下传统的球面、二次曲面和非球面面形的数学描述。在图 3.14 所示的空间直角坐标系中，一个光学二次曲面的面形通常被描述为

$$z = \frac{c(x^2 + y^2)}{1 + \sqrt{1 - (1+k)c^2(x^2 + y^2)}} \tag{3.41}$$

式中：c 为顶点曲率；k 为二次曲面系数。

二次曲面的顶点位于坐标原点处，且曲面关于 z 轴旋转对称。系数 k 的取值决定了二次曲面的类型，如图 3.14 所示。特别地，当 $k=0$ 时，二次曲面退化为球面。

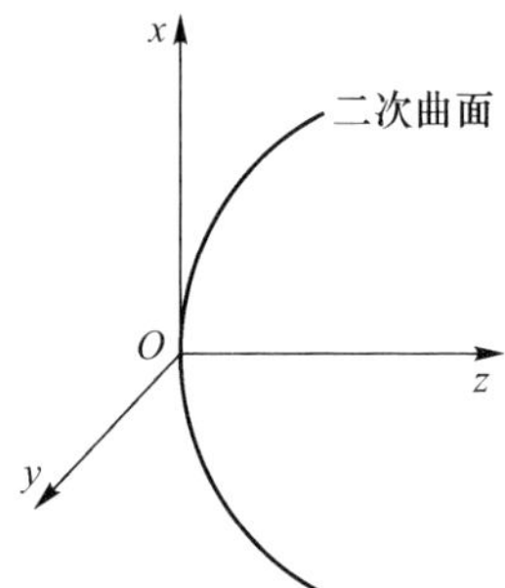

图 3.14　空间直角坐标系与光学二次曲面

二次曲面系数与曲面类型如表 3.3 所列。

表 3.3　二次曲面系数与曲面类型

k 值	$k<-1$	$k=-1$	$-1<k<0$	$k=0$	$k>0$
曲面类型	双曲面	抛物面	椭球面	球面	扁球面

在式(3.41)所述的二次曲面面形表达式上叠加额外的非球面项，即可得到非球面面形的数学描述：

$$z = \frac{c(x^2 + y^2)}{1 + \sqrt{1 - (1+k)c^2(x^2 + y^2)}} + \sum_{i=1}^{p} A_i (x^2 + y^2)^{i+1} \tag{3.42}$$

式中：A_i 为各阶非球面系数。

由式(3.42)不难看出，非球面也属于旋转对称曲面，其旋转对称轴仍为 z 轴。

本书所研究的光学自由曲面特指没有旋转对称轴的复杂非常规连续曲面，主要包括镯面、复曲面、XY 多项式曲面、标准 Zernike 多项式曲面和非均匀有理 B 样条曲面等。下面分别讨论上述几种自由曲面面形的常用数学描述。

1）镯面

镯面(Toroid Surface)，又称双曲率面、马鞍面，分为 X 镯面和 Y 镯面两类。X 镯面由 xOz 平面内的生成曲线

$$S = \frac{c_x x^2}{1 + \sqrt{1 - (1+k_x)c_x^2 x^2}} + \sum_{i=1}^{p} A_i x^{2(i+1)} \tag{3.43}$$

绕与 x 轴平行且相距 $1/c_y$ 的轴旋转而得，可表示为

$$z=\frac{c_y y^2+S(2-c_y S)}{1+\sqrt{(1-c_y S)^2-(c_y y)^2}} \tag{3.44}$$

式中：c_x、c_y 分别为 xOz、yOz 平面内的顶点曲率；k_x 为 xOz 平面内的二次曲面系数；A_i 为非球面系数。显然，X 镯面关于 xOz 和 yOz 平面对称，且具有旋转对称轴，但并不与光学系统光轴重合。

与 X 镯面类似，Y 镯面由 yOz 平面内的生成曲线绕与 y 轴平行的轴旋转而得。

2）复曲面

复曲面（Anamorphic Asphere Surface）的数学描述为

$$z=\frac{c_x x^2+c_y y^2}{1+\sqrt{1-(1+k_x)c_x^2x^2-(1+k_y)c_y^2y^2}}+\sum_{i=1}^{p}A_i[(1-B_i)x^2+(1+B_i)y^2]^{i+1} \tag{3.45}$$

式中：c_x、c_y 分别为 xOz、yOz 平面内的顶点曲率；k_x、k_y 分别为 xOz、yOz 平面内的二次曲面系数；A_i 为各阶非球面系数；B_i 为各阶非旋转对称系数。

复曲面在 xOz 和 yOz 平面内分别具有独立的曲率和二次曲面系数，因而不具有旋转对称性，但关于 xOz 和 yOz 平面对称。

3）XY 多项式曲面

XY 多项式曲面（XY Polynomial Surface）的数学描述为

$$z=\frac{c(x^2+y^2)}{1+\sqrt{1-(1+k)c^2(x^2+y^2)}}+\sum_{m=0}^{p}\sum_{n=0}^{p}A_{m,n}x^m y^n,\qquad 1\leqslant m+n\leqslant p \tag{3.46}$$

式中：c 为顶点曲率；k 为二次曲面系数；$A_{m,n}$ 为 $x^m y^n$ 项的系数。

XY 多项式曲面是在二次曲面基底上叠加各阶幂次项而得，因而显然不具有旋转对称性。

4）标准 Zernike 多项式曲面

标准 Zernike 多项式曲面（Standard Zernike Polynomial Surface）的数学描述为

$$z=\frac{c(x^2+y^2)}{1+\sqrt{1-(1+k)c^2(x^2+y^2)}}+\sum_{i=1}^{p}A_{i+1}Z_i(x,y) \tag{3.47}$$

式中：c 为顶点曲率；k 为二次曲面系数；$Z_i(x,y)$ 为标准 Zernike 多项式的第 i 项；A_{i+1} 为第 i 项的系数。

Zernike 多项式在单位圆域内具有正交性，易与 Seidel 像差建立联系，因此

Zernike 多项式曲面应用广泛。一般而言，标准 Zernike 多项式曲面也不具有旋转对称性。

5）非均匀有理 B 样条曲面

非均匀有理 B 样条曲面（Non – Uniform Rational B – Spline Surface，NURBS）是一种采用参数向量描述的曲面，其数学描述为

$$\boldsymbol{S}(u,v) = \frac{\sum_{i=0}^{n}\sum_{j=0}^{m} N_{i,p}(u)N_{j,q}(v)w_{i,j}\boldsymbol{P}_{i,j}}{\sum_{i=0}^{n}\sum_{j=0}^{m} N_{i,p}(u)N_{j,q}(v)w_{i,j}} \tag{3.48}$$

式中：$\boldsymbol{P}_{i,j}$ 为控制点；$w_{i,j}$ 为 $\boldsymbol{P}_{i,j}$ 对应的权重；$N_{i,p}(u)$、$N_{j,q}(v)$ 分别为参数 u 方向 p 次、参数 v 方向 q 次的 B 样条基函数，可由 u 方向、v 方向的节点矢量求得。

不同于上述 4 种曲面，NURBS 曲面拥有局部面形的调节能力，即可以进行局部面形控制，而不影响曲面的其他部分，因此它十分灵活多样，已被广泛应用于现有的三维 CAD 软件中。

3. 自由曲面成像系统的设计方法简介

传统的自由曲面成像系统设计方法为优化设计法。大致而言，这种方法首先根据设计指标的要求，从镜头专利库或其他已有系统中寻找合适的初始结构；而后适当调整初始结构的指标参数和空间布局，并将其中的曲面升级为自由曲面；最后借助光学设计软件进行逐步优化，进而完成系统设计。优化设计法是一种十分经典的自由曲面成像系统设计方法，直至今日，仍为不少光学设计者所采用。

这种优化设计法存在几方面的不足：第一，逐步优化过程往往效率低下、耗时费力，需要经历多次试错，设计周期过长。第二，逐步优化策略具有较大的主观性与随意性，要求设计人员拥有相当丰富的设计经验，且设计成功率难以保证。第三，由于自由曲面常被应用于一些具有特殊性能需求或结构约束的成像系统中，如反射式离轴无遮拦系统，因此可供选择的初始结构十分有限，特别是对于有额外限制（如实出瞳、像方远心）或性能指标较高（如大视场、小 *F#*）的系统，有时鲜有可利用的初始结构。

面对缺乏可利用初始结构的设计瓶颈，研究人员提出了一种理论求解初始结构的改进方法。该方法根据初级像差理论，求解出自由曲面成像系统的共轴球面初始结构，而后适当调整结构布局，最后借助光学设计软件进行逐步优化设计。该方法一定程度上解决了初始结构匮乏的问题，但理论求解出的共轴球面初始结构往往与离轴的设计目标相去甚远，且后续的逐步优化设计过程仍依赖于初始结构，因此无法在根本上克服优化设计法的不足。

为了从根本上避免优化设计法的不足，近年来，国内外研究人员陆续提出几

种自由曲面成像系统的直接设计方法,即不需要良好初始结构、不以软件逐步优化为主要手段的设计方法。直接设计方法的一般思路是借助某些模型和算法,逐一获取待设计自由曲面的若干离散数据点,而后基于这些数据点进行自由曲面面形的拟合构建,最后经进一步优化而直接完成系统设计。直接设计方法不需要合适的初始结构,不经历反复的试错过程,不要求丰富的设计经验,设计效率高、成功率高。下面分别介绍几种常见的自由曲面成像系统直接设计方法。

Wassermann – Wolf(简称 W – W)法是一种基于求解偏微分方程组的自由曲面成像系统直接设计方法。W – W 法由 G. Wassermann 和 E. Wolf 在 1948 年首次提出,最初用于设计含有两个相邻非球面的旋转对称成像系统。2002 年,D. Knapp改进了 W – W 法,实现了含有非球面的非旋转对称成像系统的设计,但系统中所有光学曲面的曲率中心仍位于同一光轴上。2011 年,程德文进一步提出了适用于离轴非对称自由曲面成像系统设计的通用型 W – W 法。该方法通过建立并数值求解描述自由曲面面形的偏微分方程组,快速获取自由曲面上的若干离散数据点,再经曲面拟合构建出待求的自由曲面面形,最后借助进一步的软件优化从而完成系统设计。

多曲面同步(Simultaneous Multiple Surfaces,SMS)法是一种同时面向多个自由曲面的直接设计方法,由 J. C. Miñano、P. Benítez 等人提出。SMS 法最初被用于照明系统设计,后来被逐步推广到成像系统设计。这种方法根据入射波前至出射波前需满足的等光程原理,逐一获取多个自由曲面上的离散数据点,并将它们拟合成待设计的自由曲面面形。然而,在 SMS 法中,所设计自由曲面的数量等于采样视场的数量,因此采样视场的数量将受到限制,在设计大视场成像系统时存在一定困难。

R. A. Hicks 提出了一种适用于较大视场自由曲面成像系统的设计方法,也属于一种基于求解偏微分方程组的直接设计方法。然而,针对每一个采样视场,这种方法都只考虑了该视场主光线的成像映射关系,而忽略了其他所有光线,即相当于成像系统通光孔径无穷小的情况,因此这种方法比较适合大视场、小孔径成像系统的设计,如目视系统。

近年来,清华大学朱钧、杨通等人提出了一种十分通用的自由曲面成像系统直接设计方法,称为构建迭代(Construction Iteration,CI)法。该方法基于给定的物像共轭关系,考虑覆盖全视场、全孔径的特征光线系,逐一获取待设计自由曲面上的若干离散数据点,并进行自由曲面面形的拟合构建,而后采用迭代策略进行若干轮的再设计,最后经进一步优化完成系统设计。CI 法的设计过程对系统的视场、孔径不存在约束,能够有效地进行大孔径或大视场成像系统的设计。

4. 应用自由曲面的离轴反射式光学系统

近年来,随着加工工艺和检测技术的发展与提高,自由曲面开始广泛地应用于光学成像系统中。由于其具有较高的设计自由度和结构灵活性,自由曲面技术的应用催生出一系列像质优异、结构灵活、体积小巧的高性能光学成像系统,例如美国德雷塞尔大学的45°大视场自由曲面汽车后视镜,美国俄亥俄州立大学的自由曲面三维人工复眼,浙江大学的自由曲面畸变校正透镜,北京理工大学的大视场楔形自由曲面头盔显示器,苏州大学的连续变焦全景环形成像物镜等。

除上述民用领域外,在航空航天等军用领域,自由曲面也发挥着不可或缺的重要作用,尤其是在红外成像系统中。

清华大学与天津大学合作研制一款大孔径的自由曲面离轴三反红外成像系统,其 F#为 1.38,视场角为 4°×5°(矩形),仿真光路和实际系统如图 3.15 所示。该系统采用无遮拦的反射式离轴布局,可保证较宽的工作波段和较小的体积和重量。在该系统中,主镜、三镜为自由曲面,次镜为非球面并充当孔径光阑。此外,主镜和三镜近似连续,被加工在同一工件上,从而大大降低了系统的装调难度。

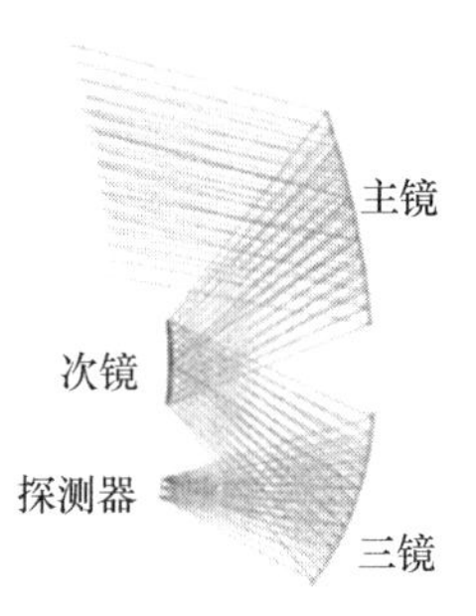

(a) 系统仿真光路

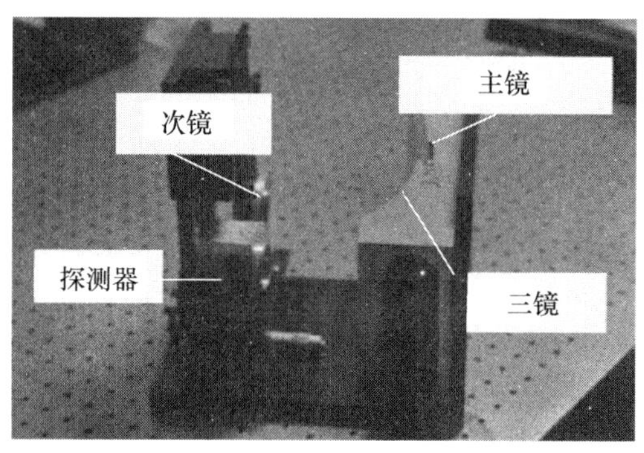

(b) 系统实物图

图 3.15 大孔径的自由曲面离轴三反红外成像系统(见彩图)

在仿真设计环节中,经分析,该系统在红外波段具有优良的成像质量。在 25lp/mm 的空间频率处,短波、中波、长波红外波段的调制传递函数(MTF)分别高于 0.75、0.7、0.53,接近衍射极限。另外,边缘视场的最大相对畸变约为 2.5%。

在加工、装调完毕后,经实验测定,该离轴三反红外成像系统的噪声等效温差(NETD)为 41mK、最小可分辨温差(MRTD)在 0.5cy/mrad 空间频率处为 95mK,在 1cy/mrad 空间频率处为 229mK。该成像系统所拍摄的红外靶标图像如图 3.16 所示，其中“四联靶”的空间频率为 0.4cy/mrad，“十字靶”的线宽为 0.5mrad ×14.76mrad，靶标与背景的温差为 3K。此外，在 3K 温差下，该系统能分辨的四联靶的最高空间频率为 1.5cy/mrad。该成像系统在夜晚拍摄的红外图像如所示，拍摄距离约为 28m。

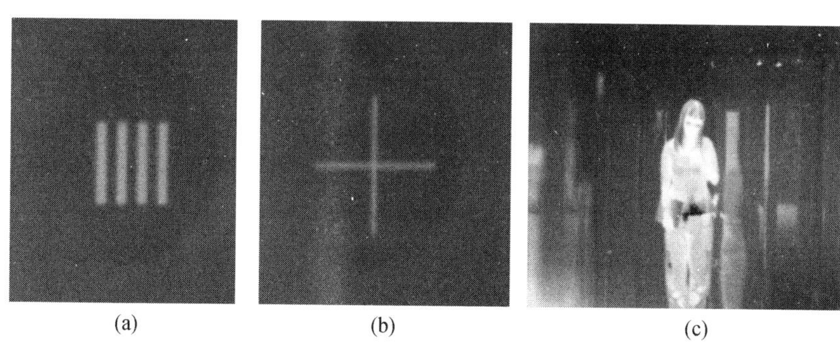

(a) (b) (c)

图 3.16 自由曲面光学试验图像

美国罗切斯特大学、美国贰陆红外公司（Ⅱ－Ⅵ Infrared）和美国新思科技公司（Synopsys）合作研制一款具有新颖结构的自由曲面离轴三反红外成像系统，其仿真光路和成像系统如图 3.17、图 3.18 所示。该系统采用无遮拦的反射式离轴布局，三片反射镜均为自由曲面，同时系统结构十分新颖紧凑，有利于减小体积、重量。该系统的 *F*#为 1.9，视场角为 6°×8°（矩形），工作于长波红外波段。在加工、装调完毕后，经实验测定，在 10μm 波长处，该系统的成像质量达到衍射极限。该成像系统所拍摄的长波红外图像如图 3.19 所示。

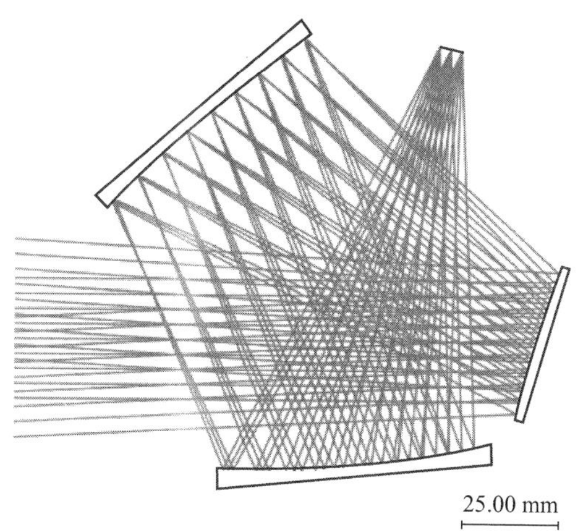

图 3.17 自由曲面离轴三反红外成像系统仿真光路

图 3.20 为一个典型自由曲面离轴三反形式红外预警雷达的光学系统。该

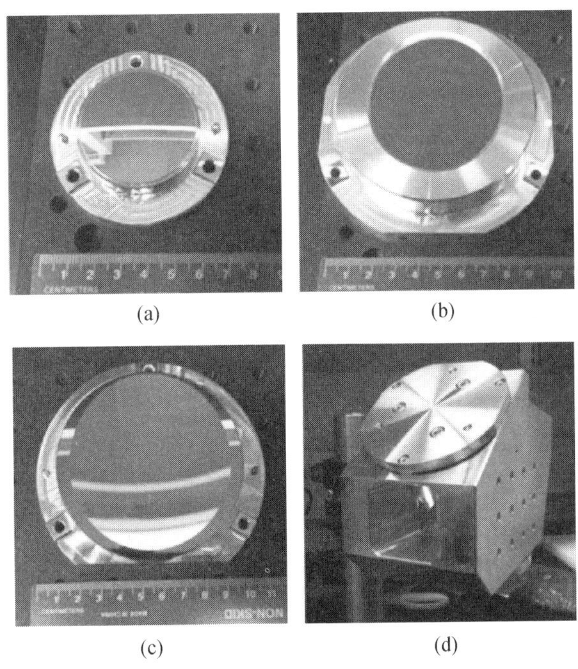

(a) (b)

(c) (d)

图 3.18　自由曲面离轴三反红外成像系统样机

图 3.19　自由曲面离轴三反红外成像系统长波图像

系统采用大孔径、小 *F*#、自由曲面的离轴三反形式，能够在满足视场角需求的同时实现小 *F*#，具有结构非对称的特性。中波、长波红外辐射通过光窗进入光学系统后，分别经过主镜、次镜和三镜的反射，会聚到红外探测器靶面上。光学主镜、三镜为离轴倾斜的 xy 多项式曲面，只包含 y 以及 x 的偶次项，最低包含 x^2、y^2 等项。

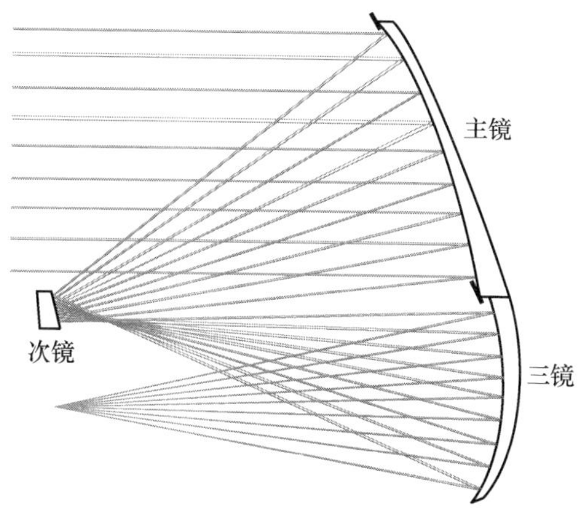

图 3.20　自由曲面离轴三反红外成像系统长波图像(见彩图)

3.4　红外探测器选型

广义上,能够检测红外辐射存在的器件均可称为红外探测器。其探测实质是将接收到的将红外辐射转换成易于测量的物理量,如温度、压力、电流、电压及电阻等,或将红外辐射转变成可观察的物理现象,如感光底片成像、液态薄膜蒸发、金属热膨胀等,通过这些物理量或物理现象的变化来表征红外辐射。现代用的红外探测器,大都将红外辐射转换成电信号进行处理,是实现光电转换功能的灵敏器件。作为一种可供使用的产品,红外探测器还要满足两个条件:①灵敏度高,可检测较微弱的红外辐射;②所测量的物理量,其变化量要与接收到的红外辐射量成某种比例,以实现定量的测量。

3.4.1　红外探测器的发展

从 200 多年前威廉·赫舍尔(William Herschel)发现红外线开始,人们就开始了红外探测器技术的研究。但真正现代意义上的红外探测技术是在第二次世界大战后,在“冷战”驱动下才得到蓬勃发展。特别是 20 世纪 70 年代中期,美国发明了基于碲镉汞(HgCdTe)的焦平面阵列(Focal Plane Arrays,FPA)概念以来,红外成像探测技术的发展突飞猛进,并开始建立了 HgCdTe 外延材料技术,光伏(Photo Voltaic,PV)列阵芯片以及碲镉汞钝化技术。在同期发展的微电子技术的支撑带动下,建立了以电子扫描为基础的线列或者凝视(Staring)型第二代红外成像探测器技术,即红外焦平面技术,极大地克服了机械扫描成像带来的灵敏度低、速度慢、功耗大和体积笨重等缺点,形成了以锑化铟(InSb)、HgCdTe 为基础的,不同规格的线列、凝视焦平面家族,覆盖了从近红外、短波红外到中波以及长波热红外的波段。

线列焦平面通过机械扫描或者推扫的方式进行成像探测，可以有 1 行或者 N 行（通常为 4 ~8 行），后者通常称为延时积分型（Time Delay Integration，TDI），每行在扫描时对同一个瞬时视场分别探测，信号累加积分，克服驻留时间限制，从而使探测率提高。推扫成像方式通常用于星载系统，驻留时间较长，单行线列器件一般能够满足要求。

凝视焦平面器件是二维电扫描器件，积分时间较长（通常，中波红外探测器件为几个到数十毫秒量级，长波红外探测器件为数十到数百微秒量级），大幅度提高了探测灵敏度。在焦平面探测芯片技术种类上，主要有以 HgCdTe、InSb 为代表的带间跃迁型光伏探测器，以铂硅（PtSi）为代表的光子发射型探测器（Photo - emissive Detectors），以铝镓砷/镓砷（AlGaAs/GaAs）量子阱（Quantum Well，QW）为代表的子带间跃迁型探测器，以及以铁电（Pyroelectric）陶瓷、氧化钒（VO_x）或非晶 Si 微测热辐射计（Microbolometer）等为代表的非制冷（Uncooled）型探测器。

在二代焦平面技术发展的过程中，中波红外凝视焦平面技术的发展最为令人瞩目。采用电子扫描技术的凝视焦平面，带来了对传统扫描积分时间限制的革命性突破，大幅度提高了探测灵敏度，突破了过去只能依靠长波探测来提高灵敏度的概念。同时，中波材料制备技术的成熟直接推动了大规模器件技术，高的灵敏度带来了应用较小光学口径系统的可能，从而极大地降低了红外探测系统的成本。同时，新概念、新材料不断产生，从 20 世纪 80 年代末期到 90 年代初，诞生了基于 AlGaAs/GaAs 的量子阱红外探测器以及基于热电（Thermal Electrical）效应的非制冷探测器。20 世纪 90 年代中期，制冷和非制冷第二代红外成像探测器开始进入工业化生产。

红外成像探测器技术发展到今天，初步形成了具有不同探测距离、不同空间分辨力以及不同成本特征构成的较为完整的体系，适应于不同的战略、战术武器应用以及不同的装备平台。简单地说，如果以 HgCdTe、InSb 探测距离为 10km 为估算标准，则量子阱焦平面的探测距离能达到 6km，非制冷探测器的探测距离能达到 2km。

图 3.21 概括了红外成像探测器的技术发展历程以及发展趋势。红外焦平面技术的诞生直接导致了成像模式的变革，红外探测技术从过去的单一长波红外领域延伸到中波红外领域，使红外成像技术在军事装备中得以普遍采用。

1999 年，唐纳德 · 里高（Donald Reago）等人提出了第三代红外成像探测器的概念，由高性能和低成本两个基本内涵构成，核心是要进一步提高远距离目标探测、识别能力以及提高成本可承受能力。技术目标如下：

（1）高性能红外成像探测器的主要目标是极高的探测器温度分辨力以及高

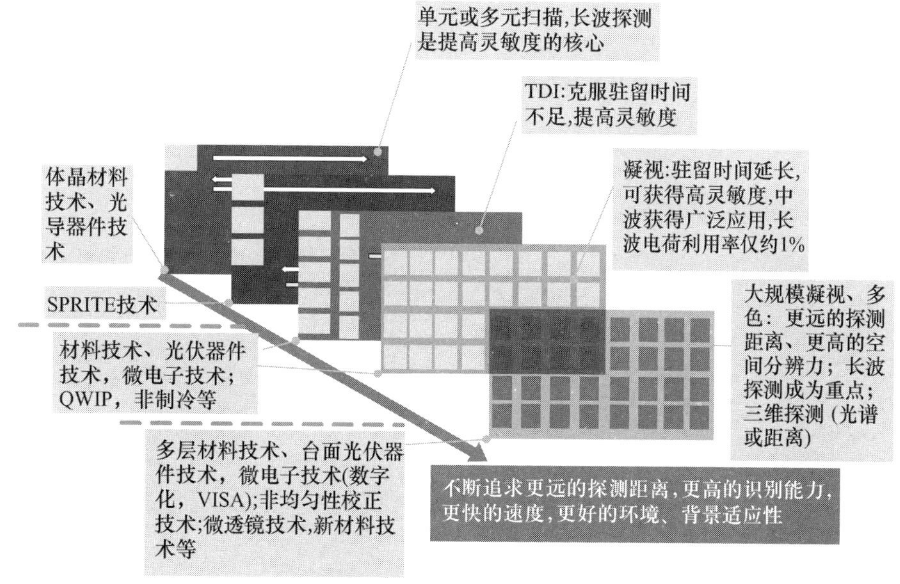

图 3.21　红外成像探测器技术发展历程以及趋势

的探测速度,即噪声等效温差(Noise Equivalent Temperature Difference,NETD)达到 1mK,规模达到百万像素以上,帧速达到千赫级。

(2) 中等到高性能的非制冷探测器,主要目标是小光敏元尺寸和高灵敏度。

(3) 低成本、可抛弃性的非制冷探测器。

基于反隐身飞行器远程预警探测应用,红外焦平面的技术主要集中发展长波、大规模焦平面探测器技术。发展 8 ~ 12μm 波段的探测器技术,充分挖掘大气传输窗口能量,提高目标探测距离或探测灵敏度;发展百万像素以上的超大规模焦平面探测器技术,提高远距离目标的空间分辨能力;发展芯片级、模拟数字转换器(ADC),以解决高速探测的数据传输瓶颈;发展替代衬底的大规模 HgCdTe 焦平面技术和大规模量子阱探测器技术,提高器件的均匀性和温度分辨能力;发展多层读出电路技术,满足温度分辨力,进一步提高电荷存储能力的需求。碲镉汞探测器是应用重点。

$Hg_{1-x}Cd_xTe$ 材料由于本身是一种直接带隙半导体材料,并且具有可调的禁带宽度、可覆盖整个红外波段、相对较高的工作温度等优点,使其成为一种理想的红外探测器材料,从 20 世纪 70 年代开始广泛应用于制备不同类型的红外探测器。为了追求高的空间分辨力,探测器阵列规模越来越大,对碲镉汞外延材料的尺寸要求也随之增大,外延膜的尺寸及重量已成为制约红外焦平面探测器规模发展的重要因素。

经过近 30 年的不断发展,当前已经能够采用 LPE、VPE 及 MBE 等多种方法制备出许多高质量的 $Hg_{1-x}Cd_xTe$ 外延薄膜和高性能的红外器件，但其中工艺最成熟、生长的薄膜质量最好的仍然是液相外延技术。特别是对于长波及超长波技术，传统的液相外延技术仍然在未来具有明显的优势，而最近双色器件和 APD 的发展更使其应用的范围有了更大的发展。

3.4.2 碲镉汞探测器的现状

对于碲镉汞红外探测器的研制，西方国家从 20 世纪 50 年代初开始对Ⅰ代红外探测器研发，70 年代中期取得突破，开始大批量生产。20 世纪 90 年代初海湾战争中，多国部队星、机、舰、车、弹等各类武器平台大量配备红外系统，主要采用了Ⅰ代红外探测器。Ⅱ代红外探测器研发从 20 世纪 70 年代中期开始，80 年代中期取得突破，90 年代初小批量生产，90 年代中期进入批量生产阶段。科索沃战争、伊拉克战争中，英美联军武器平台配备的高端红外系统主要采用了Ⅱ代红外探测器，其中以 320×256 像元及 288×4 像元为代表的Ⅱ代红外焦平面探测器已经成熟并广泛使用。

在 640×512(480)像元、576(480)×6 像元等更大规模的焦平面探测器研制成功，并开始进入实用阶段的基础上，法国 LETI 红外实验室及 SOFRADIR 公司提出了发展百万像元级大面阵红外探测器、多色红外探测器、高温工作红外探测器、智能型红外探测器等研发计划；美国提出了第三代探测器系统概念以及在“美军 2010”以及“下一代美军”计划下的高性能红外焦平面探测系统的发展计划。该计划瞄准下一代武器系统的需求，研制高性能、高温(120K)、高速(480Hz 帧速)、多波段工作的碲镉汞焦平面探测器，第三代探测器系统具有更快的搜索速度，更高的环境识别率以及多目标识别率。

美国凭借其雄厚的经济实力，在不同的公司和研究机构共投资数百亿美元进行高端Ⅱ代(长线列扫描型、大规模凝视型等)和Ⅲ代(超大规模凝视、双色/多色、智能型等)探测器方面的研发，始终处于国际领先地位。美国洛克威尔国际科学中心(RSC)已研制出天文和低背景应用的 1K×1K 像元、2K×2K 像元碲镉汞短波/中波红外焦平面探测器，图 3.22(a)是 RSC 在碲镉汞凝视型红外焦平面探测器方面的研发历程，RSC 正在研制的碲镉汞探测器阵列规模为单片式 4K×4K 像元碲镉汞探测器，中心间距 15μm，2008 年开始设计制造，单片阵列规模为 8K×8K 像元的碲镉汞探测器中心间距 10μm 预计在 2009—2010 年开始设计制造。美国雷神公司研制出了 1K×1K、2K×2K 像元碲镉汞短波/中波红外焦平面探测器(见图 3.22(b))，其用 16 个 2K×2K 像元碲镉汞短波红外焦平面探测器拼接而成，并提供给英国天文技术中心。

美国 Jet Propulsion Laboratory(JPL)在量子阱探测器研制方面最具代表性，图 3.23 为近年来该实验室研发的量子阱探测器产品，2005 年已有 1K×1K 像

(a) RSC在碲镉汞凝视型红外焦平面探测器方面的研发历程

(b) 2K×2K拼接而成的碲镉汞凝视型红外焦平面探测器

图 3.22　美国碲镉汞凝视型红外焦平面探测器

元单色中波、长波产品，2007 年报道研制出 320×256 像元双色中波/长波量子阱红外探测器。

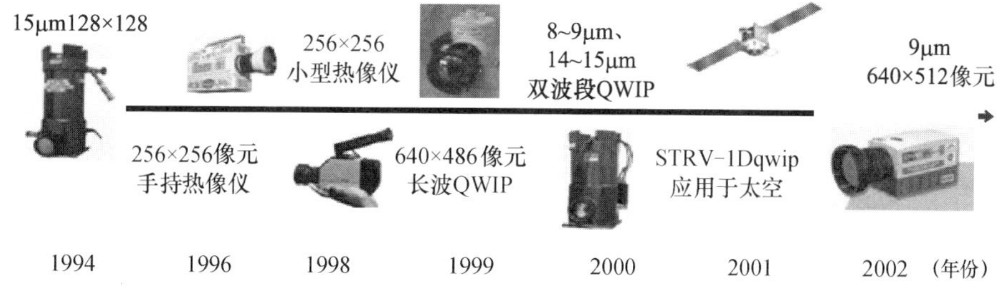

图 3.23　JPL 量子阱探测器产品

美国 QWIPTech 公司与 JPL 合作，向 JPL 提供商业规格的量子阱探测器，该公司目前提供的产品主要有 320×256 像元、640×512 像元、1K×1K 像元探测器芯片以及320×256 像元和 640×512 像元探测器杜瓦制冷组件。

美国 Army Research Laboratory 目前承担美国导弹防御局关于“下一代传感器”计划，2007 年 ARL 报道了该计划的最新进展，图 3.24 为 ARL 制备的 1K×1K 像元及 1024×768 像元红外探测器芯片，ARL 与 NASA Goddard 空间飞行中心、JPL、Rockwell 有着密切合作，其中 JPL 负责探测器的减薄，Rockwell 负责提供读出电。

法国受国力限制无法效仿美国的发展模式，而是集中全国一切可用人才和资源组建法国红外探测器（SOFRADIR）公司，专门研发碲镉汞红外焦平面器件。法国面阵型碲镉汞红外焦平面探测器的研发工作始于 20 世纪 90 年代初，中心距 20μm 中波 640×512 像元大面阵器件于 2002 年开始交付使用，中心距 30μm 短波 1000×256 像元、中波/长波 1500×2 像元线阵红外焦平面探测器已成功应用于空间探测领域。目前，中心距 15μm 中波 1280×1024 像元凝视型红外焦平面探测器已经提供货架产品（见图 3.25）。

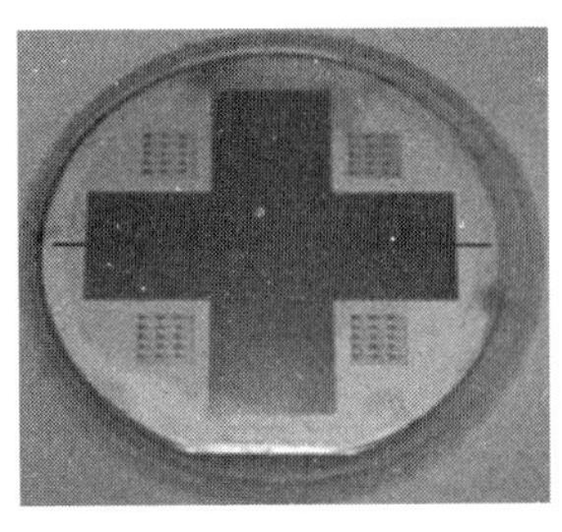

(a) 1K×1K像元探测器芯片

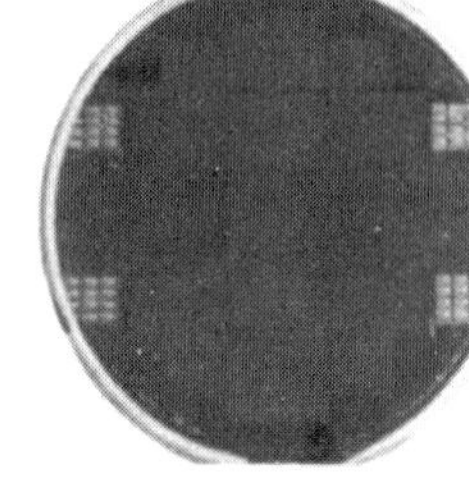

(b) 1024×768像元探测器芯片

图 3.24　ARL 红外探测器芯片

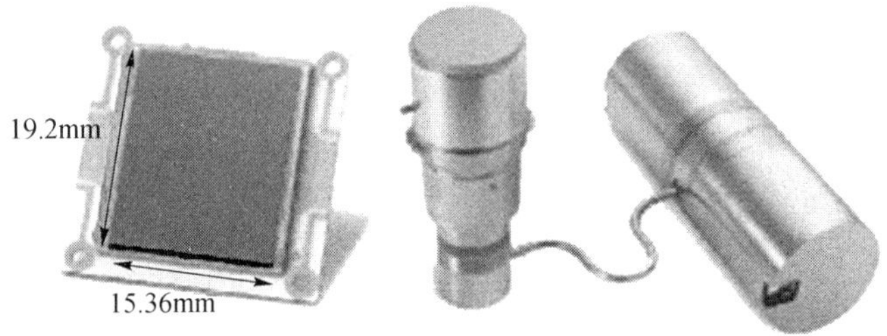

图 3.25　1280×1024 百万像元的中波探测器芯片及制冷机杜瓦组件

Alcatel 和 Thales Research and Technology（TRT）在 2004 年 7 月 1 日联合建立了“Alcatel－Thales Ⅲ－Ⅴ实验室”，该实验室主要进行量子阱焦平面材料生长及器件制备。Thales Optronique 联合 SOFRADIR 进行进一步的混成、封装等工艺并最终制成 CATHERINE 系列热像仪交付用户使用。与此同时，SOFRADIR 也向用户推出了 SIRIUS 系列 QWIP 组件（IDDCA）。

德国 AIM 公司在部分引进法国技术的基础上，大力发展大规模凝视型碲镉汞红外探测器，目前所研发的中波 1296×736 像元规模的大面阵中波红外焦平面探测器组件已达到较高水平，并开始进行军事装备应用。在量子阱红外探测器技术以及Ⅱ类超晶格红外探测器技术领域，AIM 与德国 IAF 研究所开展广泛合作，其中，IAF 研究所主要负责量子阱材料的外延、量子阱红外探测器芯片制备以及互连后的减薄工作，AIM 公司则负责探测器的互连以及杜瓦、制冷和成像工作，图 3.26 为 IAF 与 AIM 的合作关系图。基于 IAF 研制的量子阱探测器，目前德国 AIM 主要提供的量子阱探测器制冷组件产品有长波 256×256 像元、384×288 像元、640×512 像元量子阱红外探测器和中波 384×288 像元Ⅱ类超晶格探测器组件。之外，其还提供了 384×288 元双色量子阱红外探测器。

英国按照其红外成像技术的发展需求，提出了英国的红外热成像技术发展路线图，1998 年实施了发展超长线列 768×8 像元长波碲镉汞焦平面探测器的

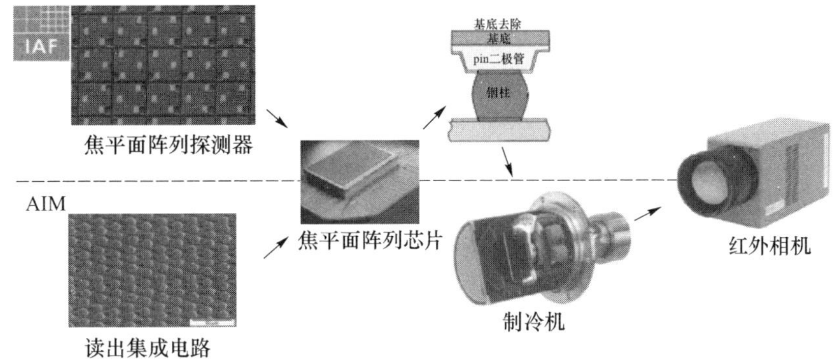

图 3.26 IAF 与 AIM 的合作关系图

研制工作,并于 2001 年研制了以超长线列 768 ×8 像元长波碲镉汞焦平面探测器为基础的通用型、高分辨力红外成像设备 STAIRS(Sensor Technologies for Afforable IR Systems,如图 3.27(a)所示)作为英国超高性能热成像系统(UK's Very High Performance Thermal Imaging System),图 3.27(b)是 STAIRS 获取的典型红外图像。该系统广泛应用于直升机、固定翼飞机、舰载设备等多种武器平台,用于对目标的识别、跟踪、预警和防护等。同时英国 Selex 公司在凝视焦平面方面中短波产品达到了 1024 ×768 像元,中心间距 16μm,长波凝视器件产品水平达到了 640 ×512 像元的水平,中心间距 24μm,碲镉汞双色器件方面也进展迅速,现已有 MW/LW640 ×512 像元的货架产品(见图 3.27(c)、(d))。

以色列 SCD 公司主要致力于 InSb 红外探测器组件方面的研究,同时也在 MCT、量子阱、非制冷探测器组件方面也开展了大量的研究工作,并且取得了很大的成果(见图 3.28)。经过这些年的快速发展,其在 InSb 红外探测器组件研制方面取得了长足进展,2006 年 InSb 红外探测器芯片规模就达到了 1024 × 1024 像元的规模、TDI 线列型器件规模达到了 2048 ×1 像元(子模块拼接而成)。

3.4.3 红外探测器种类与特点

红外探测器从工作原理上可以分为两类:热探测器(HD)和光子探测器(PD)。热探测器利用光热效应来实现探测,光子探测器是利用各种光子效应来实现探测。

1. 热探测器

材料吸收光辐射能量后温度升高的现象称为光热效应。入射光辐射与物质中的晶格相互作用,晶格因吸收光能量使振动能量增加,引起物质的温度上升,导致与温度有关的材料某些物理性质发生变化,如温差电效应、电阻率变化、自发极化强度变化、气体体积和压强变化等。利用这些变化可以制作各种热探测

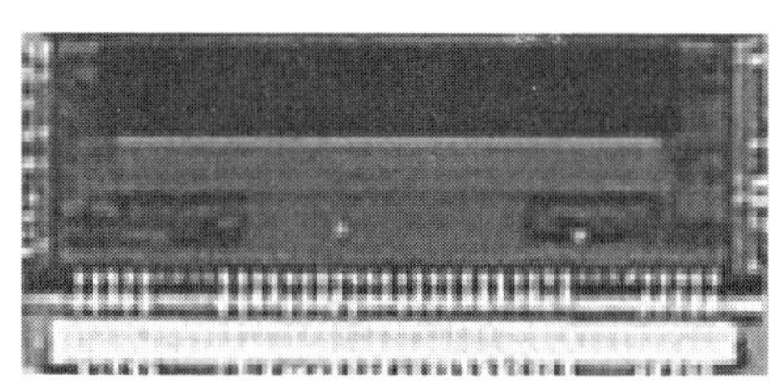

(a) BAE公司研制的768×8元中波红外探测器

(b) STAIRS系统获取的1280×768红外图像

(c) SELEX公司1280×7688元中波探测器组件

(d) SELEX公司640×512双色中/长波探测组件

图3.27　英国红外成像技术发展成果

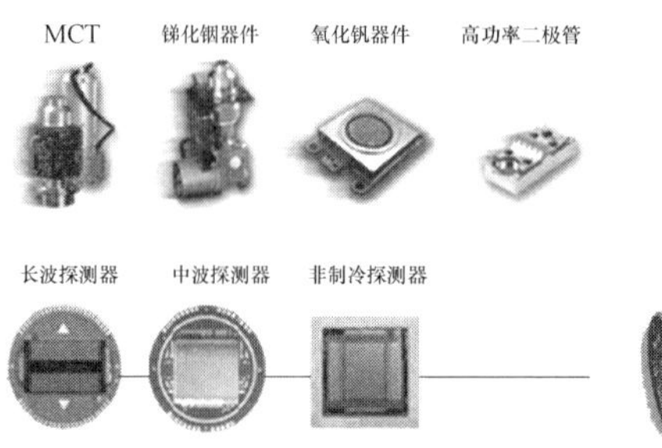

(a) SCD公司红外探测器组件研制分类图

(b) SCD公司640×512中波红外探测器组件

图3.28　以色列红外成像技术发展成果

器。典型的热探测器的工作原理及特点简要介绍如下：

1）热电偶和热电堆

热电偶和热电堆是基于温差电效应制成的典型热探测器。当两种不同材料制成的两个节点出现温差时，在这两点间产生电动势。形成闭合回路时，这两点便有电流流过，这种现象称为温差电效应。温差电效应又可细分为塞贝克（Seebeck）效应、帕尔帖（Peltier）效应和汤姆逊（Tomson）效应。

在由两种不同的导体或半导体组成的闭合回路中，两个节点置于不同温度

(节点间温差为 ΔT)时,在两点之间就产生一个电动势(V),这个电动势在闭合回路中引起连续电流,这种现象称为塞贝克效应。产生的电动势称为塞贝克电动势,上述回路称为热电偶。塞贝克电动势实质是受热不均匀的两节点间的接触电位差。

帕尔贴效应被认为是塞贝克效应的逆效应。当电流通过两个不同材料的导体或半导体组成的回路时,除产生不可逆的焦耳热外,在不同材料的接头处分别出现吸热和放热现象,热交换速率与通过的电流成正比,这种现象称为帕尔贴效应。帕尔贴效应在热力学上是可逆的,如果电流方向相反,原吸热的接头处变为放热,放热的接头处吸收,即改变电流的方向也就改变了两个节点的热交换能。

汤姆逊效应是单一均质导体或半导体中存在着的与帕尔帖效应相同的现象。当电流通过具有一定温度梯度的均质导体或半导体时,就会可逆地吸收热或放出热,这一现象称为汤姆逊效应。

光辐射入射到导体或半导体上产生一温度梯度,从而产生温差电势,由电动势的高低可以测定接收端所吸收的光辐射的大小。为了增加信号电压,测辐射热电偶可串联成测辐射热电堆。测辐射热电堆常常是在衬底上蒸上一层金属膜,然后再蒸上第二种材料与第一层膜部分重叠,从而形成若干接触点。

热电偶和热电堆的特点是结构简单,不需要电偏置和制冷,使用方便;缺点是灵敏度相对较差,产生的光电信号弱。

2) 热电阻

当温度升高时,金属的电阻会增加,半导体材料的电阻会降低。根据材料电阻的变化可测定被吸收的光辐射功率。热电阻就是利用材料的电阻变化制成的热探测器。

材料的电阻与温度的关系可用材料的电阻温度系数(α_T)来表征。电阻温度系数与材料的种类和温度有关,是描述测辐射热器材料的电阻值对温度变化灵敏程度的基本参数。α_T越大,其电阻阻值变化就越大;α_T越小,其电阻阻值变化就越小。金属材料的电阻温度系数与温度成反比,而半导体材料的电阻阻值随温度升高按指数规律下降。

常见的热电阻由 Mn、Co 或 Ni 的氧化物半导体制成,通常称为热敏电阻。使用热敏电阻测量光辐射,需要一个含电源及负载的回路,热敏电阻接收光辐射引起电阻变化,在负载上产生信号电压。

热敏电阻的特点是使用简便,性价比高,无需制冷;缺点是响应时间相对较慢,通常适用于直流和低频光的探测。

3) 热释电探测器(PYD)

由热释电晶体制成的探测器称为热释电探测器。热释电晶体具有自发电极化特性,其自发电极化强度随温度升高而下降。当温度等于某一特定温度 T_c

时，极化晶体的自发极化强度为零，这种现象称为极化晶体发生相变或退极化，T_c称为温度。晶体不同，T_c也不同。

无外加电场的作用而具有电矩，且在温度发生变化时电矩极性发生改变的介质称为热电介质。外加电场可改变热电介质的自发极化矢量的方向，在外加电场作用下，无规则排列的自发极化矢量趋于同一方向，形成所谓的单畴极化。当外加电场移去后，仍能保持单畴极化特性的热电介质又称为铁电体或热电-铁电体。热释电探测器就是用这种热电-铁电体制成的。

当强度调制过的光辐射入射到热释电晶体上时，引发自发电极化强度随时间的变化，结果在垂直于极化方向的晶体两个外表面之间出现微小变化的信号电压，由此可测定所吸收的光辐射功率。

热释电探测器是一种几乎纯容性器件，其电容量很小，阻抗非常高，在使用时必须配以高阻抗负载（一般在 $10^9\Omega$ 以上）。在热探测器中，热释电探测器的响应度和响应速度相对较高，但对恒定辐射不响应，是交流响应器件，使用时光辐射需要进行调制。由于热释电材料具有压电特性，因而对微震等应变十分敏感，在使用时应注意减震防震。

除了上述几种热探测器外，还有利用气体在吸收光辐射后因温度升高使体积膨胀或压强增加的气动探测器（也称高莱盒），以及利用金属热膨胀、液体膜的蒸发等物理现象的热探测器。

所有热探测器，在理论上对一切波长的光辐射都具有相同的响应，因而是非选择性探测器。这是和光子探测器在光谱响应上的主要区别。此外，热探测器除低温测辐射热器外一般无需制冷。热探测器的响应时间比光子探测器长，而且取决于热探测器热容量的大小和散热的快慢。

2. 光子探测器

光子探测器是由入射光子和材料中的电子发生各种相互作用的光电子效应所制成的探测器。几乎所有情况下，所用的材料都是半导体。在众多的光电子效应中，只有光电子效应、光电导效应、光生伏特效应和光电磁效应得到了广泛的应用。

基于光电子发射效应的器件在吸收了大于红外波长的光子能量后，器件材料中的电子逸出材料表面，这样的器件称为外光电效应器件。基于光电导、光生伏特和光电磁效应的器件，在吸收了大于红外波长的光子能量后，器件材料中出现光生自由电子和空穴，这样的器件称为内光电效应器件。

1）光电子发射探测器

光电子发射效应也称外光电效应。入射辐射的作用是使电子从光电阴极表面发射到周围的空间中，即产生光电子发射。产生光电子发射所需光电能量取决于光电阴极的逸出功，光子能量低于阴极材料逸出功就不能产生光电子发射。

阳极接收光电阴极发射的光电子所产生的光电流正比于入射辐射的功率。

利用光电子发射效应制成的探测器称为光电子发射探测器,应用较多的有真空光电管和光电倍增管。真空光电管由光电阴极和阳极构成,用于响应要求极快的场合;光电倍增管内部有电子倍增系统,因而有很高的电流增益,能检测极微弱的光辐射信号。但光电子发射探测器的响应波段主要在可见光波段,对红外辐射响应的光电子发射阴极只有银-氧-铯光电阴极和新发展的负电子亲和势光电阴极,它们的响应波段也只扩展到 1.25μm,只适用于近红外的探测,因此在红外系统中应用不多。

2）光电导探测器

光电导是应用最广泛的光电子效应。入射辐射与晶格原子或杂质原子的束缚电子相互作用,产生自由电子-空穴对(本征光电导)、自由电子或空穴(非本征光电导),形成载流子,从而使半导体材料的电导增加。光子所激发的载流子仍保留在材料内部,所以光电导是一种内光电效应。

本征光电导需要光子激发出自由电子-空穴对,光子的能量至少要和禁带宽度一样,因此基本要求是

$$h\nu \geqslant E_g \tag{3.49}$$

式中:h 为普朗克常数;ν 为光子频率;E_g 为禁带宽度。

所以本征光电导体的长波限 λ_0(也称截止波长)是

$$\lambda_0 = \frac{hc}{E_g} \tag{3.50}$$

波长大于 λ_0 的辐射不能产生本征光电导。

当入射光子没有足够能量产生自由电子-空穴对,但能激发杂质中心时,便形成非本征光电导或称杂质光电导。激发产生自由电子的光电导称为 n 型半导体,产生自由空穴的光电导称为 p 型半导体。

非本征光电导的长波限是

$$\lambda'_0 = \frac{hc}{E_i} \tag{3.51}$$

式中:E_i 为杂质电离能。

利用光电导效应制成的探测器就是光电导探测器。常用的光电导探测器是光敏电阻。用于红外光电导探测器的材料有铅盐薄膜类,如硫化铅(PbS)、硒化铅(PbSe)、碲化铅(PbTe)等。还有多元本征型和非本征型,如 $Hg_{1-x}Cd_xTe$、$Pb_{1-x}Sn_xTe$ 等,这些材料可以通过调节组分比例,工作波长可在 3 个大气红外窗口 1~3μm、3~5μm、8~14μm 中。用于红外探测的光电导探测器绝大多数都需要制冷工作。长波限在 4~5μm 的探测器,需要制冷到干冰温度(195K);大多数的光电导探测器需要制冷到液氮温度(77K)。工作在 8~14μm 大气窗口

的光电导探测器都要制冷到77K。

光电导探测器工作时需要加以适当的偏流或偏压,没有极性区分。对入射光辐射的响应表现为均值性,光辐射无论照在它的哪一部分,受光部分的电导率都会增大。由于光电导探测器的光电效应主要依赖于非平衡载流子中的多子产生与复合运动,弛豫时间较大,所以其响应速度较慢,频率响应(FR)性能相对较差。

3）光伏探测器

光伏效应也是一种应用广泛的内光电效应,是半导体受光照产生电动势的现象,光照使不均匀半导体或均匀半导体中光生电子和空穴在空间中分开而产电位差。

光伏效应需要一种将正、负载流子在空间上分离的机制 - 内部势垒,通常用 p - n 结来实现这种效应。当入射光子在 p - n 结及其附近产生电子 - 空穴对时,光生载流子受势垒区电场作用,电子漂移到 n 区,空穴漂移到 p 区。如果在外电路中把 p 区和 n 区短接,就产生反向的短路信号电流。如果外电路开路,则光生的电子和空穴分别在 n 区和 p 区积累,两端便产生电动势,这称为光生伏特效应,简称光伏效应。

最常用的光伏探测器有光电池、光电二极管、光电三极管、pin 管、雪崩二极管、量子阱光探测器等。光伏探测器的光谱响应特性取决于所用的半导体材料和制作工艺。硅材料的光谱响应主要在0.8 ~0.9μm;Ⅱ - Ⅵ族化合物半导体可响应中长波红外波段,如 $Hg_{1-x}Cd_xTe$、$Pb_{1-x}Sn_xTe$ 探测器,改变化合物组分 x,即可改变带隙,从而得到不同光谱响应的器件。碲镉汞(HgCdTe)光伏探测器可分别工作于室温(300K)和液氮温度(77K),响应波长可覆盖1 ~30μm。对于响应1 ~3μm 的 HgCdTe 通常在室温下工作,量子效率可达0.4 ~0.6;工作于77K 的 HgCdTe,其工作波长为8 ~14μm,峰值响应波长为10.6μm 左右。

光伏探测器有确定的正负极,不需要外加偏压即可将光辐射转变为电信号。其产生光电变换的部位只在结型,只有到达结区附件的光辐射才产生光伏效应。由于光伏效应主要依赖于结区非平衡载流子中的少子漂移运动,弛豫时间较小,因而光伏探测器响应速度较快,频率响应特性好。另外,像雪崩二极管和光电三极管这样的光伏探测器还有很大的内增益作用,不仅灵敏度高,还可以通过较大的电流。

4）光电磁探测器(PEMD)

利用磁场也可将光生正负载流子分离。由于材料的吸收作用,光辐射随进入材料的深度呈指数规律下降,产生的光生载流子在材料内部形成浓度梯度。载流子从浓度大的表面向浓度小的体内扩散,带相反电荷的电子和空穴朝相同的方向运动,与磁场相互作用产生的洛伦兹力,使电子和空穴分别向材料的两端偏转,并在两端形成电荷积累,从而产生电势差。这种由光和磁场同时作用而产生的电势差现象,称为光电磁效应。根据光电磁效应制作的探测器就是光电磁探测器。

光电磁探测器常用的材料是锑化铟。此类探测器工作时不需要制冷,但必须提供磁场,使用不方便。其探测响应度比光电导和光伏探测器低,应用不广泛。

概括地说,光子探测器是一种选择性探测器,要产生光子效应,光子的能量必须要超过某一确定值,即光子的波长要短于长波限。波长短于长波限的入射辐射,当功率一定时,波长越短,光子数就越少。因此,理论上光子探测器的响应率(即单位辐射功率所产生的光信号)应与波长成正比。

3.4.4　红外焦平面阵列

红外探测器产品常以通用组件的形式提供给用户。通用组件是探测器和其工作必需的配套件组合在一起的完整的功能部件,配套件包括杜瓦、制冷器、前置放大器、输出电路等。在红外探测器产品中,红外焦平面阵列(IRFPA)是应用广泛探测器,其在单元和多元红外探测器基础上,结合了微电子芯片工艺技术,形成元数多、规模大、功能强的集成化红外探测器。在现代军用红外系统中发挥重要的作用,成为先进光电武器装备的关键组成部分。

红外焦平面阵列是指放置在系统光学焦平面上,实现光电转换并带有信号处理功能的多元探测器阵列。与分立型多元探测器相比,红外焦平面阵列具有以下优点:

(1) 在同一芯片上实现光电转换和信号处理功能,探测器结构简化。焦平面阵列的电源、驱动电路和信号输出等全部引线大幅度减少,可靠性提高。在驱动电路信号驱动下,可在信号积分时间内,将各像元的光电信号多路传输至一条或几条输出线,以行转移或帧转移的形式输出,便于后续信号处理。

(2) 面阵列像元增多,使红外系统分辨力和灵敏度得以大幅度提高,系统性能明显提升,功能增强。红外焦平面阵列的元数可以扩展到材料和工艺技术允许的规模,探测元数可以提高几个数量级。目前 320 × 240 像元和 640 × 512 像元红外探测器已大量应用,1024 × 1024 像元探测器也获得实用。

(3) 大规模面阵红外焦平面阵列,可以直接凝视成像,用电采样的方式取出各元件的信号,大大简化了红外系统的结构,也降低了功耗。

1. 红外焦平面阵列结构

从芯片制造工艺上看,红外焦平面阵列主要分为单片式和混合式两种结构。对应用来说,关注的重点是性能的高低和可生产性的问题,结构上的区别并不十分重要。不同的应用也许倾向于采用不同的结构,这取决于技术、成本和进度要求。

1）单片式焦平面阵列

单片式焦平面阵列是在同一个芯片上完成光子探测、电荷存储和多路传输读出等功能，即将光电转换的光敏元阵列与信号处理读出电路集成于同一芯片上。目前有几种全单片式或部分单片式的焦平面阵列结构正在发展中。一种结构为 PtSi 肖特基势垒全单片式 IRFPA，其设计与 CCD 兼容。采用了硅衬底，将探测光敏面元和信号存储与多路传输器制作在同一硅基片上。另一种结构是将窄带半导体材料（或热敏材料）用外延方法生长在含有多路传输器的硅衬底上，在窄带隙半导体材料（或热敏材料）上制备探测器。这种方法是将相对成熟的硅集成电路技术和成熟的窄带隙半导体（或热敏）器件技术的优点结合起来的一种单片式设计。目前实现这种外延生长技术困难较大，但正在取得进展。另外，还有可能采用砷化镓代替硅来做衬底，以进行更高速的多路传输。还有一种结构是采用碲镉汞或锑化铟这类窄带隙半导体材料，替代硅来制作 CCD 或 CMOS 结构的信号处理电路。在窄带隙半导体材料上即制备探测器，有制备信号处理电路，将光电转换与信号处理功能一起集成在窄带隙半导体材料上，形成全单片式 IRFPA，但目前技术尚不成熟。

2）混合式焦平面阵列

混合式结构是红外探测器和硅信息处理电路两部分分别制备，由于它们的制造工艺相对比较成熟，因此可使它们分别选择最佳状态，再通过镶嵌技术把两者互连在一起。使用较多的是倒装式混合结构。在探测器阵列和硅多路传输器上分别预先做上铟柱，然后将其中一个芯片倒扣在另一个芯片上，通过两边的铟柱对接将探测器阵列的每个探测元与多路传输器一对一对准配接起来，这种互连技术称为铟柱倒装焊。采用这种结构时，探测器阵列的正面被夹在中间，红外光只有透过芯片才能被探测器接收。光照可以采用两种方式，即前光照射式（光子穿过透明的硅多路传输器）和背光照射式（光子穿过透明的探测器阵列衬底）。相对而言，背光照射式更为优越。因为多路传输器一般都有一定的金属化区域和其他不透明的区域，这将缩小有效的透光面积；并且，如果光从多路传输器一面照射，则光子必须三次通过半导体表面，而这三个面中只有两个面便于蒸镀适当的增透膜，而背光照射式仅有一个表面需要镀增透膜，且这个表面不含有任何微电子器件，不需要任何特殊处理；另外，探测器阵列的背面可减薄到几微米厚，以减少对光辐射的吸收损失。

2. 典型红外焦平面阵列

1）线阵焦平面阵列

线阵焦平面阵列的光敏元通常由 1 ~ 4（或 6）排多元线列组成，并在焦平面上带有信号处理和读出功能。在成像使用时，须有一维光机扫描，并同时完成在 4（或 6）排方向的串联扫描，实现信号延时积分。

扫积型线阵焦平面探测器是当前已广泛应用的一种 IRFPA。其典型产品为 4N 系列,如(288×4)元、(480×4)元、(960×4)元 HgCdTe 探测器。此类探测器在焦平面上有 4 排 288(或 480、960)个光伏型碲镉汞探测光敏元,和带有时间延迟积分(TDI)功能的硅信号处理电路通过铟柱互连而成。TDI 的工作流程如图 3.29 所示。某一列上的第一个像元在第一个曝光积分周期内收集到的信号电荷并不直接输出,而是与同列第二个像元在第二个积分周期内收集到的电荷相加,相加后的电荷移向第三行,…,最后一行(第 n 行)的像元收集到的信号电荷与前面 $n-1$ 次收集到的信号电荷累加后移到输出寄存器中,按普通线阵器件的输出方式进行读出。

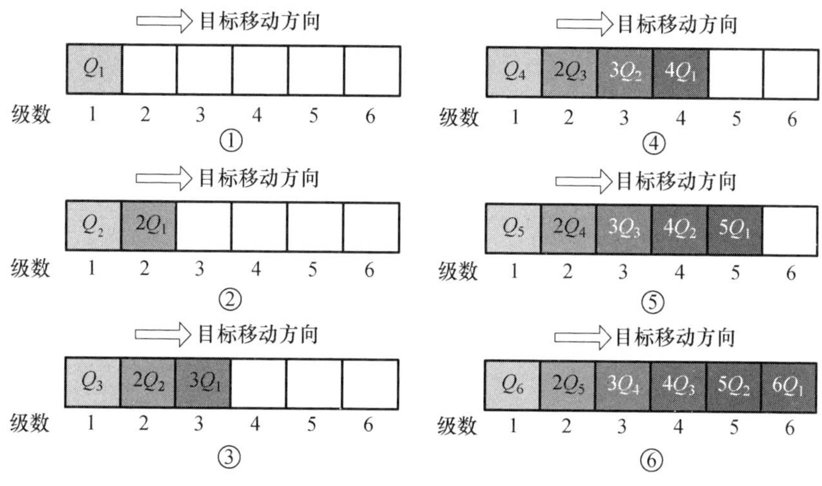

图 3.29　TDI 的工作流程图

采用一维光机扫描,相当于 288 元的线列扫描体制。在扫描方向对 4 个元件进行串联扫描,要求扫描速度与 4 个元件的电荷转移速度同步,4 个元件中每个探测光敏元顺次扫过统一景物,依次输出同一像素信号。在探测器均匀和增益相同的情况下,输出信号通过 TDI 相加增强,为单个探测器的 4 倍,而噪声是相关的,只增大到 41/2 倍,即 2 倍,因此总的信噪比提高为原来的 2 倍;同时 4 个元件信号叠加后改善了并排信号有效均匀性。例如,并排的各元件性能可能有好有坏,经过上述方法扫描叠加后,只要 4 个元件信号叠加后和其他 4 个元件信号的叠加量相近,就达到了输出信号均匀化的效果。

4N 系列 IRFPA 的主要优点是:工艺相对比较简单,易于实现;信噪比比普通线列结构提高 1 倍;线列均匀性有较大改善。

2）面阵焦平面阵列

面阵焦平面阵列是一种成像无需光机扫描,像元以行和列的方式排列在二维空间的焦平面阵列探测器,其光敏元充满了整个视场,一个探测元对应景物的一个点,在采样周期内景物信号在全视场每个探测元中积分。一帧时间后,由信号处理电路依次采样读出该视场各像素信号;接着再对第二场进行积分和信号读出。采用面阵 IRFPA 的红外系统可大大简化整机设计,达到小型化。

面阵焦平面阵列通常又称为凝视型 IRFPA,为达到最佳的性能和最大的信噪比,需要尽可能长的有效积分时间。增加积分时间,就可以增加系统的灵敏度。例如,典型的扫描型线列焦平面探测器的积分时间为 120μs,信噪比为 30;如果在同样的视场大小下,凝视阵列积分时间增加到 10ms,则信噪比可达 300。另外,通过积分时间的变化也能改变光学系统的 *F*#数。例如,积分时间 120μs 的 *F*/1 光学系统与积分时间分别为 2ms 和 30ms 的 *F*/2 和 *F*/4 的光学系统所获得的灵敏度相同。

目前实用的凝视型焦平面探测器有(160×120)元、(128×128)元、(256×256)元、(320×240)元、(640×480)元;中波红外面阵规模已经有(1024×1024)元;短波红外有(2048×2048)元。

3.4.5 预警用数字红外探测器

提高探测器灵敏度是提升红外预警探测能力的重要措施。提高探测器灵敏度的关键在于选择红外辐射强度的波段以及提高探测器的电荷存储量这两个方面。

在波段选择上,如果不考虑具体气象应用条件的大气的散射和吸收,延伸红外探测波段是有效手段。根据普朗克定律,如图 3.30 所示,对于 300K 目标而言,8~12μm 波段上的热辐射信号是中波 3~5μm 波段的 46 倍。故此,在军用红外成像探测器的发展趋势上,扩展探测波段到充满大气窗口,即 8~12μm 波段红外成像探测是一个重要的发展方向。

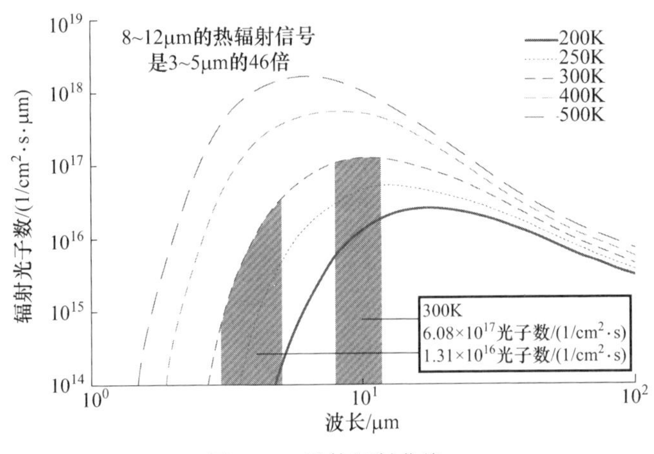

图 3.30　黑体辐射曲线

在长波波段，由于目标辐射信号较强，在器件的温度分辨力限(或电荷存储限)下具有更短的积分时间，十分有利于高速探测的应用需求。提高温度分辨力的另一个途径是提高探测器的探测率 D^* 或提高电荷存储量。限制 D^* 的关键因素是器件噪声，即电流噪声和光子噪声极限(背景限)。

图 3.31 给出了扩展电流限下，80K 工作的 HgCdTe 探测器截止波长与零偏结阻抗 R_0A 的关系，高性能 HgCdTe 探测器暗电流基本能够达到扩散电流限。图中的 η_{BLIP} 表示接近背景限的比率，定义为光子噪声功率与器件总噪声功率之比(公式另列)。$\eta_{BLIP}=100\%$ 为器件工作在背景限下。计算中，探测器噪声近似为约翰逊噪声，则

$$I_{FPA}^2(V=0)=\frac{4kTA_d\Delta f}{R_0A} \tag{3.52}$$

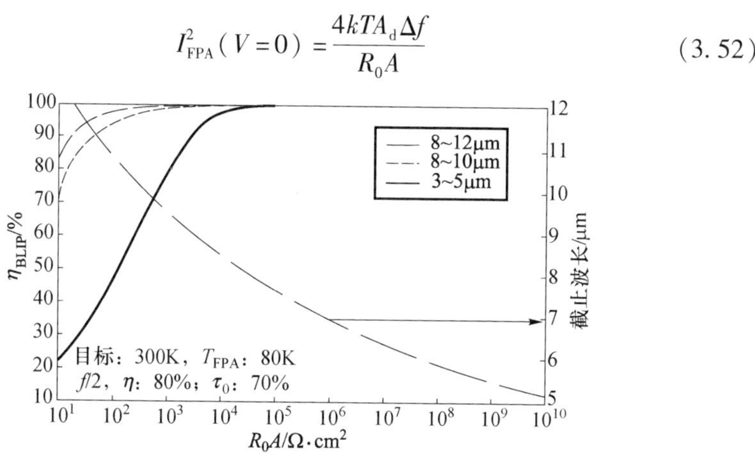

图 3.31 80K 工作的 HgCdTe 探测器截止波长与零偏结阻抗 R_0A 的关系

式中：A_d 为光敏元面积；R_0A 为零偏结阻抗面积；Δf 为带宽；T 为探测器温度。

从图 3.31 中可见，在扩散电流限下，在 3～5μm、8～10μm 以及 8～12μm 波段上工作的探测器基本都接近背景限，提高的余地已经不大，进一步提高需要突破电荷存储量限制。例如，30μm 像元 640×512 器件，$f/2$ 光学系统，光学效率为 70%，器件量子效率为 80%，在 50Hz 频率下工作。假设数据率为 40MHz，在帧转移模式下最大可用积分时间为 1.2ms，对于 300K 目标，在 3～5μm、8～10μm 以及 8～12μm 波段上最大可探测信号电子数分别为 4.6×10^7、9.7×10^8 和 2.1×10^9。假设器件电荷存储量为 30Me(50% 满阱容量)，忽略暗电流电荷，在上述三个波段上实际电荷最大利用率分别为 65.2%、3.1% 和 1.4%。长波电荷利用率明显过低，是探测灵敏度的关键制约瓶颈。

图 3.32 为对应于 300K 目标、不同的探测波段时，探测器存储电荷与 NETD 的关系。以 $f/2$ 光学系统为例(假设光学效率为 70%，探测器量子效率为 80%)，从图中可见，如果要实现探测器 NETD 为 1mK 的目标，则在中波 3～5μm

探测波段上,需 1.1×10^{10} 电子数以上。特别是长波探测电子数(160pC),而在长波 8 ~20μm 探测波段上,需 1.1×10^{10} 电子数以上。特别是长波探测波段,由于热对比度较中波波段更低,达到同样的温度分辨力所需电荷存储量高于中波探测波段。

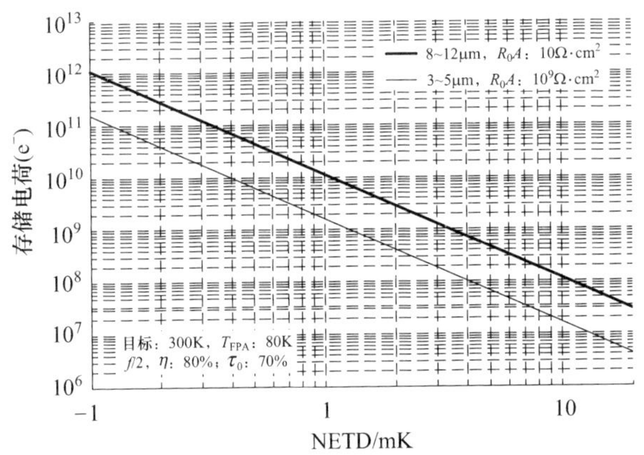

图 3.32　对应于 300K 目标、不同的探测波段,探测器存储电荷与 NETD 的关系

10^9 电子数为目前技术所能提供的 30μm×30μm 像元对应的电荷存储量为 $(1 \sim 5) \times 10^7$ 电子的 20 倍以上。用标准 CMOS 技术,虽然氧化层厚度不断下降、不断提高单位面积电容,但电压也随之下降,抵消了电容增大的优势。

对应于 1mK NETD 的探测器性能,另一个限制因素是动态范围瓶颈。图 3.41 计算以 *f*/2 光学系统为例(假设光学效率为 70%,探测器量子效率为 80%)。

从图 3.33 可以看出,无论在中波还是长波探测波段,约 100dB 的动态范围是保证 1mK 灵敏度的基本条件。随着 CMOS 技术的发展,最小线宽的下降导致读出电路工作电压已经从过去的 5V 下降到 3V,如果按照探测系统噪声为约 300μV 的系统电子学噪声阈值计算,最大输出 3V 已经无法满足动态范围的要求(最大为 80dB)。

如此大的电荷存储以及动态范围实现的途径,除了依赖于微电子技术的进步以外,更为现实的途径是采用片外积分的方法解决,即在一个帧时内不断将存储电荷转移出来叠加。这样,采用这种片外信号叠加的方法将电荷存储量的限制问题以及动态范围不足问题转移到读出电路的信号高速、低噪声传输能力问题上,传输不能占用较多的帧时,也不能带来较高的噪声。

用传统模拟信号传输的方法,传输速率受到噪声的限制,噪声带宽随着传输数据量的上升而正比上升。像元率为 5 ~20MHz,传输 1 帧 640×512 图像需要 16ms,对于 50Hz 单色视频,单帧串行输出传输占用的帧时约为 80%。虽然采用

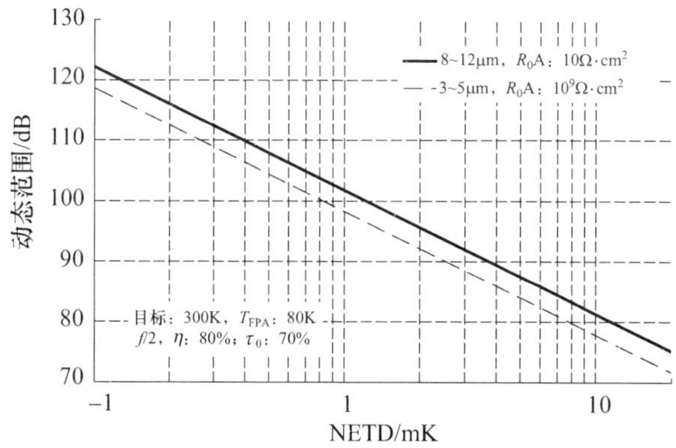

图 3.33　对应于 300K 目标、不同的探测波段，探测器动态范围与 NETD 的关系

帧分割并行的传输方法可以有效降低传输时间，但会给探测器的使用带来一定的复杂性，并且当应用于多色多谱段探测时仍然可能成为限制因素。提高读出电路传输速率的有效方法是先进焦平面框架下的像素（行）级 ADC 技术。

图 3.34 为数字传输芯片的基本概念，先进焦平面采用高速数字信号分路传输芯片，从根本上解决了传统模拟信号传输速度较低（噪声瓶颈）的问题，提高了焦平面的工作速度。

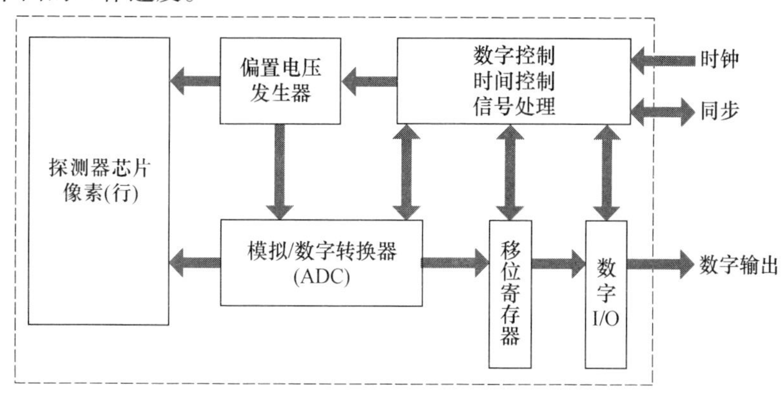

图 3.34　数字传输芯片的基本概念

可见，片上 ADC 技术是支撑先进焦平面技术的关键环节。片上 ADC 技术同时也是针对超大规模、多色多谱段探测所带来的传输数据率瓶颈问题的解决方案。将 ADC 放置在像素级水平为采用光输出方式、打破数据瓶颈提供了解决方案。由于是数字化和光学输出方式，也打破了模拟输出对动态范围性能的限制。另外，由于是像素级 ADC，光输出可以按每列或任何其他多路传输级别的方式设置。这个方式在输出结构上的广阔自由度，使不论什么焦平面尺寸，其输出瓶颈问题将得以避免。

与CMOS可见光图像传感器类似,目前很多非制冷红外焦平面产品(包括少数制冷型红外焦平面)具备了一路或多路芯片级ADC,有些包括了芯片级飞均匀校正等功能。这些产品的特点是在室温下工作,制冷功率通常不是设计考虑的主要因素。HgCdTe焦平面等需要在低温(典型温度80K)下工作,制冷机制冷功率的大小与探测器组件的重量、体积,探测器组件的工作寿命等直接相关,制冷功率的大小是一个重要的考虑因素。因此,对于制冷型焦平面器件,片上ADC技术需要在像素级、行级或者芯片级水平上对性能和功率做出细致的优化研究和权衡。芯片级ADC要求高速、高精度的转换能力,而像素级ADC速度要求相对较低,易于结构简化。像素级ADC的难度在于优化设计的采样方法,不能明显增加功耗。

3.4.6 红外探测器主要性能参数

红外系统一般都是围绕红外探测器的性能进行设计,探测器的性能可由特定工作条件下的一些参数来表征。表3.4列出了某红外探测器典型产品参数。

表3.4 典型红外探测器参数

参数	性能	参数	性能
探测器名称	InSb多元探测器	工作温度/K	约80
外形尺寸/mm	$\phi 60 \times 80$	制冷方式	J-T
质量(含制冷器)/g	约120	响应光谱范围/μm	3~5
排列形式	单元线列	平均响应率 R_λ/(V/W)	$\geqslant 3 \times 10^6$
探测器元数/元	128	平均探测率 D_λ^*/(cm·Hz$^{1/2}$·W^{-1})	$\geqslant 1 \times 10^{11}$
像元尺寸/μm×μm	50×50	不均匀性/(%)	≤10
像元中心距/μm	100	时间常数/μs	≤1

对红外探测器的性能评价参数,归纳起来大致可分为3类:探测器工作条件、响应性能参数和噪声性能参数。

1. 探测器工作条件

红外探测器的性能参数与其工作条件密切相关,在给出性能参数时,要注明有关的工作条件。要比较和评价红外探测器,必须在给定的工作条件下进行。

1) 响应光谱范围

很多红外探测器,特别是光子探测器,其响应是辐射波长的函数,仅对一定的波长范围内的辐射有信号输出。这种光谱响应的信号依赖于辐射波长的关系,决定了探测器探测特定目标的有效程度。评价比较不同探测器时,只有在响应光谱重叠区域进行比较才有意义。

2）工作温度

半导体材料制作的探测器，无论是信号还是噪声，都和工作温度有密切关系。所以必须明确工作温度。最通用的工作温度是室温（295K）、干冰温度（195K）、液氮温度（77K）、液氢温度（20.4K）以及液氦温度（4.2K）。

3）光敏面尺寸

探测器的信号和噪声都和光敏面面积有关，大部分探测器的信号噪声比与光敏面面积的平方根成比例。光敏面的参考面积一般为 1cm^2。

4）电路的通频带和带宽

探测器的极限性能受噪声的限制，而噪声电压或电流均正比于带宽的平方根，有些噪声还是频率的函数。所以在评价比较探测器的性能时，必须明确通频带和带宽。

5）偏置情况

大多数探测器需要某种形式的偏置。例如光电导探测器和电阻测辐射热器需要直流偏置电源，光电磁探测器的偏置是磁场。信号和噪声往往与偏置情况有关，因此要说明偏置的情况。

此外，对于受背景光子噪声限制的探测器，应注明光学视场和背景温度。对于非密封型的薄膜探测器，要标明湿度。

2. 响应性能参数

1）响应率

响应率是描述探测器灵敏度的参量，表征探测器输出信号与输入辐射之间的关系，定义为光电探测器的输出均方根电压 V_s 或电流 I_s 与入射到探测器上的平均光功率 P 之比，即

$$R_V = V_s/P \tag{3.53}$$

或

$$R_I = I_s/P \tag{3.54}$$

式中：R_V 和 R_I 分别称为探测器的电压响应率和电流响应率。

2）积分响应度

积分响应度表示探测器对连续辐射通量的响应程度。对包含有各种波长的辐射通量，有

$$\Phi = \int_0^\infty \Phi(\lambda)\,\mathrm{d}\lambda \tag{3.55}$$

探测器输出的电流或电压与入射总光通量之比称为积分响应度。由于探测器输出的光电流是由不同波长的光辐射引起，所以输出光电流为

$$I_S = \int_{\lambda_1}^{\lambda_2} I_S(\lambda)\,\mathrm{d}\lambda = \int_{\lambda_1}^{\lambda_2} R_\lambda \Phi(\lambda)\,\mathrm{d}\lambda \tag{3.56}$$

可得积分响应度为

$$R = \frac{\int_{\lambda_1}^{\lambda_2} R_\lambda \Phi(\lambda)\,\mathrm{d}\lambda}{\int_0^{\infty} \Phi(\lambda)\,\mathrm{d}\lambda} \tag{3.57}$$

式中：λ_1、λ_2分别为探测器的长波限和短波限。

3）响应时间

响应时间是描述探测器对入射辐射响应快慢的参数。当入射辐射到探测器后或入射辐射遮断后，探测器的输出上升到稳定值或下降到照射前的值所需时间称为响应时间。响应时间常用时间常数 τ 来表示。当一个辐射脉冲照射探测器，如果这个脉冲的上升和下降时间很短，探测器的输出由于器件的惰性而有延迟，把从 10% 上升到 90% 峰值处所需的时间称为探测器的上升时间，把从 90% 下降到 10% 处所需的时间称为下降时间。

4）频率响应

由于探测器信号的产生和消失存在着一个滞后的过程，所以入射光辐射的频率对光电探测器的响应将会有较大的影响。探测器的响应随入射辐射的调制频率而变化的特性称为频率响应。利用时间常数可得到光电探测器响应度与入射辐射调制频率的关系，其表达式为

$$R(f) = \frac{R_0}{\left[1 + (2\pi f\tau)^2\right]^{1/2}} \tag{3.58}$$

式中：$R(f)$为频率是f时的响应度；R_0为频率是零时的响应度；τ 为时间常数，数值等于电路的阻抗 R 与电容 C 的乘积，即 $\tau = RC$。

当 $R(f)/R_0 = 1/\sqrt{2} = 0.707$ 时，可得探测器的上限截止频率f_1为

$$f_1 = \frac{1}{2\pi\tau} = \frac{1}{2\pi RC} \tag{3.59}$$

可见，时间常数决定了探测器频率响应的带宽。

5）线性度

线性度是描述探测器的光电特性或光照特性曲线输出信号与输入信号保持线性关系的程度。在规定的范围内，探测器的输出电信号精确地正比于输入光辐射。在该范围内，探测器的响应度是常数，这一规定的范围称为线性区。

探测器线性区的大小与探测器后的电子线路有很大关系。要获得所要的线性区，需要设计相应的电子线路。线性区的下限一般由探测器的暗电流和噪声因素决定，上限由饱和效应或过载决定。此外，线性区还随偏置、辐射调制及调制频率等条件的变化而变化。

6）不均匀性

对线阵或面阵多元探测器，各像元间响应差别由不均匀性来描述。响应不均匀性定义为各像元响应率均方根差与平均响应率之比。受噪声的限制和工艺的影响，红外探测器每个像元的响应不会相同，通常在使用时要进行校正。

3. 噪声性能参数

当入射功率很低时，探测器的输出是些杂乱无章的变化信号，无法确定是否有辐射入射到探测器上，这是由于探测器固有的噪声引起的。探测器的噪声来源于器件材料中的电子热运动、载流子不规则运动或电路中的随机扰动。噪声是限制红外探测器性能的决定性因素，是信号检测中的不利因素。探测器的噪声特性可通过与噪声相关的一些参数来描述，主要的参数包括信噪比、等效噪声输入、噪声等效功率、探测率与比探测率和暗电流。

1）信噪比

信噪比是判定噪声大小经常使用的参数，定义为在负载电阻上产生的信号功率与噪声功率之比，即

$$\frac{S}{N}=\frac{P_S}{P_N}=\frac{I_S^2R_L}{I_N^2R_L}=\frac{I_S^2}{I_N^2} \tag{3.60}$$

利用 S/N 评价两种探测器性能时，必须在信号辐射功率相同的情况下比较。对单个探测器，其 S/N 的大小与入射信号辐射功率及接收面积有关。如果入射辐射强，接收面积大，S/N 就大，但性能不一定就好。用 S/N 评价器件有一定的局限性。

2）等效噪声输入

等效噪声输入（ENI）定义为器件在特定带宽内（1Hz）产生的均方根信号电流恰好等于均方根噪声电流值时的输入通量。此时，其他参数如频率、温度等应加以规定。此参数在确定探测器件的探测极限时使用。

3）噪声等效功率

噪声等效功率（NEP）或称最小可探测功率 $P_{\min}$，定义为信号功率与噪声功率之比为 1（即 $S/N=1$）时，入射到探测器上的辐射通量，即

$$\text{NEP}=\frac{\Phi_e}{S/N} \tag{3.61}$$

NEP 在 ENI 单位为瓦时与之等效。NEP 越小，噪声越小，器件的性能越好。

4）探测率与比探测率

探测率 D 定义为 NEP 的倒数，即

$$D=\frac{1}{\text{NEP}}=\frac{V_S/V_N}{P} \tag{3.62}$$

显然，D 越大，探测器的性能就越好。探测率所描述的特性是：探测器在它

的噪声电平上产生一个可观测的电信号的能力。探测器所能响应的入射光功率越小,其探测率越高。

仅根据探测率 D 还不能比较不同的探测器的优劣,因为如果两只由相同材料制成的探测器,尽管内部结构完全相同,但光敏面积不同,测量带宽不同,则 D 值也不同。为方便比较,将探测率 D 归一化为测量带宽 1Hz、光敏面积 1cm^2 的值,用该值就能方便地比较不同测量带宽、不同光敏面积的探测器。这就是比探测率 D^* 的由来。

实验测量和理论分析表明,对许多类型的探测器,其噪声电压 V_N 与探测器光敏面积 A_d 的平方根成正比,与测量带宽 Δf 的平方根成正比。因此将 V_N 除以 $\sqrt{A_\text{d}\Delta f}$,则 D 与 A_d 和 Δf 无关。这就是归一化到测量带宽 1Hz、探测器光敏面积为 1cm^2。这种归一化的探测率一般称为比探测率,通常用 D^* 记之。

根据定义,D^* 的表达式为

$$D^* = \frac{\sqrt{A_\text{d}\Delta f}}{\text{NEP}} = \frac{V_S/V_N}{P}\sqrt{A_\text{d}\Delta f} \qquad (\text{cm} \cdot \text{Hz}^{1/2} \cdot \text{W}^{-1}) \tag{3.63}$$

D^* 与响应率 R_V 的关系可表示为

$$D^* = R_V \frac{(A_\text{d}\Delta f)^{1/2}}{V_N} \tag{3.64}$$

5)暗电流

暗电流 I_d 即探测器在没有输入信号和背景辐射时所流过的电流(加电源时)。一般测量其直流值或平均值。

3.4.7 线阵、面阵探测器在红外预警雷达中的应用模式

为满足大口径、远距离、快速探测的需求,红外预警雷达需选用大阵列、高分辨力的红外探测器。目前能够满足武器装备要求的大阵列红外探测器主要有 TDI 线阵器件及凝视型面阵探测器两种。

TDI 型线阵器件是指像元排列在一维空间的器件。若利用线阵器件得到二维图像,则必须借助扫描技术来完成,一般采用时间延迟积分(TDI)技术,采用串行并扫的方式对电信号进行读取,通过电荷累加,可提升系统信噪比。其主要应用场景是小视场远距离探测及跟踪,其扫描模式如图 3.35 所示。

凝视型面阵器件是指像元以行和列的方式排列在二维空间的器件。由于景物中的每一点对应于一个探测器单元,面阵器件在一个积分时间周期内对全视场积分,然后由信号处理装置依次读出。在给定帧频条件下,凝视型红外系统的采样频率取决于所使用的探测器像元规模,而信号通道频带只取决于帧频,其扫描模式如图 3.36 所示。

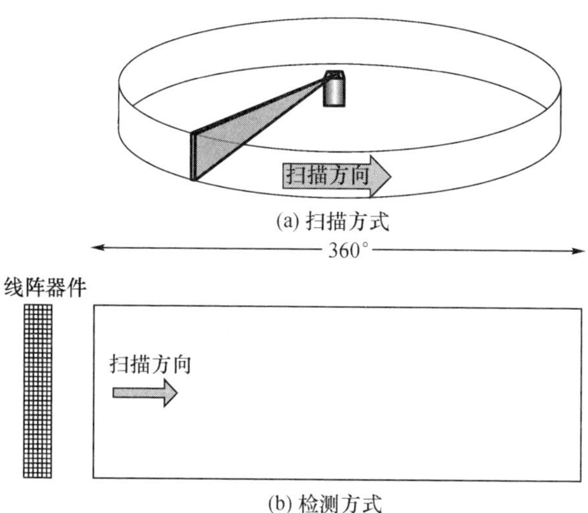

图 3.35 基于线阵器件 IRST 系统的工作原理

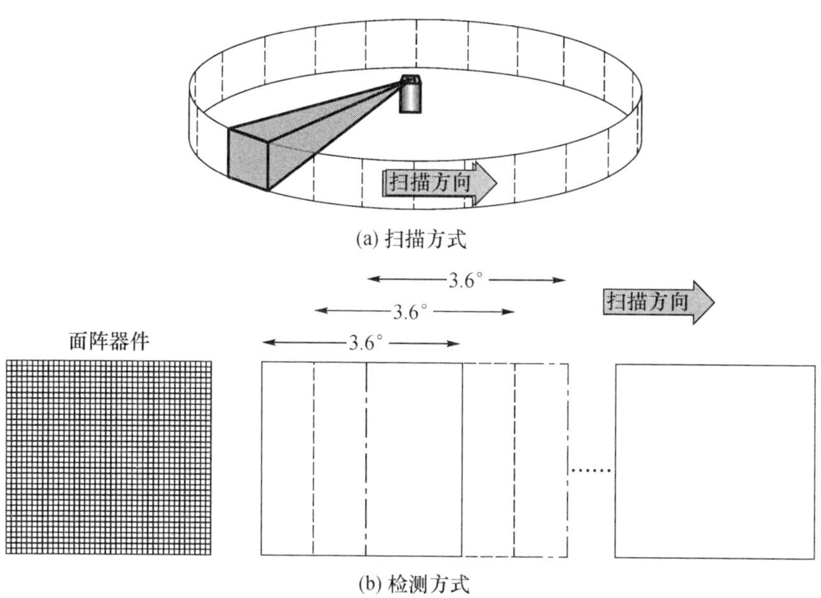

图 3.36 基于面阵器件 IRST 系统的工作原理

相比于线阵器件,面阵器件有以下优势:

(1) 无需光机扫描,便可得到二维图像,能连续地探测、跟踪背景中的点目标;

(2) 能最大限度地发挥探测器的快速性能,特别是实现像移补偿技术之后,

保证了系统有较高的搜索速率,大大提高了系统的快速响应能力和数据率,使目标图像能随目标机动变化;

(3) 可以使搜索速率根据需要随时改动。

因此,面阵器件适合大范围高数据率搜索探测,同时通过针对点目标探测定制的大面元尺寸、高灵敏度、低制冷温度的红外探测器,探测性能已满足系统指标需求,因此系统采用面阵器件完成远距搜索探测,并通过多帧累积的方式实现增程探测。

在探测器像元尺寸选择方面,一般情况下应首先依据红外预警雷达的主要战场定位确定探测器类型的选择(线阵、面阵或者双体制)。然后依据光学系统的 *F*#数及口径要求,根据艾瑞斑大小计算公式计算出对探测器的像元尺寸需求。最后结合探测器的探测率、信噪比以及可靠性、维修性及保障性等性能指导探测器选型。

3.5 扫描伺服机构设计

应用于预警的红外系统,在空间覆盖上要求其具备全空域覆盖、大范围搜索及较强的区域搜索规划能力,以实现周视搜索、局部搜索及多目标跟踪等功能。这些功能依靠扫描伺服机构实现。

扫描伺服机构的设计与所采用的扫描体制有关。扫描体制可认为是红外探测器、扫描伺服机构和控制电路三者之间的协同工作方式,很大程度上反映红外系统技术方案的特点。

目前,在光电/红外搜索体制上,主要有光机扫描体制、转塔扫描体制、单反射镜扫描体制和二维光学扫描体制四种。

3.5.1 光机扫描

光机扫描是用光学部件或零件作机械扫描运动,对目标进行瞬间取样。光机扫描体制通常在线阵焦平面探测器的红外系统中使用,采用摆镜、双光楔、透射转鼓等光学零部件,通过电机或机械装置(凸轮)传动而发生旋转或摆动,形成水平和垂直方向的扫描。红外行扫仪是典型的采用光机扫描体制的红外系统,其结构示意如图 3.37 所示。

在飞机或卫星上获取地面辐射图像,常采用行扫描原理。平台相对地面运动,实现了飞行方向的一维扫描;系统内机械运动反射镜可完成垂直于飞行方向的另一维扫描。通过控制扫描镜的转速,在扫完一行地面图像时,平台正好向前运动了场元所对应的地面距离,使下一行图像很好衔接,从而探测器不断输出反映地面图像数据的电信号。

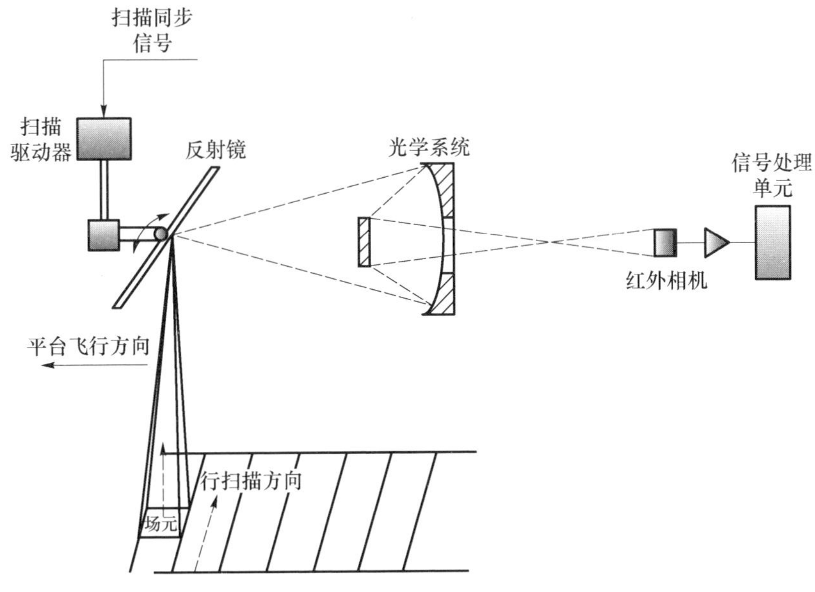

图3.37 红外行扫描仪结构原理图

光机扫描体制主要的优点是扫描速度快。但由于扫描器件的限制，系统的接收口径受限，作用距离近，可成像角度范围小，成像性能较差。光机扫描体制大量用于遥感成像、侦察、情报收集等红外飞行系统，现在还在使用的有前视红外和行扫仪。

3.5.2 转塔扫描

转塔扫描是采用电机驱动的机械转台，红外系统作为转台的负载，利用机械转台带动红外系统整体转动。转台扫描体制具备全空域搜索跟踪能力，目前在机载光电/红外搜索系统中得到大量的应用。典型的转台扫描体制的系统如图3.38所示。

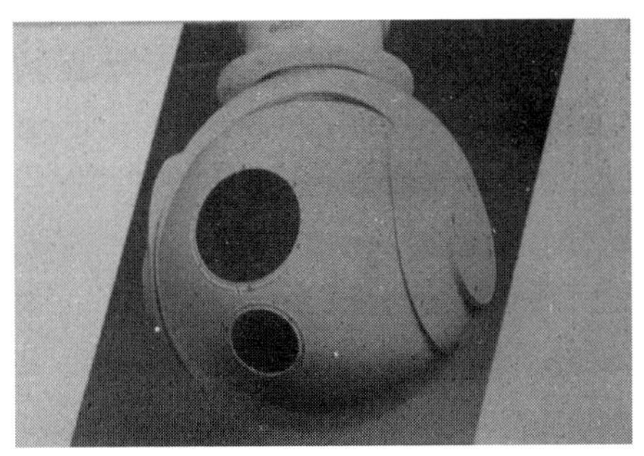

图3.38 转塔扫描体制机载光电综合侦察系统

转塔扫描体制在实现上相对简单，系统整体外挂于机身上，在起飞或下降时可将光学窗口转至安全位置，保护措施简单。

其主要缺点是：

（1）转动部分具有很大的转动惯量，限制了搜索扫描速度的提高；而且受转动载荷的限制，传感器的口径不能做得太大，限制了传感器性能的提高。

（2）增加传感器数量会成倍增大转塔体积、重量。

（3）传感器的数据，特别是图像数据不得不依靠滑环传输，即使是当今的光纤滑环，其长寿命产品的传输速度也被限制在100Mb/s以下，进一步限制了传感器性能的提高；并且在飞机高度机动时，滑环的传输很不稳定，造成图像的剧烈抖动甚至丢失数据。

3.5.3 单反射镜扫描

为克服转塔扫描体制的缺点，单反射镜扫描体制采用了传感器固定不动，转台带动一片反射镜进行扫描的设计方案，大大降低了转动部分的转动惯量，提高了搜索扫描速度。美国的F-16、俄罗斯的Su-35上的红外搜索跟踪系统都使用的是扫描体制。其结构如图3.39所示。

图3.39 单反射镜扫描体制机载光电综合侦察系统

虽然单反射镜扫描体制解决了搜索扫描速度和滑环传输图像的问题，但仍存在以下缺点：

（1）这种扫描方式扫描视场受限：接收等效口径随扫描角成余弦变化，尤其在俯仰方向影响更大。

（2）球形头罩参与成像光学系统，球面组成的窗口在高速飞行条件下的形变对系统性能有很大影响；球面窗口也是造成该类传感器系统成像质量随扫描角下降的根源。另外，在战斗机上，球形头罩无法降低雷达反射截面（RCS），隐身特性不高。

针对单反射镜扫描体制的上述缺点，出现了一种采用楔形窗口的吊舱形式，如图 3.40 所示。其主要目的是避免球形窗口影响系统光学系统性能。同时也解决了光学窗口的隐身问题。但这种光窗结构通常朝向飞机前方，搜索范围有限，满足不了红外预警雷达周视搜索的要求。

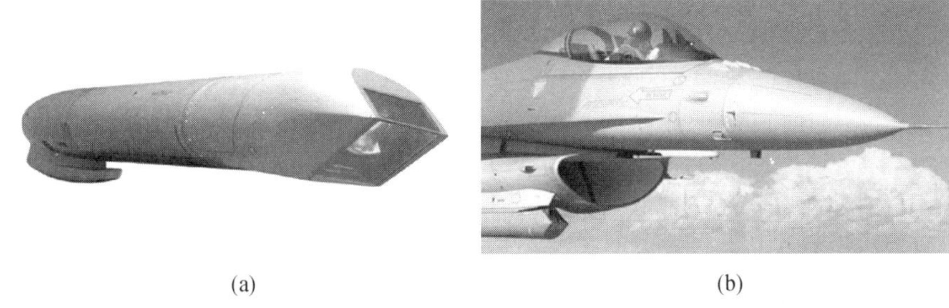

(a)　　　　(b)

图 3.40　单反射镜扫描体制吊舱式机载光电综合侦察系统

3.5.4　二维光学扫描

二维光学扫描是转台只带动几片小反射镜转动，传感器不同的扫描方式。其继承了单反射镜扫描体制转动惯量小、扫描速度快的特点，又克服了扫描镜尺寸大的不足，具有全空域等光学效率和光学口径的搜索跟踪能力。

二维光学扫描体制的典型应用是美国的 F－35 上装载的光电瞄准系统（EOTS），如图 3.41 所示。

其特点主要有：

（1）继承了单反射镜扫描体制传感器固定不动，只有扫描镜扫描的低惯量高速搜索扫描的特点。但同时又克服了单反射镜扫描体制扫描镜尺寸大的不足，为将来采用大口径接收，增大作用距离提供了良好的基础。

（2）克服了单反射镜扫描体制扫描视场受限的缺点，同时又具有转塔扫描体制的全空域搜索、跟踪扫描能力。具有全空域等光学效率和光学口径的搜索、跟踪扫描能力，从而能够对任意方向目标具有相等的探测距离。

（3）采用传感器系统嵌入飞机机体的一体化设计，加上采用平板拼接的光学窗口与飞机蒙皮的共形设计，达到了第四代战斗机全方位隐身的要求。

（4）在高速飞行条件下平板拼接的窗口内外表面同步变形，对成像的影响很小，保证了红外成像质量。

（5）激光和红外采用共孔径设计，减小了系统总的体积和重量；而且二维扫描的共孔径设计有助于保证红外/激光光轴的一致性，进而允许激光测距机可以以更小的发散角发射，从而提高激光测距作用距离。

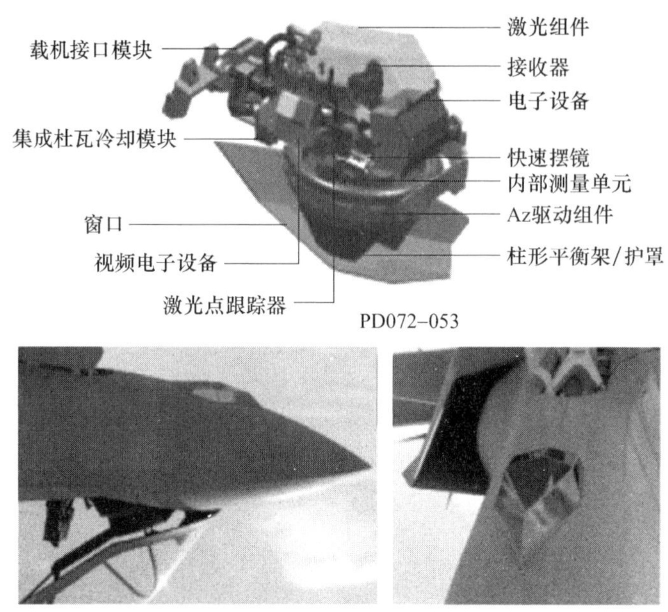

图 3.41　二维光学扫描体制光电瞄准系统

3.6　红外预警雷达典型设计流程

3.6.1　典型设计流程

红外预警雷达设计是针对各项战术指标要求分解各项系统设计参数,反复迭代,妥协、优化的过程。系统设计,所依据的主要就是红外系统探测距离公式和数据率公式。理论公式是立项优化的结果,实际系统设计,还需要兼顾考虑更深层次的影响因素,如光学系统能量利用率问题等。本节将以隐身飞机预警为例,叙述红外预警雷达主要参数的设计过程。

1）根据目标特性、和应用环境辐射特性确定系统探测波段

据前面目标特性分析和大气传输特性分析,针对隐身飞机迎头,长波辐射能量远高于中波辐射能量,目标峰值辐射波长也在长波波段。针对隐身飞机迎头探测,选择长波是合理的。在波段选择时,往往不仅要分析目标特性和大气传输特性,还要考虑探测器当前的技术水平。当前,长波红外探测器性能明显低于中波探测器。仅根据目标辐射照度不一定能得到最好的探测波段,还应该综合考虑探测器性能。

2）根据波段,探测距离要求,选择系统 *F*#数和探测器面元尺寸

在波段选择后,一般情况下,我们只能在已有的红外探测器中进行选择。长

波红外探测器分为 TDI 型和凝视型。TDI 型目前有 288 ×4、576 ×6、960 ×6 等规格;凝视型有 320 ×256、640 ×512 等。对于成像型系统,选择这些探测器是无可厚非的,因为这些探测器就是针对成像应用而设计的。对于预警类应用,目标不成像,系统设计需要考虑如何获得最大的目标信噪比,因此,系统设计,在这一步就不能直接选择探测器,而要根据波段情况,进行系统 *F*#数的选择。

在几何光学中,光学系统的成像是点点对应的,即一个点目标经过光学系统成像后依然是一个点像,但实际上,像面上得到的是一个具有一定面积的光斑,这源于波段光学中的圆孔衍射原理:圆孔的衍射图形是中心为亮点,周围为亮度逐渐减弱的亮环,亮环之间为暗环,这就是我们常说的艾瑞斑(见图 3. 42)。

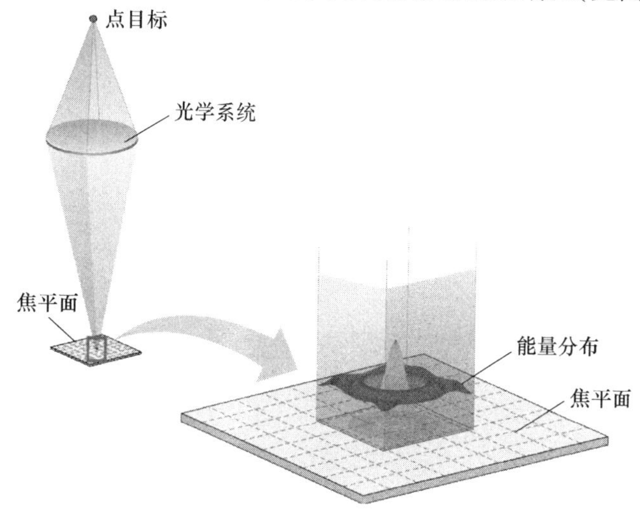

图 3. 42　点目标成像特点

艾瑞斑的亮度分布满足

$$I = I_0\left[\frac{2J_1(m)}{m}\right]^2 \tag{3.65}$$

式中:m 为对应于圆孔直径 D 的系数;$J_1(m)$ 为一级贝塞尔(Bessel)函数。

艾瑞斑的中央亮斑集中了目标能量的 84% ,其中第一亮环的最大强度不到中央亮斑最大强度的 2% 。中央亮斑的直径表示为

$$D_0 = 2.44\frac{\lambda f}{D} = 2.44\lambda F/\# \tag{3.66}$$

预警系统设计需考虑探测器光敏元能接受尽可能都的目标能量,但不能产生混叠。因此,系统设计将根据该公式确定 *F*#数和光面元大小。

3) 根据 *F*#数的选择,开展红外探测器的性能论证

系统 *F*#数的确定,是一个迭代的过程,*F*#数越小,光学能量利用率越高,但

是，$F\#$数越小，红外探测器的性能越难以保证。$F\#$数与探测器性能的关系如图3.43所示。

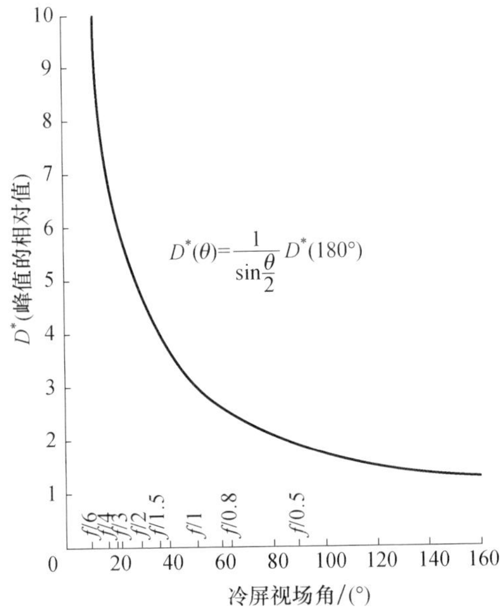

图3.43　$F\#$数与探测器性能的关系

所以，在上一步确定的$F\#$数的基础上，要首先论证探测器性能是否能满足要求。如若不能，则还需进行迭代选择最优$F\#$数。

4）在红外探测器性能的基础上，利用作用距离公式确定光学孔径

在$F\#$数确定，探测器性能确定的情况下，就可以利用作用距离公式计算光学孔径要求了。在计算光学孔径时，需要确定信号处理性能。这与选择什么目标检测算法有关。而算法又与系统工作模式相关。设计人员要十分清楚这一点。

5）结合光学瞬时视场大小和数据率要求，利用数据率公式确定红外探测器规模

光学孔径、$F\#$数、探测器尺寸这些参数的确定，系统光学有效焦距，系统瞬时视场等指标皆可计算获得。此时就可以利用数据率公式确定红外探测器规模。

6）根据红外探测器规模以及系统覆盖范围、工作模式要求选择探测器类型

长波红外探测器可供选择有TDI型和凝视型两种。两种探测器工作方式不同，各有优缺点（参见第2章相关内容）。此时可以根据系统工作模式以及其他辅助功能或系统设计、探测器价格、供货渠道等因素进行最终的选择。

7）根据系统战技指标要求及已确定的探测器、光学系统参数，设计伺服控

制系统

在探测器、光学系统均完成选型、设计后,依据战技指标中对覆盖空域、数据率及工作模式的要求,对伺服系统展开详细设计,包括电机驱动方式,力矩匹配分析,旋转角速度、加速度分析,防抖动设计以及闭环精度控制等。

上述即为以探测器为起点的机载远程红外预警雷达设计流程(见图 3.44),由于目前货架产品中可选取的红外探测器种类有限,因此该流程也是目前采用最多的红外光电系统设计方式。

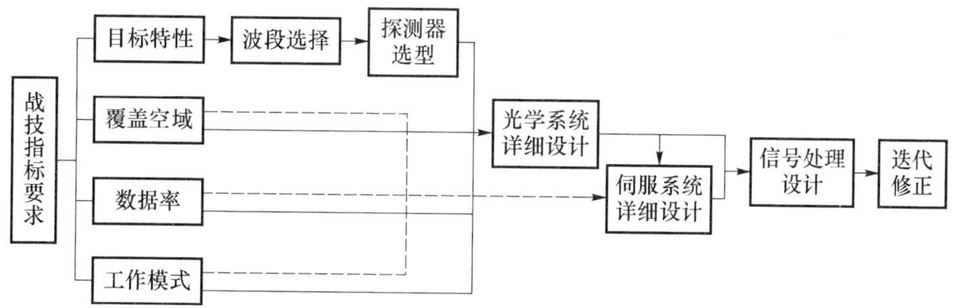

图 3.44 以探测器选型为起点的机载红外预警雷达设计

远程红外预警雷达在保证探测威力的同时,还要兼顾覆盖空域及数据率等要求,需要探测器具有较高 D^*,较大像元尺寸及阵列规模,而货架产品可能无法满足要求。因此,某些情况下红外预警雷达的设计无法以探测器为设计起点开展。图 3.45 给出了一种以光学系统为起点的红外预警雷达的设计思路。

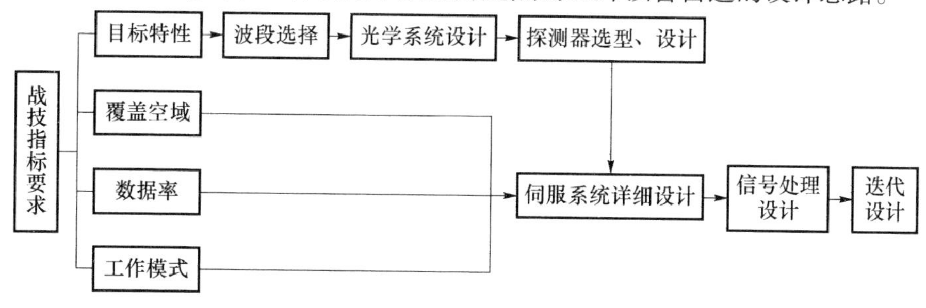

图 3.45 以光学系统设计为起点的机载红外预警雷达设计

首先根据战技指标要求确定光学系统的构型选择并确定主要参数,并以此为输入计算出与其匹配的探测器参数需求,进而展开对现有探测器的适应性改进设计工作,或采用多探测器拼接的方式对光学系统进行匹配。该设计方式需要生产方具备探测器的设计、成产、改装能力,而且相关的探测器加工、改装工作将大幅增加设计的风险及周期。

以上为两种最典型的红外预警雷达设计流程,但在实际设计过程中,依据作战定位、战技指标、系统侧重点的不同,某些设计步骤可能会产生些微调。另外,通过单次设计得到的系统往往只能根据经验达到次优方案,还需要经过多轮迭代对方案进行优化,而设计方案往往也会受到设计机构自身因素的影响。

3.6.2 设计举例

本小节拟针对一个典型的机载远程红外预警雷达,从不同的设计出发点给出两种光电前端的设计实例。

该系统的主要战技指标如下:

(1) 载机高度:10000m;

(2) 探测威力:对 10000m 高,速度 0.8*Ma* 隐身飞机探测距离不小于 300km(探测概率为 0.5,虚警率小于 10^{-6});

(3) 覆盖空域:

俯仰:±1.5°;

方位:360°。

(4) 数据率:

常规模式:20s/360°;

增程模式:10s/360°。

(5) 快速跟踪模式(FTM):30°方位角内数据率可调,不小于 10°/1s、20°/1.5s、30°/2s。

(6) 工作模式:360°常规扫描。

1. 方案 1

1) 波长选择

通过表 2.1 分析可知,在迎头(探测角 0°)探条件下,该目标的主要辐射集中在长波波段,中波波段辐射对探测贡献较小;在目标进入角为 90°时,其长波、中波波段辐射强度相近;在目标进入角为 180°时,目标辐射主要来源于尾焰,其中波辐射要大于长波。另外,波长的选择还要考虑在该高度空域下各波段的大气传输特性,依据 2.2 节分析可知,10000m 高空具有中波、长波两个大气窗口。因此,综合上述两个因素考虑,本红外预警雷达采用中波、长波双波段体制。

2) 光学系统选择

由于需要具备对隐身战斗机目标进行远距离大范围搜索探测的能力,因此光学系统具有大的口径及视场范围,同时考虑机载环境,光学组件还需满足体积小、重量轻的要求,因此 *F*#数也不能过大。为保证探测器接收到足够的能量,需要简化光学系统的形式,增加光学透过率,降低能量在光学系统中的损耗。因此,本方案采用离轴三反式光学系统,主要参数如下:

(1) 入瞳口径:400mm。

(2) *F*#数:1.5。

（3）有效焦距：600mm。

3）探测器选型

针对本红外预警雷达的战技指标要求，以及光学系统选型方案，探测器选型的考虑如下：

（1）本系统采用中、长波双波段体制，考虑到现有探测器性能，本方案拟采用中、长波双探测器的方式，分别完成对目标在双波段辐射能量的收集；

（2）从保证系统探测威力的角度考虑，需要尽量增加探测器像元尺寸，扩宽响应波段、降低制冷时间、提高探测灵敏度；

（3）从保证系统覆盖视场的角度考虑，需要保证探测器像元的阵列规模；

（4）考虑到面阵焦平面器件的积分时间不需要与系统扫描速度进行匹配，设计更加灵活，因此在探测器 D^* 满足要求的情况下本系统选择面阵焦平面成像器件。

基于上述考虑计算探测器主要参数的计算如下：

系统对视场的要求为俯仰不小于 ±1.5°，方位角 360°，由于红外预警雷达的方位角可以通过扫描的方式实现，因此在器件选择时主要考虑满足俯仰角度要求。红外预警雷达俯仰角 IFOV_V 的计算公式为

$$\mathrm{IFOV}_V = 2 \times \tan^{-1}\left(\frac{n \times b}{2 \times f}\right) \tag{3.67}$$

式中：n 为探测器纵向阵列规模；b 为探测器像元高度；f 为光学系统等效焦距。

将光学系统参数代入式(3.67)可知，要保证 ±1.5°的俯仰角覆盖，$n \times b$ 需要大于 32mm 以上，这是难以实现的，因此只能采用分时扫描的方式完成 ±1.5°的俯仰角覆盖，这样 $n \times b$ 达到 16mm 以上即可满足要求，现有探测器加工能力可以满足这一要求。因此确定探测器的像元尺寸为 36μm×36μm，阵面规模为 480×512，此时系统瞬时视场角覆盖为 1.65°×1.76°，通过上、下两次扫描可完成 ±1.5°×360°视场覆盖。为保证系统数据率，探测器读出电路帧频不应小于 200Hz。由于这种大像元尺寸的红外探测器并没有货架产品，因此需要开展相关的器件适应性改进研制工作。

4）伺服系统参数设计

系统在进行扫描时，为保证虚警率及探测概率要求，结合数据率要求，常规模式采用连续两帧的方式拍摄，增程模式采用连续四帧的方式拍摄，每帧的重叠率为 50%，因此得到两种模式下系统扫描一圈的时间为

$$\text{常规模式：} 360°/(1.65° \times 50\% \times 100\text{Hz}) = 4.37\text{s} \tag{3.68}$$

$$\text{增程模式：} 360°/(1.65° \times 50\% \times 50\text{Hz}) = 8.73\text{s} \tag{3.69}$$

对于快速跟踪模式，需要红外预警雷达对重点空域执行小角度扇区搜索的同

时，能够对扇区内的多批目标进行跟踪，在快速跟踪模式下俯仰角度不需要改变。在各模式下完成不同探测角度的数据率、角速度和角加速度，如表3.5所列。

表3.5 各模式下完成不同探测角度及数据率的时间、角速度、角加速度

方位角/(°)	数据率/s	角速度/(°/s)	角加速度/(°/s^2)
10	0.5	33	165
20	0.8	33	165
30	1.1	33	165

由于系统是采用±1.5°俯仰角分时拍摄的方式，因此在俯仰角切换时需要有0.2s的阶跃时间，则系统在常规、增程模式下完成完整的±1.5°×360°的最快时间为

$$\text{常规模式}: 2\times(4.37+0.2)=9.14\text{s} \tag{3.70}$$

$$\text{增程模式}: 2\times(8.73+0.2)=17.86\text{s} \tag{3.71}$$

当加速、减速的时间为0.5s，转动前端的质量为15kg(估算)，转动半径为0.2m(估算)时，其转动惯量为

$$J=0.2\times15\text{kg}\times(0.2\text{m})^2=0.12\text{kg}\cdot\text{m}^2 \tag{3.72}$$

因此，得出其惯性负载力矩为

$$M=J\cdot a=0.12\times1.44=0.18\text{N}\cdot\text{m} \tag{3.73}$$

除惯性负载力矩外，伺服系统还需要承载摩擦力矩，经仿真为2N·m(估算)。因此系统的总负载力矩为

$$M_{\text{总}}=2+0.18=2.18\text{N}\cdot\text{m} \tag{3.74}$$

可以看出，红外预警雷达进行扫描时其光电前端的负载力矩远小于机械扫描式微波雷达，因此可以通过转台结构实现快速扫描，在探测距离和高机动目标跟踪等方面与微波雷达匹配。

2. 方案2

1) 波长选择

同本节方案1。

2) 探测器选型

为满足大口径、远距离、快速探测的需求，机载远程红外预警雷达需要选用大阵列、高分辨力的探测器。经调研分析，考察货架产品在量产水平、工程化等方面因素，能满足本方案要求的有两款：

(1) 1024×1024中波、长波面阵探测器，像元尺寸28μm×38μm；

(2) 1024×6中波、长波TDI阵探测器，像元尺寸18μm×18μm。

线阵TDI红外由于比探测率高、探测器响应时间短、面元排列结构更适合用

于快速搜索。本系统要求在 20s 内完成 360°,俯仰 ±1.5°扫描。本方案拟利用 TDI 器件高信噪比的优势,结合伺服系统,在保证威力的前提下实现数据率最大化。因此选择 1024×6 的中波、长波 TDI 阵探测器。

3）光学系统选型

在本方案中,光学系统选型的主要考虑是减小光学系统能量损耗,增加雷达系统探测威力。另外,由于生产、加工等方面的限制,大口径光学透镜的设计难度、风险均较大。因此本方案拟采用离轴三反光学系统。

依据前面分析可知,本系统需要通过分时扫描的方式完成 ±1.5°,由本方案中探测器参数,依据式(3.40)可知,要保证系统瞬时俯仰视场角大于 1.5°,光学系统焦距应不大于 700mm 口径。

因此,本方案光学系统参数选择如下:

（1）入瞳口径:420mm;

（2）F#数:1.5;

（3）有效焦距:630mm;

（4）俯仰光学视场:1.67°。

4）伺服系统参数设计

红外预警雷达进行 360°方位角常规扫描时,其积分时间为

$$T_{\text{frame}} = \frac{d}{3 \times \omega \times f} \tag{3.75}$$

式中:d 为器件阵列之间光敏面元的中心距;ω 为扫描机构扫描速度;f 为光学系统焦距。

当 F#数为 1.5 时线阵 TDI 器件的积分周期为 0.15ms,代入式(3.45)中得出系统最快允许角速度 ω 为 105.8(°/s),相关参数选择可以满足系统各模式数据率要求。

其他伺服计算可参考 1.3 小节。

3. 小结

方案 1 采用以光学系统为起点的设计方式,依据战技指标要求,首先确定了光学系统的入瞳口径、F#数、有效焦距等参数。依据光学系统参数,结合数据率、覆盖空域的要求,计算出与光学系统匹配的探测器规像元尺寸及阵面规模。该方案的优势在于,可以从系统最优的角度展开设计,不需要考虑探测器的限制,在探测器进行匹配设计时甚至可以通过增加像元尺寸等方式进一步提升系统的探测威力。另外,面阵探测器可以使红外雷达系统具有更灵活的探测周期设计,降低了伺服系统的设计难度。

方案 2 采用以探测器为起点的设计方式,依据战技指标要求,首先在货架产品中选用最适合本方案的探测器型号,降低了研制风险。针对所选探测器像元

尺寸及阵面规模，对光学系统展开针对性匹配设计。该方案的优势在于，可以使光学系统及探测器具有更好的匹配性，充分发挥探测器的性能。另外，线阵探测器具可以有更小的积分时间，因此能够使雷达系统的数据有更大的拓展空间。

上述两种设计方案从不同的角度展开设计，各有优势及设计风险。对比不同方案的优缺点，一般需要展开专项的测试、评估。目前，红外光电系统静态性能的评价指标主要有信号传递函数（SiTF）、噪声等效温差（NETD）、最小可分辨温差（MRTD）、调制传递函数（MTF）等，但上述四项均为面目标的考核指标，并不完全适应红外预警雷达。针对红外预警雷达的装备定位，其测试、评估应该主要从满足探测概率及虚警率参数下的系统探测威力展开，其他如 NETD、MTF 等参数作为探测威力指标的支撑测试进行。另外，在不同设计方案均满足探测威力时，可以通过门限信噪比、探测灵敏度等指标对不同方案的性能进行对比评估。

3.7 红外预警雷达性能测试与评估

机载红外预警雷达的性能测试一般可通过实验室环境测试、野外测试和飞行测试等方式进行。本小节将从红外预警雷达设计的主要理论公式出发，分别介绍主要设计技术指标的地面和飞行测试与评估方法。

3.7.1 NETD 检测

1. 检测方法

NETD（噪声等效温差）是度量红外温度灵敏度的重要指标，是客观和可测量的，因此可以比较准确地反映系统探测性能；试验采用 FPA 组件成像测量系统客观地测量噪声等效温差。NETD 检测试验装置如图 3.46 所示。

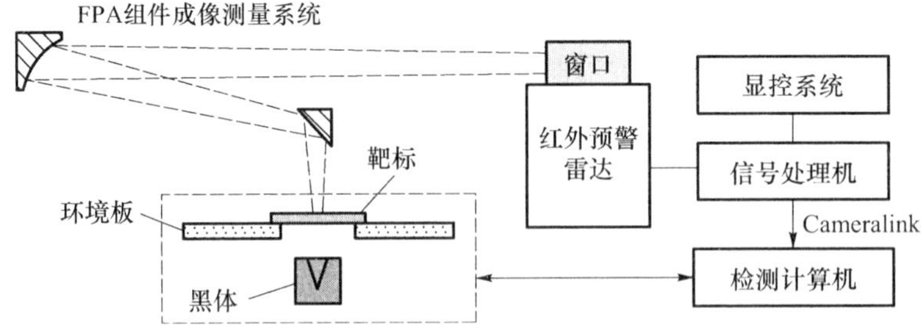

图 3.46 NETD 检测装置示意图

NETD 是度量红外温度灵敏度的重要指标，在 NETD 测试中，使用视频输出信号作为测试输入信号。NETD 可以通过测量噪声和信号传递函数（SiTF）

获得：

$$\mathrm{NETD}=\frac{T-T_0}{(V_s/V_n)}=\frac{V_n}{\mathrm{SiTF}} \tag{3.76}$$

式中：NETD 为噪声等效温差，K；T 为面源黑体温度，K；T_0 为背景温度，K；V_s 为对应面源黑体与背景温差的信号电压值或灰度级；V_n 为噪声均方根电压值或灰度级；SiTF 为信号传递函数，mV/K。

测试系统黑体产生可控的温差信号，靶标产生测试所需图像，通过离轴平行光管模拟无穷远距离的目标，由红外预警雷达对靶标清晰成像，测试系统通过图像信号及调整黑体温度分别测量噪声均方根电压和信号传递函数，从而根据式（3.76）计算得出系统 NETD。

2. 检测步骤

（1）布置检测装置如图 3.47 所示，将被测红外预警雷达方位、俯仰置于零位，启动系统；

（2）将系统图像通过专用数字视频接口输入到测试系统计算机；

（3）调整方形靶标大小，调整靶标至平行光管焦面的中心位置；

（4）调整被测红外预警雷达高度，使靶标成像于视场中心，调整距离，使靶标成像宽度不小于 10 个像素；

（5）调高温差值 ΔT，ΔT 值应处于系统的不饱和区域，设为 ±3℃ 以内，使靶标清晰成像在视场中心，且靶标成像于系统的不饱和区域；

（6）按测试系统操作要求进行 SiTF 测试；

（7）按测试系统要求进行噪声测试；

（8）计算获取 NETD 测试结果。

3.7.2　光学视场检测

1. 检测方法

测试系统原理如图 3.47 所示。将小靶标从视场的一端移动到另一端，移动的总角度为系统总视场，根据式（3.77）计算系统水平/垂直视场。

$$\theta_F=|\theta_1-\theta_2| \tag{3.77}$$

式中：θ_F 为系统水平/垂直视场角；θ_1 为靶标处于视场左/上边缘时转台水平/垂直角度数；θ_2 为靶标处于视场右/下边缘时转台水平/垂直角度数。

2. 检测步骤

（1）布置检测装置及如图 3.47 所示，将十字线或方形靶标放在直准仪的焦面上，将被测红外预警雷达置于二维测试转台上；

（2）通过旋转测试转台或被测红外预警雷达方位/俯仰角，使靶标成像于视场内，且不发生渐晕，旋转转台或被测红外预警雷达的方位/俯仰角，可使靶标穿越视场；

(3) 在旋转测试转台或被测红外预警雷达方位角，使十字线中心位于显控系统或监视器视场的边缘，记录角度位置；

(4) 反向旋转测试转台或被测红外预警雷达方位角，十字线中心位于显控系统或监视器视场的另一边缘，记录角度位置；

(5) 俯仰方向上采用同样的方法测量；

(6) 若系统为非单一视场，重复步骤(2)～步骤(5)分别进行测量，若系统为变焦系统，测量最大、最小视场。

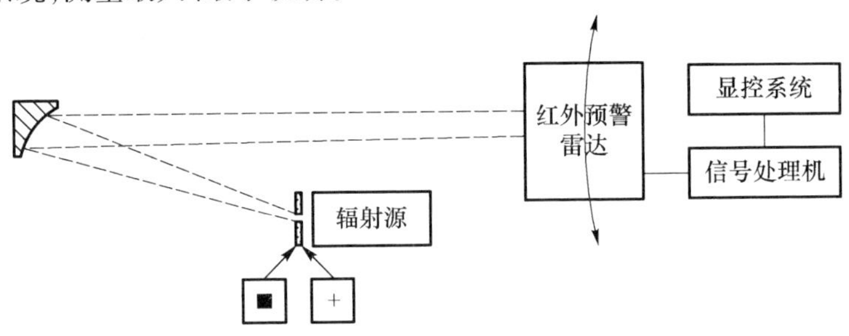

图 3.47　视场检测装置示意图

3.7.3　点扩散函数检测

1. 检测方法

系统对点物的响应由点扩展函数来描述，在物面上位于一点处的一个点源目标造成的像面强度分布即为点扩散函数。通过红外光学传递函数测量仪测试调制传递函数(MTF)过程得到点扩展函数。测试系统原理如图 3.48 所示。

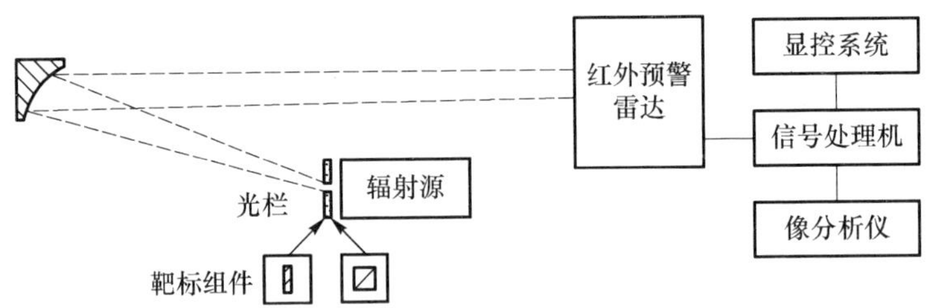

图 3.48　点扩展函数检测装置示意图

2. 检测步骤

(1) 布置检测装置及如图 3.48 所示，调整红外光学传递函数测量仪，将对比度恒定的靶标组件作为目标，根据光学系统波段，选择安装相应波段的滤光片，并将图像接入到测量仪的像分析器；

(2) 调整系统光轴，使目标成像于系统视场中心且信号最强；

（3）像分析器通过周期阵列对目标的像强度分布进行扫描，得到点扩展函数。

3.7.4 信噪比检测

1. 检测方法

采用尺寸等效、目标辐射等效的方法，通过模拟目标等效试验，测试系统最小探测信噪比。设典型隐身战斗机目标等效长度为 15m，可采用焦距为 6m 的平行光管和 0.3mm × 0.3mm 的大小的光栏孔等效模拟距离为 300km 处 15m 长的目标，在光栏孔后放置可调的黑体。测试系统原理如图 3.49 所示。

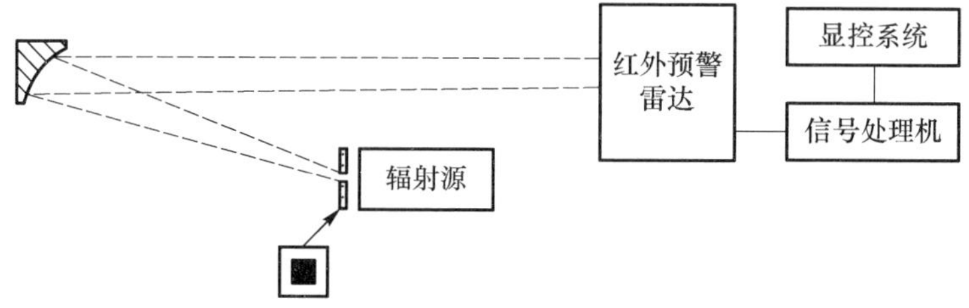

图 3.49 信噪比检测装置示意图

若目标告警坐标为 (i,j)，当目标不饱和时，获得目标点的灰度值，对目标周围 10 个像素外、50 个像素范围内的像素点作为背景（见图 3.50），求灰度均方根值，根据式（3.78）计算目标信噪比。

$$\mathrm{SNR_t} = \frac{I_{S(\mathrm{MAX})} - \bar{I}_\mathrm{b}}{\sqrt{\dfrac{\sum_{i=1}^{n}(I_i - \bar{I}_\mathrm{b})^2}{n-1}}} \tag{3.78}$$

式中：$I_{S(\mathrm{MAX})}$ 为目标信号的峰值灰度；$\bar{I}_\mathrm{b}$ 为背景图像平均灰度值；n 为目标周围 10 个像素外、50 个像素范围内的像素点个数；I_i 为这些像素点的灰度值。

2. 检测步骤

（1）布置检测装置及如图 3.49 所示，将尺寸为 0.3mm × 0.3mm 方形靶标放在直准仪的焦面上，设定靶板背景温度为 25℃，黑体温度为 10 倍 NETD 值；

（2）将系统视场对准目标，并开启目标检测功能，记录在检测过程中的探测概率和虚警次数；

（3）在满足探测概率和虚警次数的条件下，按式（3.78）计算目标信噪比；

（4）黑体以 0.01℃ 间隔逐步降低温度，重复步骤（2）~ 步骤（3），直到无法检测到目标或探测概率和虚警次数不满足要求，记录图像信息，并按式（3.78）计算此时信噪比。

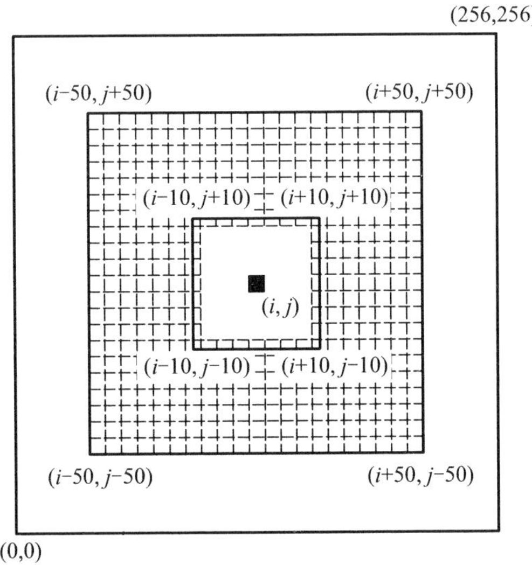

图 3.50　信噪比计算示意图

探测灵敏度指标的主要探测思想是通过黑体模拟隐身战斗机等目标,并通过光栏、平行光管以及衰减片等设备模拟大气衰减。通过调整光栏及衰减片,对红外预警雷达的探测灵敏度阈值进行定量摸底,其测试系统原理如图 3.51 所示。

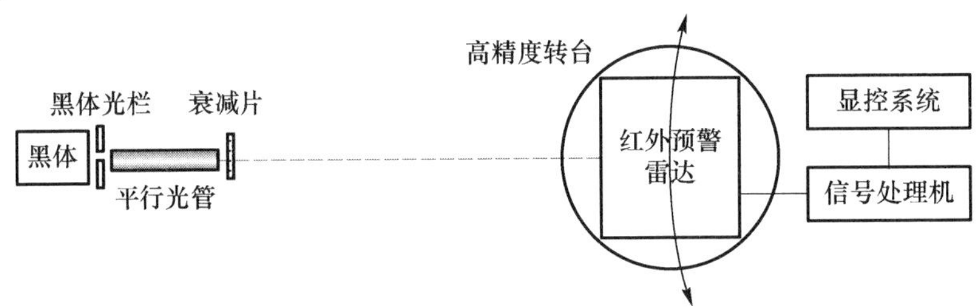

图 3.51　静态检测信噪比测试系统图

测试步骤:

(1) 搭建如图 3.51 所示测试系统,并将被测红外预警雷达置于高精度转台上;

(2) 调节转台方位 0°,俯仰 0°;

(3) 被测红外预警雷达开机,并调节至常规搜索模式;

(4) 调节被测红外预警雷达视场、黑体温度以及黑体光栏孔径,使黑体成像于被测红外预警雷达视场中指定位置(具体位置由现场确定);

(5) 小角度匀速转动转台,使黑体不断成像于被测红外预警雷达视场的左右边缘；

(6) 将衰减器安装至红外准直仪的出口上，调节衰减器的活动扇形片，将探测系统的探测概率调整为 150%；

(7) 依据式(3.79)计算系统目标检测灵敏度。

$$\begin{cases} S_n = S_0 K_1 K_2 B \\ S_0 = [\sigma(T^4 - T_0^4) D^2] / 4L^2 \end{cases} \tag{3.79}$$

式中：K_1 为红外准直仪透射系数；K_2 为红外准直仪衰减器遮光系数；B 为被测系统响应波段能量占辐射全波段能量的百分比；S_0 为对于该黑体光栏直径的红外准直仪出口上的照度；σ 为玻耳兹曼系数，$5.67 \times 10^{-12}\,\mathrm{Wcm^{-2}K^{-4}}$；$T$ 为黑体温度；T_0 为环境温度；D 为黑体光栏孔直径，单位为 cm；L 为红外性光管焦距，单位为 cm。

3.7.5 地对空模拟目标检测试验

在试验室检测的基础上，一般还需要根据检测指标开展外场测试工作，通过对无人机等合作目标进行远距离探测，进一步检验系统对空探测性能。考虑测试的递进性、全面性和经济性，地对空模拟目标试验一般可分为对空静态目标探测和对空动态目标探测两个阶段。

1. 阶段一：静态目标检测试验

1）检测方法

将目标置于高处，使被测红外预警雷达成像视场内只包含目标和空中背景，以模拟对空探测试验(见图 3.52)。

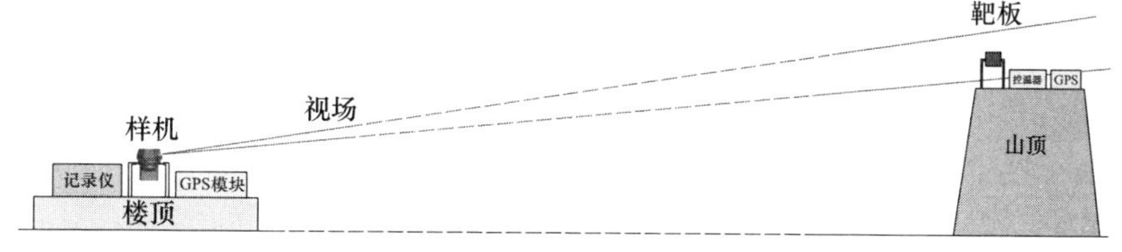

图 3.52 地对空模拟目标检测装置示意图

2）检测步骤

(1) 在视野开阔楼顶架设安装场地，连接红外预警雷达，并安装 GPS 模块测量位置信息，记录仪记录图像信息；

(2) 在距离被测红外预警雷达一定距离的山顶，在被测红外预警雷达可视区域置靶板；

(3) 在靶板位置安装 GPS 模块，记录两地距离 R；

(4) 启动系统，将系统视角置于山顶目标角度，使得视场内科包含目标和空背景且不包含山体背景，在该俯仰角度下进行方位范围的搜索；

（5）用温度计测量靶板周围温度 T_0，通过靶板温控器调整靶板温度，到目标温度后保持 3min，记录目标检测情况；

（6）若无法检测到目标，则以 1℃ 为间隔升温，到温后保持 3min，直到靶板目标可被红外预警雷达稳定检测，记录该温度值 T_1；

（7）计算 $\Delta T_1 = T_1 - T_0$，按附录 F 计算目标信噪比，恢复靶板温度；

（8）重复步骤（6）~步骤（7），共试验 5 次，求得 $\Delta T = \sum_{1}^{5} \frac{\Delta T_n}{n}$ 和 SNR_t。

2. 动态目标检测试验

1）检测方法

将装有 GPS 模块的无人机在远距离下飞行，由红外预警雷达完成目标检测，检验系统对空目标探测能力。

2）检测步骤

（1）在视野开阔的场地架设安装试验设备，连接红外预警雷达，并安装 GPS 模块测量位置信息，建立被测红外预警雷达坐标系；

（2）将目标机加装 GPS，完成时统匹配，通过数据传输系统实时解算试验场地与目标距离；

（3）无人机起飞，飞行高度不小于 2km，以时速不小于 0.5*Ma*，在距被测红外预警雷达试验场地 20km 外迎头向飞行；

（4）在此过程中，红外预警雷达完成目标的搜索和检测，记录探测距离、飞机时速和大气温度等数据；

（5）重复步骤（3）~步骤（4）一次。

3.7.6 地对空飞机目标检测试验

1. 检测方法

以典型目标飞机作为靶机，检验系统地对空条件下对真实飞机目标的探测能力，试验环境如图 3.53 所示。

2. 检测步骤

（1）被测红外预警雷达地面试验场地的 GPS 信息，根据若干基准点的 GPS 信息，可得出场地相对于正北方向的夹角，建立大地坐标；

（2）在无云的天气条件下，以加装 GPS 的典型飞机作为目标，飞行高度 10km，飞行速度 0.8*Ma*，从 50km 外飞向试验场地，与试验场地作接距飞行；

（3）通过试验场地和目标 GPS 信息通过数据采集及处理系统，计算目标相对角度用于目标确认，并实时计算目标与试验场地的距离；

（4）重复步骤（2）~步骤（3）一次；

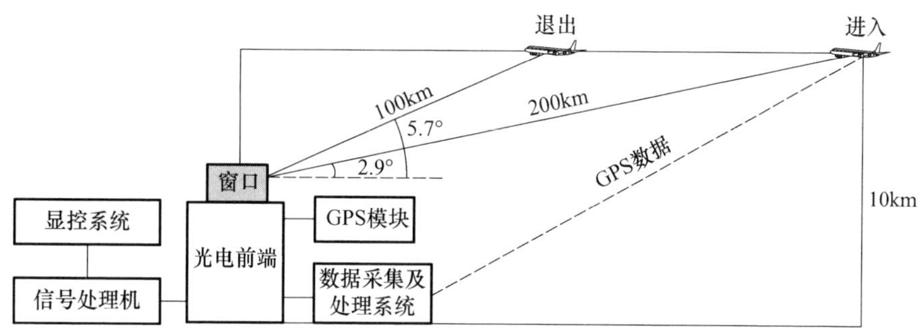

图 3.53　地对空飞机目标探测试验置示意图

（5）记录目标迎头检测距离。

3.7.7　系统参数、性能折算方法

通过测试参数及已知参数根据理论公式推算系统不便于测量的其他参数，并根据系统参数推算目标作用距离。

1. 系统参数折算

1）光学焦距折算

利用视场检测试验结果和探测器指参数，根据光学参数关系计算光学系统焦距。计算过程为

$$\alpha = \frac{a}{f}, \beta = \frac{b}{f} \tag{3.80}$$

$$A = \frac{\alpha \cdot M \cdot 180^\circ}{\pi}, B = \frac{b \cdot N \cdot 180^\circ}{\pi} \tag{3.81}$$

式中：f 为光学焦距，mm；a，b 为探测器的尺寸，μm；α，β 为瞬时视场，rad；A，B 为水平/垂直视场，(°)；M，N 为探测器水平/垂直面阵规模。

注：多视场或变焦光学系统，计算最小视场光学焦距。

2）光学孔径折算

根据探测器参数和光学焦距折算结果，根据光学参数关系计算光学系统等效孔径。计算过程为

$$D_0 = \frac{f}{F} \tag{3.82}$$

式中：f 为光学焦距，mm；F 为探测器 F 数。

注：多视场或变焦光学系统，计算最大光学等效孔径。

3）能量利用效率折算

点扩算函数分布如图 3.54 所示，其中艾瑞斑的中央亮斑集中了目标能量的

84%，理想中央亮斑的直径满足以下公式：

$$D_1 = 2.44\frac{\lambda f}{D_0} = 2.44\lambda F \tag{3.83}$$

式中：D_1 为中央亮斑的直径，mm；f 为光学焦距，mm；F 为探测器 F 数；λ 为探测器中心波长，μm。

艾瑞斑满足高斯分布：

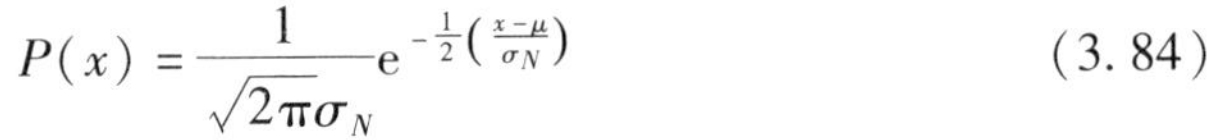

$$P(x) = \frac{1}{\sqrt{2\pi}\sigma_N}\mathrm{e}^{-\frac{1}{2}\left(\frac{x-\mu}{\sigma_N}\right)} \tag{3.84}$$

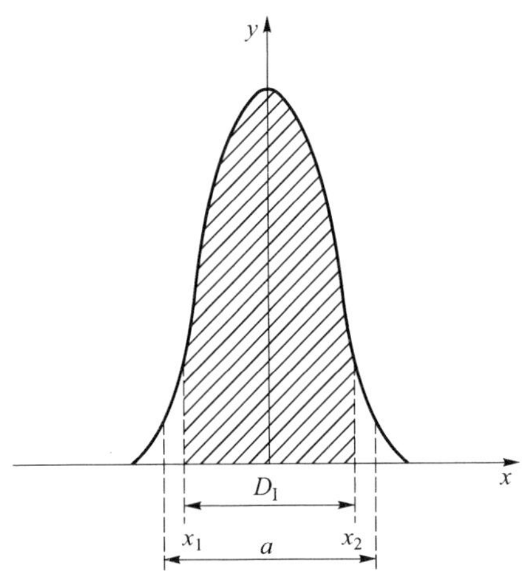

图 3.54　点扩展函数分布

对点扩展函数进行积分，当积分值为 0.84 时，即图阴影部分面积，求得实际艾瑞斑直径 D_1，将 D_1 对应到 x 轴坐标，从而求得像元尺寸 a 对应的积分面积，即为能量集中度。

因此能量利用效率可表示为

$$\eta = \rho \cdot \varepsilon \cdot \int_{\frac{ax_1}{2D_1}}^{\frac{ax_2}{2D_1}} h(x)\,\mathrm{d}x \tag{3.85}$$

式中：η 为能量利用效率，%，D_1 为中央亮斑的直径，μm；a 为像元尺寸，μm；x_1，x_2 为 84% 能量对应的坐标，$x_2 - x_1 = D_1$；$h(x)$ 为点扩展函数；ρ 为探测器填充效率，%；ε 为抖动系数，一般取 0.6。

2. 作用距离折算

1）基于红外预警雷达作用距离方程的折算

噪声等效温差 NETD 是表征红外热成像仪的一个重要技术指标，反映了红外热成像仪的温度灵敏度。一般情况下，NETD 为

$$\mathrm{NETD}=\frac{4(ab\Delta f)^{1/2}}{\sigma\alpha\beta D_0^2 D^{*}\tau_0\tau_a(\Delta M/\Delta N)} \tag{3.86}$$

在红外预警雷达探测距离公式中,代入 NETD,可得

$$R=\left[\frac{\eta\tau_a\pi I_{\lambda_1\sim\lambda_2}D_0^2F^2}{ab\times\mathrm{NETD}\times\dfrac{\Delta M}{\Delta T}\times(\mathrm{SNR})}\right]^{1/2} \tag{3.87}$$

式中:$I_{\lambda_1\sim\lambda_2}$为光谱波段内目标辐射强度,W/sr;$a$,$b$ 为探测器的尺寸,cm;D_0 为光学系统有效孔径,cm;F 为光学系统 F#数;η 为能量利用效率,%;τ_a 为大气透过率;$\Delta M/\Delta T$ 为微分辐射度,$\mathrm{W\cdot cm^{-2}K^{-1}}$。

依据式(3.86)可知,通过 NETD 可以对红外系统的探测距离进行推算。但是,NETD 是在目标成面目标的情况下的数值,对于远距离预警点目标来说,是需要进行修正的。在工程上,NETD 的修正方法很多,各有优缺点。这里不一一列举。需要说明的是,NETD 可以反映系统的性能,与作用距离之间存在一定关系,在一定程度上可以指导系统设计和表征系统性能。

2）基于系统探测灵敏度的折算

红外预警雷达的探测灵敏度是指其在指定条件(探测概率、虚警率满足要求)下,对被探测目标能够准确进行发现、跟踪的阈值光照度。其与作用距离的关系为

$$R=\sqrt{\frac{I_{\lambda_1\sim\lambda_2}\times\tau_a}{S_{\lambda_1\sim\lambda_2}}} \tag{3.88}$$

式中:$I_{\lambda_1\sim\lambda_2}$为光谱波段内目标的辐射强度;$\tau_a$ 为大气透过率;$S_{\lambda_1\sim\lambda_2}$为红外预警雷达在光谱波段内的静态灵敏度。

红外预警雷达的探测灵敏度指标可以在实验室内进行测试,因此当红外预警雷达装配完成后对其探测灵敏度指标进行摸底测试,并针对典型针对目标利用式(3.88)进行作用距离预估。

3.7.8　飞行测试

飞行测试就是要在真实环境下检测红外预警系统在一定探测率、虚警率的条件下的探测距离,生成情报的有效性等。

为保证生成情报的有效性,一般情况下,只有红外预警系统对一特定目标连续检测达到一定时间阈值才能认为是一次有效检测。检测过程中,断断续续,不能形成有效点迹关联,不能作为有效检测。在考核目标探测率时,需要明确有效检测的定义。

关于虚警率的考核,要相对复杂些。在试飞空域中,很难只有配试目标机,

在红外预警系统搜索区域内，有可能存在其他飞机，或其他飞行器(包括无人机、民航等)，这些目标可能是真实存在的，但不是配试目标。这些目标的飞行参数也难获得，因此较难判断是否虚警。实际应用中，干扰产生的虚假目标可能是关键问题，可以有针对性地进行干扰条件下虚假目标虚警的考核。

参考文献

[1] 黄山良，卜卿，梅发国，等．防空探测预警系统与技术[M]．北京：国防工业出版社，2015.

[2] 小哈德逊．红外系统原理[M]．北京：国防工业出版社，1975.

[3] 何力，等．先进焦平面技术导论[M]．北京：国防工业出版社，2011.

[4] 余怀之．红外光学材料[M]．北京：国防工业出版社，2007.

[5] 陈国强．HgCdTee－APD 主被动读出电路设计[D]．中国科学院(上海技术物理研究所)，2014.

[6] Baker, Ian, Owton, et al. Advanced infrared detectors for multimode active and passive imaging applications[J]. Proceedings of SPIE, The International Society for Optical Engineering, 2008,6940:69402L.

[7] Borniol D, Eric, Guellec, et al. High - performance 640 × 512 pixel hybrid InGaAs image sensor for night vision[J]. Proceedings of SPIE, The International Society for Optical Engineering,2012,8353:835307.

[8] Reibel Y, Chabuel F, Vaz C, et al. Infrared dual - band detectors for next generation[C]. SPIE Defense, Security, and Sensing. International Society for Optics and Photonics, 2011: 801238 - 801238 - 13.

[9] Jack M, Asbrok J, Bailey S, et al. MBE based HgCdTe APDs and 3D Ladar sensors. in defense and security symposium [J]. International Society for Optics and Photonics. 2007. 101234 - 101234 - 11.

[10] Chekanova G V, Drugova, Albina A, et al. Contribution of generation - recombination processes at inner interface of MBE - grown Hg1 - xCdxTe heterostucture to dark current of small active area photodiode[J]. Proceedings of SPIE, The International Society for Optical Engineering,2009,7481:74810Y.

[11] Rothman J, Mollaed L, Bosson S, et al. Short - wave infrared HgCdTe Avalanche photodiodes[J]. Journal of Electronic Materials,2012. 41(10):2928 - 2936.

[12] Tribolet P, Destefanis G, Ballet P, et al. Advanced HgCdTe technologies and dual - band developments. in SPIE defense and security symposium[J]. Proceedings of SPIE, The International Society for Optical Engineering,2008,6940:69402P.

[13] Smith K D, Wehner J G A, Graham R W, et al. High operating temperature mid - wavelength infrared HgCdTe photon trapping focal plane arrays[C]. SPIE Defense, Security, and Sensing. International Society for Optics and Photonics, 2012,83532R - 83532R - 7.

[14] Cabanski W, Ziegler J. HgCdTe technology in Germany: the past, the present, and the fu-

ture[C]. SPIE Defense, Security, and Sensing. International Society for Optics and Photonics, 2009:729820 – 729820 – 13.

[15] Tennant W E. Interpreting mid – wave infrared MWIR HgCdTe photodetectors[J]. Progress in Quantum Electronics, 2012,36(2):273 – 292.

[16] De BE, Castelein P, Guellec F, et al. A 320 × 256 HgCdTe avalanche photodiode focal plane array for passive and active 2D and 3D imaging[C]. SPIE Defense, Security, and Sensing. International Society for Optics and Photonics, 2011,8012:801232 – 801232 – 7.

[17] Beck J, Woodall M, Scritchfield R, et al. Gated IR imaging with 128 × 128 HgCdTe electron avalanche photodiode FPA[C]. Defense and Security Symposium. International Society for Optics and Photonics, 2007, 6542:654217 – 654217 – 18.

[18] Rothman J, De Borniol E, Gravrand O, et al. HgCdTe APD – focal plane array development at DEFIR[C]. Security and Defence. International Society for Optics and Photonics, 2010, 7834:783400 – 783400 – 8.

[19] Yang J. Nonlinear waves in integrable and nonintegrable systems[M]. SIAM,2010.

[20] Roberts T, Robinson T. New Developments in HgCdTe APDs and ladar receivers[J]. Proc. of SPIE, 2011, 8012: 801230 – 1.

[21] Jack M, Wehner J. HgCdTe APD – based linear – mode photon counting components and Cadar[J]. Proc. of SPIE,2011,8033:80330M – 1.

[22] Reibel Y,Rubaldo L. MCT(HgCdTe) IR detectors: latest developments in France[J]. Proc. of SPIE, 2010, 7834:78340M – 1.

[23] Sun S, Downey S. Development of an ultra – low – power X – ray – photon – resolving imaging detector array[J]. Proc. of SPIE, 2010, 7805:78051R – 1.

[24] Beck J, Woodall M. Gated IR Imaging with 128 × 128 HgCdTe electron avalanche photodiode FPA[J]. Journal of Electronic Materials,2008,37:9.

[25] Beck J,Scritchfield R. Performance and modeling of the MWIR HgCdTe electron avalanche photodiode[J]. Proc. of SPIE, 2009, 7298:729838 – 1.

[26] Beck J,Scritchfield R. Linear mode photo counting with the noiseless gain HgCdTe e – APD [J]. Proc. of SPIE,2011,8033:80330N – 1.

[27] Gleckler A, Strittmatter R. Application of an end – to – end linear mode photo counting (LMPC) model to noiseless – gain HgCdTe APDs[J]. Proc. of SPIE,2011,8033:803300 – 1.

[28] He W, Keming D. Linear – Mode characters of near – infrared wavelength InGaAs APDs for optical commication[J]. Proc. of SPIE,2011,88193:819349 – 1.

[29] Cole M. Optimum and suboptimum detection mechanisms for free – space binary PPM optical communication systems with APD Detector arrays[J]. Proc. of SPIE, 2006, 6304: 63041C – 1.

[30] Labforce F. Low noise optical receiver using Si APD[J]. Proc. of SPIE, 2009, 7212:721210 – 1.

[31] Cottin P, Babin F. Active 3D camera design for target capture on mars orbit[J]. Proc. of SPIE, 2010, 7864:786403 – 1.

[32] Tremblay G, Cao X Y. The effect of dense aerosol cloud on the 3D information contain of flash Lidar[J]. Proc. of SPIE, 2010, 7828:78280C - 1.

[33] Chung M W, Bracikowski C. Real - time 3D flash ladar imaging through GPU data processing [J]. Proc. of SPIE, 2011, 7872:78720P - 1.

[34] Stephan C, Alpers M[J]. MERLIN - a space - based methane monitor", Proc. of SPIE, 2011, 8159:815908 - 01.

第4章 信号和数据处理

4.1 信号处理系统

信号处理系统的作用,概括地说,是将经探测器完成光电转换后的低电平信号进行放大,限制带宽,从信号中分离出信息,再将信息送给终端的控制装置或显示系统。

4.1.1 信号处理系统功能

红外预警雷达的信号处理主要包括以下功能。

1. 图像处理

完成前端红外图像的预处理、图像滤波、增强、分割以及电子消像旋(IMR)等。

图像预处理主要是对前端红外探测器输出的模拟信号进行放大、A/D采样,将一帧图像转换成数字信号;对数字图像进行非均匀性校正、坏点剔除、去噪等,通过数字接口输出数字图像。为后续的图像分割、检测提供高质量的红外图像信息。

此外,根据不同处理算法的需要,还可进行背景存储和分析,为目标检测算法提供背景参数,并进行背景构建,以利于更低信噪比检测目标。

2. 目标检测跟踪

对处理后的红外图像进行信息提取,检测图像中的“小目标”,并根据时间相关性等信息,初步识别目标,给出目标信息。

对于弱小目标,可采用背景预测的方法进行检测。首先针对大量的红外弱小目标图像进行分析,运用统计分析方法,从像素、局域及整幅图入手,研究目标与背景在灰度和灰度起伏,空间统计特性、结构特性及相关特性等方面所具有的性质及规律,设计背景模型的建立方法,依据模型进行背景预测,确立相应的检测准则和识别准则,以达到抑制杂波检测目标的目的。

对于单目标时,要求对指定的目标实施稳定跟踪,提供瞄准点相对视场中心坐标的偏差信号;能在复杂飞行条件下稳定跟踪目标;对于多目标时,要求一次处理目标数不小于10个，能够跟踪视场内的所有可能的目标，并给出每个跟踪目标的角偏差信息。

3. 数据处理

数据处理主要包括数据融合、数据处理、数据交换、数据存储、数据显示等。接收由中波和长波图像检测输入的目标方位、俯仰的角度信息，首先进行坐标变换，使角度测量信息统一到大地坐标系中；然后对双波段角度测量信息进行时间、空间校准，采用特征层融合和决策层融合；融合后的数据传入数据处理器，采用交互式多模型数据处理方法，输出目标航迹；滤波输出的航迹数据在数据存储部分完成存储，并送数据显示模块显示。

目标的航迹，位置信息，目标的灰度信息，边缘链码，目标角速度，角加速度，作为综合识别的目标属性信息源，目标属性建库和快速检索，并对检测作为支持库。

4. 接口通信及系统管理

完成红外预警雷达与任务管理系统之间的信息通信，以及信号处理系统与红外预警雷达前端和信号处理系统与综合显控的信息通信。

4.1.2 信号处理系统处理流程

红外预警雷达信号处理系统的任务可以分为两个部分：图像信号处理部分和接口通信及系统管理部分。图像信号处理部分主要完成从前端传输过来的图像的预处理、目标检测、跟踪及定位等工作，典型的处理流程如图4.1所示。

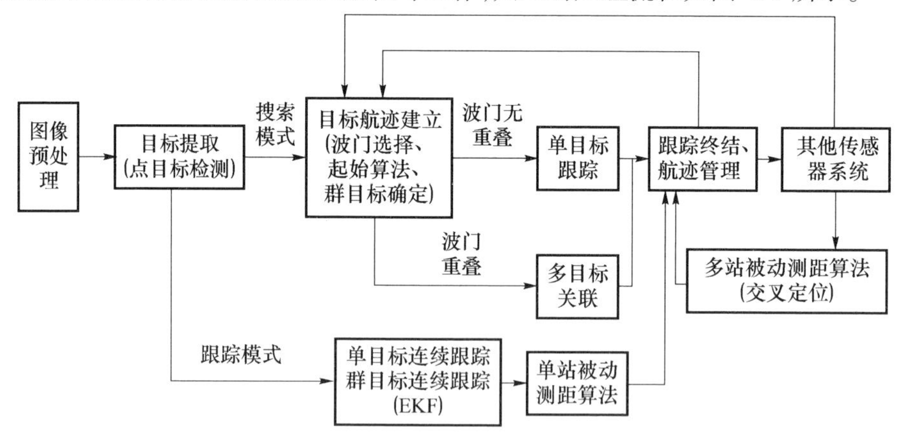

图4.1 典型信号处理流程

图像信号处理主要分为目标检测和目标跟踪。典型的流程框图如图4.2、图4.3所示。

信号处理所采用的算法不同，在具体的硬件实现上有所差别。但一般来说，

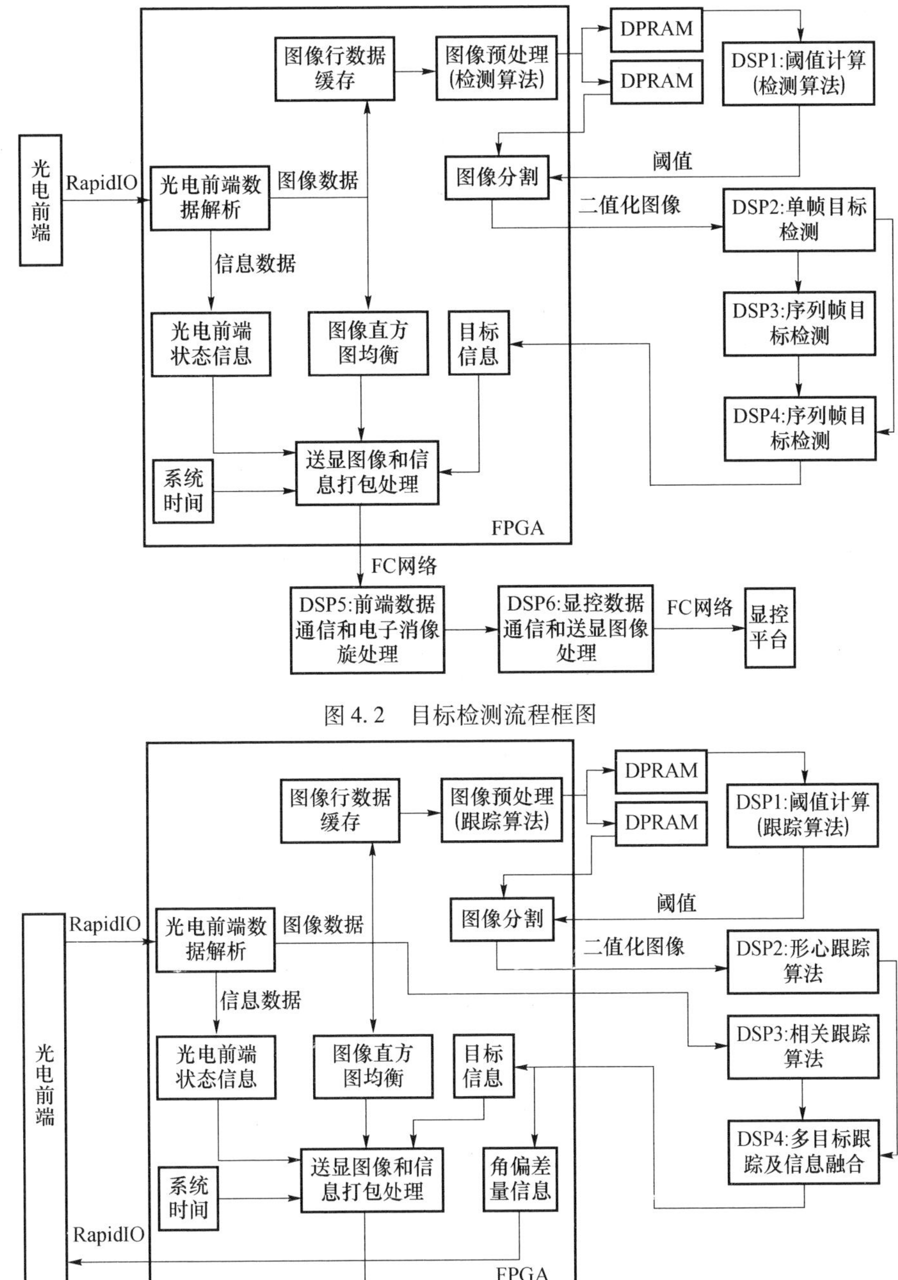

图 4.2 目标检测流程框图

图 4.3 目标跟踪流程框图

都会包括消杂波(去噪、平滑)、背景抑制、低阈值图像分割、目标提取、假目标自动识别滤除、目标跟踪等处理流程。

接口通信及系统管理也是信号处理的重要内容,由于这部分更多地涉及信息交互关系,一并放在下一小节进行介绍。

4.1.3 信号处理系统信息交互关系

对较复杂任务系统的设计者,明晰各部分信息交互关系非常必要。接口通信及系统管理的任务是完成处理系统内外部的数据信息交互和系统命令通信。图 4.4 为红外预警雷达典型的信息通信结构。

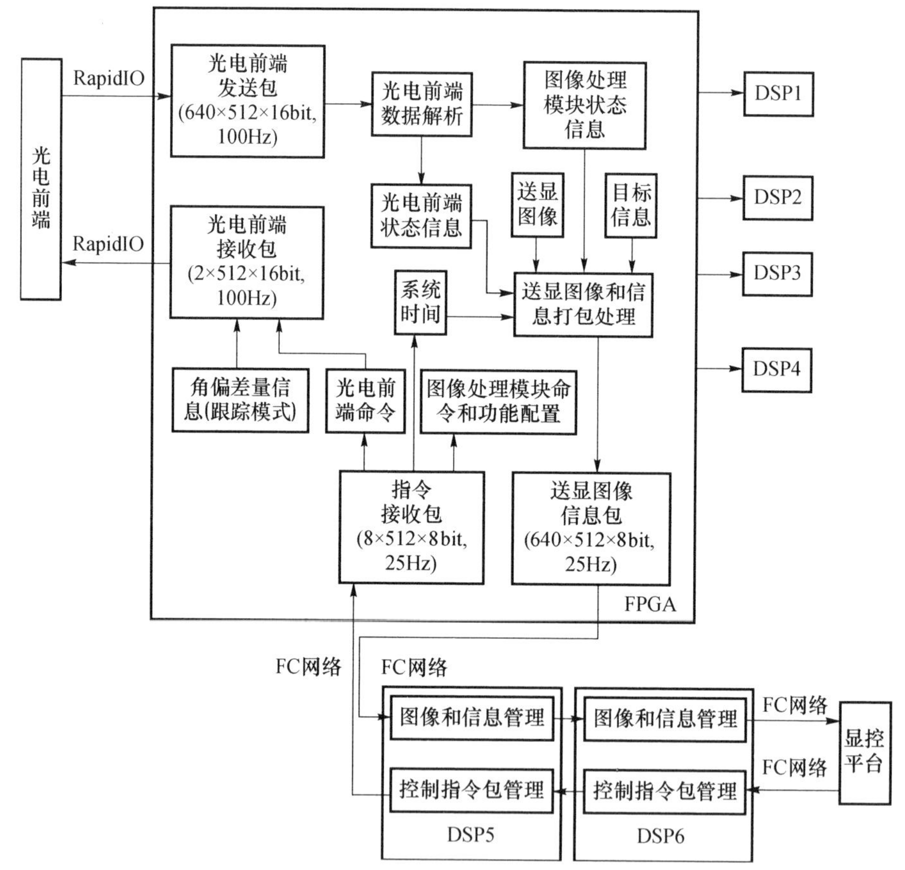

图 4.4 信息通信结构框图

整个红外预警雷达的信息交互关系可由图 4.5 表示。

操作员通过综合显控台输入红外预警雷达的工作指令,综合显控台通过网络总线将命令传输至红外预警雷达,红外预警雷达接收并译码命令后,控制各功

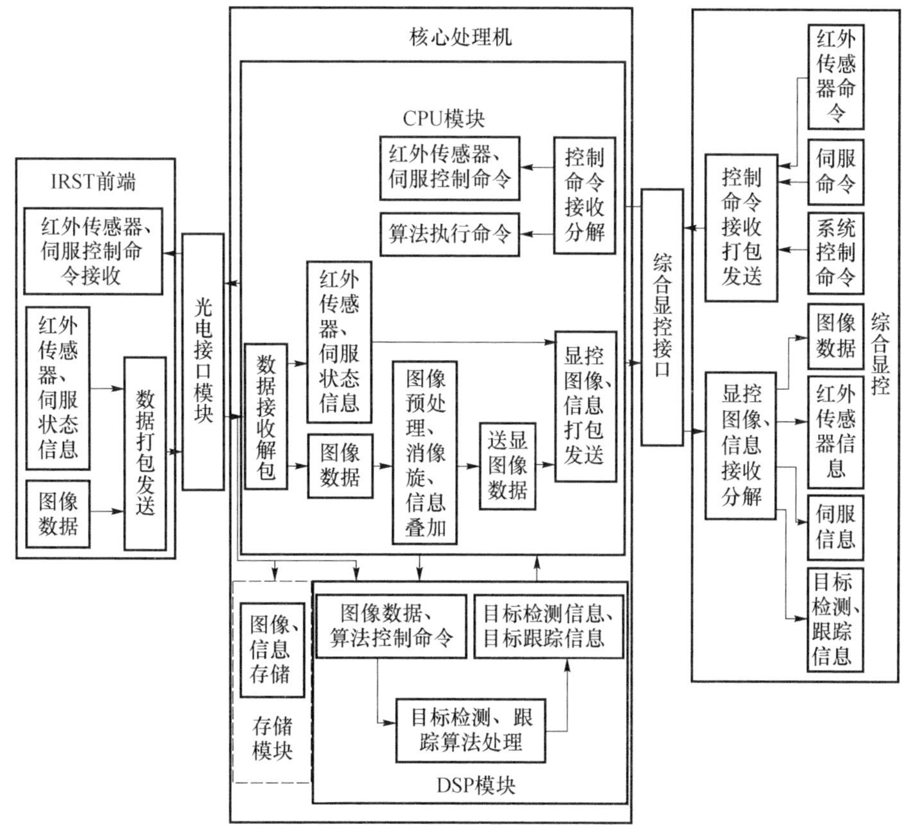

图 4.5　典型红外预警雷达信息交互关系

能部件完成相应流程，并返回图像、系统工作参数等信息。综合显控进行图像、目标、系统状态等信息显示。

在了解和认识系统各组成后，将各部分合理高效地集成，就形成一个完整的红外预警雷达。如何高效合理地集成便是系统总体技术需要解决的问题。在系统实现上，总体设计需要给出合理的软硬件架构，系统整体和各组成部分要有很好的适配性，既保证系统指标的实现，又利于发挥各组成部分的特点。

4.2　目标检测技术

4.2.1　红外图像点目标检测

点目标是指光电预警探测与跟踪系统在对远距离的目标探测时，由于传输距离远，目标在图像空间呈现为单像素点或者亚像素点；同时由于能量传输的衰减以及背景杂波的影响，目标在图像中还呈现出低信噪比的特点。点目标在图像中的表现形式如图 4.6 所示。

(a) 目标能量强度二维图像

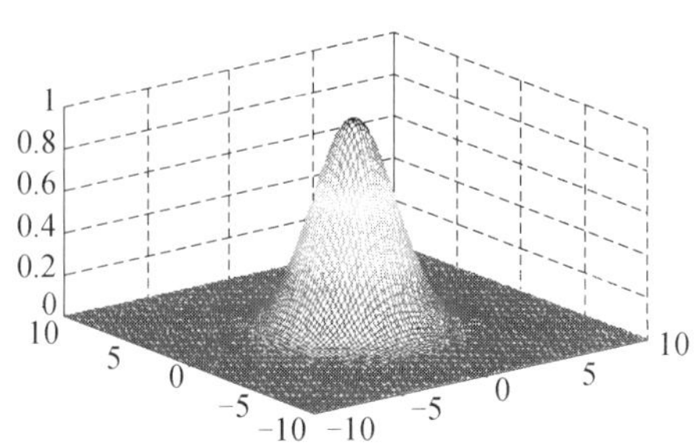

(b) 目标能量强度三维图像

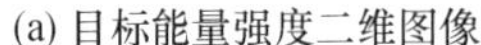

图 4.6 光电捕获的点目标模型

由图 4.6 可以看出,点目标成像在二维图像中表现为小亮点,在三维图上表现为小尖锋,尖锋的最高峰对应着红外目标的中心位置,对应着二维成像中亮点的中心部分。在三维图中可以看到,尖锋周围的亮度值迅速降低,这在二维图中表现为亮点由中心向四周逐渐变暗。三维图中的平坦部分为图像中的背景部分,对应着二维图中的黑色背景区域。信噪比为

$$\mathrm{SNR} = \frac{G_{\mathrm{T}} - G_{\mathrm{B}}}{\sigma} \tag{4.1}$$

式中:G_{T} 为真实目标的灰度值;G_{B} 为背景的灰度值;σ 为灰度值的标准差。当 SNR 高的时候,表示真实目标对比背景越明显,目标检测就越准确、容易,相反,当 SNR 低的时候,真实目标可能会混在虚假目标当中,找到真实目标就很困难,当虚假目标与真实目标非常相似的时候,单帧检测无法把真实目标与虚假目标区分开。

光电预警探测系统本质上是一个测角系统,理论上目标成像是从三维空间向二维空间投影的过程,缺少了最为关键的距离信息,这样导致图像中低信噪比下的点目标检测存在以下几个方面的主要技术难点:

(1) 由于点目标没有形状、尺寸等信息,可供检测算法利用的信息很少;

(2) 在低信噪比情况下,目标点极易被噪声所淹没,单帧图像处理不能实现对目标的可靠检测。因而,必须对图像序列进行处理,这使得需要存储和处理的数据量大且实时处理不易实现;

(3) 低信噪比条件下对图像序列中运动点目标的检测和跟踪,关键问题是如何设法沿目标的运动轨迹积累信号能量。只有这样,才有可能检测出运动的点目标。但是,在目标的数目、位置、运动特性等参数未知或可能的取值范围较大的条件下,实现检测需要搜索的空间也很大,若以穷尽式搜索方法进行检测,其计算量、存储量和设备规模都是难以负担的,即出现组合爆炸问题。

在点目标阶段,目标往往只有一个像元或亚像元大小,因此基于目标大小、形状等特征的图像处理技术难以适用。所以基于目标运动信息的多帧检测和跟踪方法是解决低 SNR 点目标检测的有效途径。其基本方法是沿目标轨迹对目标能量进行累积,以提高信噪比。

在传统意义上,目标检测的任务是对每帧输入图像都要作出目标存在与否的判决,而目标跟踪则对目标观测 – 跟踪关联关系进行判决。一般地说,先进行目标检测,然后再对检测出的目标进行跟踪,称为跟踪前检测(Detection – Before – Track,DBT)。然而遗憾的是在点目标检测阶段 SNR 很低,用传统的一些方法检测就变得异常困难。针对这种情况,人们提出了检测前跟踪的方法(Track – Before – Detection,TBD),先进行目标预检测,并对预检测出的目标进行多目标跟踪,然后再利用目标的运动等特征进行检测判决,这样就克服了由于每一帧都使用门限进行判决而引起的一些测量信息被完全丢弃的弊端,可以达到良好的效果。

点目标检测算法经过不断的发展,运用的手段越来越复杂,检测的效果不断提高,逐渐形成了以下几种方法:

(1) 匹配滤波器法;

(2) 匹配滤波器组法;

(3) 序贯假设检验方法;

(4) Hough 变换法;

(5) 最优投影法;

(6) 神经网络(NN)法;

(7) 动态规化(DPA)法。

各种方法的优、缺点如表 4.1 所列。

表 4.1　主要目标检测算法优缺点对比表

方法名称	主要优点	缺点
匹配滤波器法	在匹配情况下能使输出信噪比达到最大,能在低信噪比条件下检测出恒速运动的点目标,具有同时检测出起始位置不同但速度相同的多个目标的能力	在设计滤波器时需要预先知道目标运动速度的大小和方向,当速度失配时,输出信噪比的下降是不容忽视的
匹配滤波器组法	可以检测出不同运动速度的点目标,兼顾考虑了输出信噪比的损失和系统的复杂程度。从输出信噪比角度看,是一种次最优方法	计算量大、所需设备规模大
动态规化法	检测所需信噪比低,并可实现检测前跟踪	运算量大,存储量大
序贯假设检验法	具有同时检测出多个作不同方向直线运动的目标的能力	不能确定候选轨迹的起始点,在低信噪比情况下,为减小漏报概率,候选轨迹起始点非常多,使计算量迅速增大

（续）

方法名称	主要优点	缺点
Hough 变换法	计算量小，可检测出作直线运动的目标轨迹	变换前须先将三维图像序列投影到二维平面，会造成信噪比损失。在低信噪比情况下，检测性能将明显下降
最优投影法	通过投影降低了计算量，最优投影所损失的信噪比很小	最优投影解析式很难得到
神经网络法	检测速度快，容错性好，能同时检测出多个目标	检测能力的强弱依赖于训练样本的丰富性，在训练时间和收敛性能等方面可能会存在一些问题

针对上述经典算法存在的诸多缺陷，如何解决红外预警雷达信号处理系统高检测率、低虚警率和大计算量的矛盾问题是弱小目标检测技术面临的主要问题。

4.2.2 弱小目标检测技术

红外预警雷达目标一般呈现为“弱小”的特点。弱，指目标信噪比低；小，指目标所占像素个数少，一般成像点目标特征。针对红外弱小目标检测与跟踪问题，国内外学者已做了很多卓有成效的工作，提出了大量的算法，尤其是 20 世纪 90 年代以来，小目标检测与跟踪技术更是取得了长足的发展。IRST 系统检测能力的提升，主要通过研究目标检测算法，使系统在恒定虚警率条件下尽可能地提升探测概率。目标检测主要就是通过信号处理的方式将目标从噪声和背景中提取出来。红外系统“高背景、低目标”的特点，导致背景抑制成为信号处理的首要任务。背景抑制的好坏、残差的多少将直接影响后续目标检测的虚警率。在背景抑制后，信号处理最主要的工作就是在低信噪比的情况下检测目标。

IRST 系统的算法研究工作集中在对从严重的干扰中提取目标特征的信号处理方法，其中，对弱小目标的检测是其重要课题之一。从 1989 年开始，国际光学工程学会（The International Society for Optical Engineering，SPIE）每年都组织一次“小目标的信号与数据处理”（Signal and Data Processing of Small Targets）国际会议，专门就小目标（特别是红外弱小目标）相关处理方法的理论、算法架构、低虚警率、实时实现等问题展开讨论，交流弱小目标检测的新理论、新方法和新技术。在 IEEE Trans. Aeros. Electron. Sys.，IEEE Trans. Signal Proc.，IEEE Trans. Image Proc.，IEEE Trans. Sys. Man Cybern，Opt. Eng.，IEE Proc. 等国际刊物和会议上，各国学者经常会公布和发表一些关于红外弱小目标检测与跟踪算法的许多最新成果。近年来，国内关于红外图像序列中弱小目标检测与跟踪的理论、算法和实现技术方面的研究也广泛地开展。华中科技大学、国防科技大学、西安电子科技大学、中国科学院上海技术物理研究所、中航集团八三五八所等院校和研究机构也开展红外弱小目标检测与跟踪技术的研究。

针对红外图像序列中弱小目标检测与跟踪问题,经过几十年的发展,已经出现了大量的算法。总体来看,这些算法主要可分成两类:一类是根据目标像素灰度的差别检测出目标,然后通过序列图像投影得到目标运动轨迹,即 DBT(Detect Before Track,跟踪前检测,或称先检测后跟踪)算法;另一类是连续采集多帧图像并将结果存储起来,然后对假设航迹包含的点进行能量的累积处理,经过若干帧积累后,根据系统虚警率与探测率指标确认正确目标与其航迹,即跟踪前检测,或称先跟踪后检测(Track Before Detect,TBD)算法。

4.2.3 单帧 DBT 检测技术

经典的目标检测与跟踪方法为 DBT:首先,对 IRST 系统接收到的红外图像进行滤波,对背景杂波和噪声进行最大程度的抑制;然后,设置固定或自适应阈值,对滤波后的图像进行二值化分割,提取超过阈值的像素点作为疑似目标;最后,对疑似目标位置坐标进行关联,从而实现目标轨迹的确认。此类算法的基本思想是先空域处理再时域处理,先单帧检测再多帧确认。该类算法整体处理过程相对简单,但对目标信噪比要求较高,不利于复杂背景下的弱小目标的检测。DBT 方法的检测框图如图 4.7 所示。

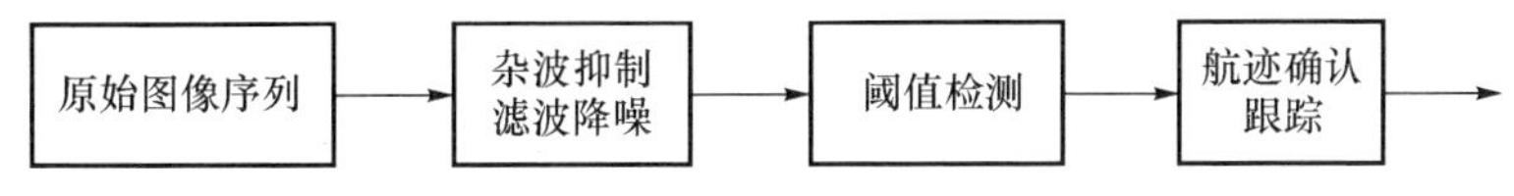

图 4.7 DBT 检测方框图

根据目标的特征,DBT 方法的目标检测算法可以分为三类。

1. 利用目标的运动特征

对于运动目标的检测,首先应当研究目标的运动特性,将多帧检测到的目标点迹安装运动规律进行有效的关联,从而保证轨迹的正确性。其中,利用运动特性进行目标提取的典型算法为光流法。

目前,光流法在实际应用中还存在着一些问题。其中,计算过程不稳定性、运算量大、实时实现困难等问题限制了该方法的推广。

2. 利用目标的灰度特征

在实际作战环境中,目标的红外辐射强度与其周围不相关,同时,目标在红外图像中通常为点状特征。因此,在信号处理中,可以认为目标处在图像信号的高频部分,而背景处在图像信号的低频部分,通过空间变换的方法可将目标和背景分离,进而检测出目标。其中,典型算法为基于小波变换方法。当前,针对该类方法的研究取得了丰硕的成果。

不过，在实际应用中，利用小波方法进行弱小目标检测还存在着一些问题。例如，如何构建与目标相符的特征空间，即寻找合适的小波基问题；如何降低小波算法的复杂度问题等，依然需要深入研究。

3. 利用背景的固有特征

从背景特征的研究出发，寻找背景与目标的不同之处，对背景进行有效估计，进而对背景进行抑制，提取出目标。与目标特征相比，背景具备在图像中所占区域较大、变化缓慢、帧间相关性较强等特性。在充分利用背景特性进行目标提取的相关研究中，最为典型的一类算法为形态学方法以及改进的相关方法。

在红外目标检测中，形态学方法适用于目标与背景形状特征差别明显的应用环境。但是，在目标与背景特性相近的环境中，目标检测效果下降显著。

4.2.4 多帧TBD检测技术

对IRST系统而言，最富有挑战性的任务就是在强杂波背景下，远距离可靠地探测与跟踪运行的弱小目标。例如，对掠海或贴近地面飞行的巡航导弹进行探测。当背景处在海洋或陆地杂波环境下，无论是雷达，还是IRST探测这种目标，都会面临巨大的困难。当目标被红外系统采集到的能量极其微弱，或者背景环境极其恶劣，对于单帧图像很难实现行之有效的预检，此时，可考虑在检测前采用某种跟踪算法对目标位置和运动速度等相关信息进行估计，把估计位置点的灰度等相关信息进行累加，然后再采用检测方法进行目标判决。这种针对低信杂比目标而采用多帧积累的探测方法，称为TBD方法。TBD方法的基本思想是用若干帧图像信息叠加以增强目标信号的能量、减小噪声、提高信杂比来探测目标。其典型的检测框图如图4.8所示。

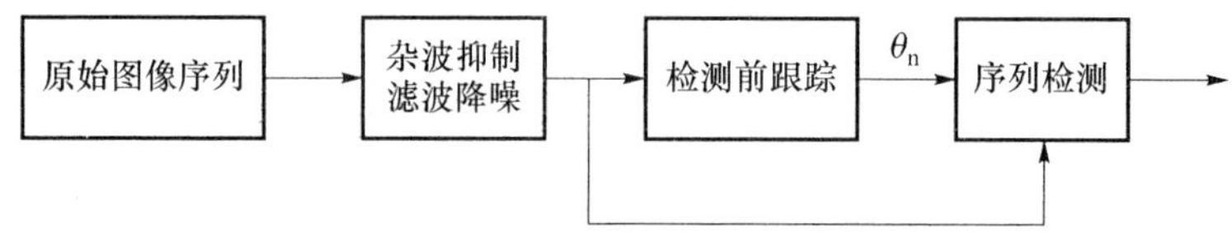

图4.8 TBD检测方框图

TBD技术是红外弱小目标检测的一个重要研究方向。目前已有多种运动小目标检测算法，下面对在TBD算法研究中最典型的几种算法进行介绍和分析。

1. 三维匹配滤波器方法

I. S. Reed、R. M. Gagliardi 和 H. M. Shao 等人提出了三维匹配滤波算法。在阈值分割之前，应用三维匹配滤波可以降低发生错误的概率。三维包括一维时间、二维空间。如果假定目标的运动速度保持不变，而且以直线运动，噪声和杂波都符合高斯过程，则这种方法是最佳的探测方法。

在此基础上，不少学者还扩展、补充和修正提出了许多新算法。这些方法都对目标的速度作出了假定，并使速度滤波库生效。但是，实际情况是目标运动的速度是不知道的，可能不是固定不变的，也不一定是直线运动。因此，这种方法（包括它的修正版）的主要缺点是不适合应用于作机动运动的目标的探测。当速度失配，或目标作机动运行时，算法性能显著下降。

2. 基于投影变换的检测方法

投影方法通过某种形式的坐标空间转换，将时空三维空间的目标检测问题转化为二维投影平面上的问题。Falconer 首先在 1977 年对二维空间中作直线运动的弱小目标采用 Hough 变换技术进行降维处理，并成功提取了目标轨迹。随后，一些研究人员对直线提取方法作了进一步改进。

该方法大大简化了目标检测的计算过程，降低了计算难度和实现硬件资源，在大部分情况下，非常有利于工程的实时实现。但这种便利优势是以牺牲目标检测性能为代价而实现的，当 IRST 系统抖动剧烈时，特别是当噪声较强和目标帧间移位较大的情况下，该算法虚警高，难以达到系统的检测性能指标。

3. 多假设检验方法

多假设检验方法（Multistage Hypothesis Testing，MHT）是 1978 年由 Reid 首次提出的，它是以“全邻”最佳滤波器和 Bar－Shalom 提出的聚概念为基础，其本质上是基于似然估计（EM）算法的离线最大后验估计算法。

MHT 方法应用广泛，是处理数据互联的最有效方法。它将航迹起始和航迹维持统一在一个框架上处理；而其他算法，例如最近邻方法、概率数据关联方法、联合概率数据关联（JPDAF）方法等，都可以由 MHT 方法所涵盖。但是，该方法过多地依赖于目标和杂波的先验知识，在低信噪比情况下，为了减少漏检，假设疑似目标点较多，这会导致后续的群集关联计算量急剧增加，严重影响算法实现的实时性。

4. 动态可编程方法

J. Arnold 和 H. Pasternack，Y. Barniv、S. Tonissen 和 R. Evans 在一些文献中介绍了动态可编程方法。这种方法比三维匹配滤波器方法（当速度失配时）要好，同时，也比常规的 MHT 方法要好。特别值得提出的是 Fernandez 等人所得的结果，他们运用 Viterbi TBD 算法，用 10 帧红外图像数据，比常规的阈值/峰值检测程序，探测灵敏度改善了 7dB。这个方法避免了速度失配问题，也能处理机动性较慢的目标运动。但是，人们注意到当信杂比适当时，如经预处理和杂波抑制之后的信杂比高于 3dB 时，算法的性能还可以，若进一步降低信杂比，其性能急剧下降。此外，这种算法的计算量的复杂程度非常高，不便于实时实现。

5. 扩展卡尔曼滤波

目前，扩展卡尔曼滤波（Extended Kalman Filter，EKF）及其衍生算法是实时跟踪领域内的主流技术,也是点目标探测的基础。其主要原因是,在许多非线性问题中,在实时运作和精确性能这两者之间,它能提供合理的折中。但是,EKF完全是一种直观推断的算法,处理效果不稳定。例如,当涉及目标突然机动、观测数据丢失、低信杂比、多路径效应、以及算法中后验概率分布并不能很好地用高斯分布来近似等状况时,EKF 的方法是很不稳定的;而且要建立起评估基于EKF 方法的数据处理的质量优劣的方法也相当困难。因此,有不少改进的 EKF算法被提出,如递代的 EKF 方法等,但效果提升程度有限,主要是因为算法中后验概率分布要能很好地近似高斯分布的假定,但这个假定往往并不成立。

6. 粒子滤波方法

2001 年,Salmond 首次采用粒子滤波方法研究 TBD 问题并将其应用于凝视型光电传感器的目标检测与跟踪处理,观测数据为灰度图像。此后,国内外许多学者对该方法进行了发展和推广。粒子滤波作为一种基于蒙特卡罗随机采样的非线性滤波方法,广泛应用于非线性、非高斯的状态估计问题。由于粒子滤波是直接对贝叶斯滤波进行离散采样近似,估计结果是状态向量的后验概率密度,因此,当样本数量足够大时,它能够无限逼近真实概率密度,获取最优结果。

尽管粒子滤波可以解决非线性系统的参数估计和状态滤波问题,但该方法目前还不够成熟,仍有许多问题亟待解决。例如,最优分布函数如何满足实际应用;高维数情况下如何简化算法;重采样算法如何构建;样本枯竭如何解决等问题。因此,有必要进一步深入研究粒子滤波,完善其理论体系,拓展其应用领域。

综上所述,在目标跟踪领域内,还没有一个更好的方法,能完全有效地取代EKF 方法。然而,有关最佳非线性滤波的数学理论的最新发展,以及对实现算法的支撑技术的迅速发展,使小目标探测跟踪的信号处理方法,发生了较大的改观。理论上的进步,加上当今数字硬件技术的飞速发展,使得在许多重要的实际应用中(如红外、声纳、成像雷达、合成孔径侧视雷达等)采用了三维匹配滤波器、动态可编程、扩展卡尔曼滤波等 TBD 算法的数学模型,都可以应用最佳非线性滤波方法来替代。

滤波器是物理硬件或软件装置。输入带噪声的数据,经它提取出关心的物理量信息,可以实现滤波、平滑和预测三种基本的信息处理任务。当滤波器的输出端经滤波、平滑或预测后的结果与输入端送入的数据呈非线性函数关系时,即称为非线性滤波器。通常,线性自适应滤波器只与输入数据的二阶统计量有关,与高阶无关。而实际上环境中有大量非高斯噪声情况存在,输入数据是非高斯型的,与高阶统计量有关。所谓最佳滤波问题,是使滤波器的输出结果受到噪声的影响减至最小;采用某些统计学规则使所希望的响应与输出端的实际响应之差的均方值最小。而最佳滤波必须具有时变形式,采用递推算法使滤波器渐近地执行滤波任务,即使相关信号特性的完整先验信息得不到的情况下也如此。

从一次迭代到下一迭代,滤波器的参数是更新的,使滤波器参数与数据随时相关联。

最佳非线性滤波方法的优点可概括为以下几点:

(1)能实时实现;

(2)对完全非线性问题,能提供最佳的理论上的解决方案;

(3)允许分布的多样性(对先验概率分布或后验概率分布没有任何限定);

(4)获得的精度和稳定性高;

(5)容易将真实的物理模型体现出来;

(6)性能量化很明晰(误差估计和置信区都很精确)。

最佳非线性滤波技术有广阔的应用前景。在信杂比很低的情况下,对模糊的点目标的探测,显示出了极大的优越性,目前有信杂比低于 -9dB 的专利技术推出。运动数据和成像相融合,可用于目标识别;同时,可对杂波环境中的快速运动的扩展型目标进行稳定的跟踪。

由非线性随机滤波理论可知,对最佳非线性滤波的求解必须采用近似方法。最简单和最广泛采用的近似方法就是扩展卡尔曼滤波,它本质上是应用于动态非线性系统的 Kalman - Bucy 滤波器。除了扩展卡尔曼滤波和它的变异方法外,还有高斯 - 加权滤波及投影滤波等近似方法。

扩展卡尔曼滤波器及其变体,或者更一般地说,凡是事先假定概率密度的滤波器都不能始终保证稳定的处理过程。在某些关键场合,例如,完全依靠角度的目标跟踪,由于角度的发散、不稳定或者不精确等因素时就会失效。这是因为在一般非线性情况下,事前假设的概率密度类型太单一。为了解决这个问题,需要采用直接近似方法(而不是假设概率密度的方法)来做最佳估计。

在求解最佳非线性滤波的直接(解析的或数值的)近似方法中,其中一种广为应用的针对连续时间的非线性滤波器,是近年来提出的 Wiener 混沌多项式分解或谱分离方法和其他使用在线 - 离线谱分离思想的方法。针对该直接数值近似方法的应用,在离散滤波模型中主要计算卷积积分,在连续 - 离散滤波模型中求解福克 - 普朗克方程,或在连续时间情况下求解 Zakai 方程。

4.2.5 非线性随机滤波技术

早在 20 世纪 40 年代初,首先由 Norbert Wiener 和 Andrey N. Kolmogorov 对随机滤波理论做了开创性的工作,直到 1960 年《经典卡尔曼滤波器》一书出版(以及 1961 年出现了 Kalman - Bucy 滤波器)。另外,Bode 和 Shannon、Zadel 和 Regazzini、Swerling、Levinson 等人在早期也做出了大量的研究工作。卡尔曼滤波器(以及它的诸多变异算法)在信号处理和控制领域内具有几十年的主导地位,在各种工程和科学领域,包括通信、机器学习、神经科学、经济学、财经、政治科学等也有广泛应用。但是，因为某些假设条件不能满足，卡尔曼滤波器的应用受到很大局限，为此有许多非线性滤波方法被提出，使得应用假设从线性拓展到非线性，从高斯拓展到非高斯，从平稳拓展到非平稳等，如表4.2所列。

表4.2 随机滤波理论发展概略

作者(年度)	使用方法	计算精度	注释
Kolmogorov(1941)	新息	精确	线性，稳定
Wiener(1942)	谱分解	精确	线性，稳定，无限存储
Levinson(1947)	格型滤波器	近似	线性，稳定，有限存储
Bode & Shannon(1950)	新息，白化	精确	线性，稳定
Zadeh & Ragazzini(1950)	新息，白化	精确	线性，非稳定
Kalman(1960)	正交投影	精确	LQG，非稳定，离散
Kalman & Bucy(1961)	递归黎卡提微分方程	精确	LQG，非稳定，连续
Stratonovich(1960)	条件马尔科夫过程	精确	非线性，非稳定
Kushner(1967)	偏微分方程	精确	非线性，非稳定
Zakai(1969)	偏微分方程	精确	非线性，非稳定
Handschin & Mayne(1969)	蒙特卡洛	近似	非线性，非高斯，非稳定
Bucy & Senne(1971)	点群，贝叶斯	近似	非线性，非高斯，非稳定
Kailath(1971)	新息	精确	线性，非高斯，非稳定
Benes(1981)	Benes	精确	非线性，有限维度
Daum(1986)	Daum，虚拟测量	精确	非线性，有限维度
Gordon，Salmond，Smith(1993)	自举，序列蒙特卡洛	近似	非线性，非高斯，非稳定
Julier & Uhlmann(1997)	unscented 变换	近似	非线性，非高斯，非求导

随机滤波是个反演问题(求逆问题)。给定在 n 时刻采集到的数据 $\boldsymbol{z}_n$(或为 $\boldsymbol{z}_{0:n}$)，给定 $\boldsymbol{f}$ 和 $\boldsymbol{g}$，只需求最佳或次佳的 $\hat{\boldsymbol{x}}_n$。从另一角度看，这个问题可解释为逆向映射学习问题：利用系统输出的结果，用复合映射函数求系统的输入数据。通常，正向学习(给输入，求输出)是多对一映射问题；而反向学习问题是一对多的问题。从这个意义上说，从输出到输入空间的映射，一般是非唯一的。

如果映射结果满足3个条件——存在、(单值)唯一、稳定，称这种映射是适定的，否则是不适定的。由此，随机滤波问题是一个不适定问题：

(1) 无所不在的未知噪声腐化了状态和测量方程，即使明确某种类型噪声的观测值，而解也不是唯一的；

(2) 假如状态方程是微分同胚(即可微和规则的)，测量函数可能是多对一的映射函数(如 $g(\xi)=\xi^2$ 或者 $g(\xi)=\sin(\xi)$，这也违反了唯一性条件；

(3) 滤波问题本质上是条件后验概率分布(密度)估计问题，而在高维空间是随机并不适定的。

将随机滤波问题与许多其他不适定问题对照,对于更好地理解随机滤波问题是有帮助的,可从不同角度共享某些相同之处。

(1) 系统辨识:系统辨识与随机滤波有许多相同之处,两者都属于统计推断问题。有时,辨识也意味着在随机控制领域里的滤波,特别是在一种驱动力作为输入时的情况下。然而,测量方程允许前一输出作为反馈输入,即 $z_n = \boldsymbol{g}(\boldsymbol{x}_n, \boldsymbol{z}_{n-1}, \boldsymbol{v}_n)$。此外,辨识常常更加关注参数估计问题,而不是状态估计;

(2) 回归:从某种角度看,如果状态方程归纳成随机游走,滤波也能看成是一序贯的线性/非线性回归问题。但是,回归与滤波在以下几方面是不同的:回归是给出有限个观测数据,对 $\{\boldsymbol{x}_i, z_i\}_{i=1}^{\tau}$ 时,企图求得输入与输出间的确定的映射关系,往往是离线进行的;而滤波是在假定状态和测量模型已知的情况下,根据观测值循序地推断信号或状态的过程;

(3) 数据丢失问题:数据丢失问题在统计学里涉及概率推断或有限数据的模型拟合问题。通常对丢失的数据(或未观测到的数据)进行假定,待求参数便容易在线或离线处理。利用随机的方法,可以解决数据丢失问题;

(4) 密度估计:密度估计与滤波有共同之处,目标都依赖估计问题。一般来说,滤波是为了获悉条件概率密度。然而,没有任何有关数据的先验知识的情况下(虽然有时可以做些假设,如认为是混合分布),或者直接对状态进行估计(即观测过程等同于状态过程)时,密度估计是比较困难的。多数密度估计技术是离线进行的;

(5) 非线性动态重构:非线性动态重构起源于现实世界的物理现象(如海杂波)。给出某些有限的观测数据(可能不是连续或不均等的记录),去推断物理上有实际意义的状态信息,是应用所关注的。从这个意义上说,它很类似于滤波问题。然而,在非线性动力学情况下,就比滤波问题困难得多,因为涉及 f 完全未知(常常假定是一非参数模型来估计),而且可能很复杂,(如混沌的)而且状态方程的先验知识很有限,因此这是严重地不适定的。

在讨论随机滤波问题的数学表达式之前,首先明确一些基本概念:

滤波:是一种运算,在 t 时刻对感兴趣的物理量提取信息,是通过直到 t 时刻以前和包括 t 时刻所测得的数据进行的。

预测:是估计的一种先验形式。它的目的是推测信息,推测在 $t+\tau$ 时刻 $(\tau>0)$ 会处于什么状况。它也是通过利用 t 时刻以前和包括 t 时刻时所测得的数据进行的。

平滑:是估计的一种后验形式,利用在指定的时间之后测得数据进行估计。特别是在 t' 时刻的平滑估计,是用时间区间 $[0,t]$ 测得的数据进行估计的,这里 $t'<t$。

现在,考虑下列一般的随机滤波问题,写成如下形式:

$$\dot{\boldsymbol{x}}_t = \boldsymbol{f}(t, \boldsymbol{x}_t, \boldsymbol{u}_t, \boldsymbol{w}_t) \tag{4.2}$$

$$z_t = \boldsymbol{g}(t, \boldsymbol{x}_t, \boldsymbol{u}_t, \boldsymbol{v}_t) \tag{4.3}$$

式(4.2)称为状态方程,式(4.3)称为观测方程。$\boldsymbol{x}_t$ 代表状态矢量,$\boldsymbol{z}_t$ 代表观测矢量,$\boldsymbol{u}_t$ 代表在受控环境下的系统输入矢量(如驱动力);$\boldsymbol{f}: \mathbb{R}^{N_x} \mapsto \mathbb{R}^{N_x}$和 $\boldsymbol{g}: \mathbb{R}^{N_x} \mapsto \mathbb{R}^{N_y}$是两个矢值函数,可能是时变的;$\boldsymbol{w}_t$ 和 $\boldsymbol{v}_t$ 代表过程(动态的)噪声和测量噪声,具有适当的维数。

上述公式在连续时间域讨论。然而,实践中常常更关注离散时间滤波问题。关于这一点,关注下列实用的滤波问题:

$$\boldsymbol{x}_{n+1} = \boldsymbol{f}(\boldsymbol{x}_n, \boldsymbol{w}_n) \tag{4.4}$$

$$\boldsymbol{z}_n = \boldsymbol{g}(\boldsymbol{x}_n, \boldsymbol{v}_n) \tag{4.5}$$

$\boldsymbol{d}_n$ 和 $\boldsymbol{v}_n$ 在离散时间域中,可视为具有未知统计特性的白噪声随机序列。状态方程(4.4)描绘了状态转移概率 $p(\boldsymbol{x}_{n+1} | \boldsymbol{x}_n)$ 的特性,而测量方程(4.5)描述了概率 $p(\boldsymbol{z}_n | \boldsymbol{x}_n)$,它与测量噪声的模型进一步相关。

方程(4.4)、方程(4.5)可简化成下列的特殊情况,就是只考虑线性高斯动态系统:

$$\boldsymbol{x}_{n+1} = \boldsymbol{F}_{n+1} \boldsymbol{x}_n + \boldsymbol{w}_n \tag{4.6}$$

$$\boldsymbol{z}_n = \boldsymbol{G}_n \boldsymbol{x}_n + \boldsymbol{v}_n \tag{4.7}$$

由卡尔曼滤波器给出的解析性的滤波求解方法,从而计算和传播均值和状态-误差关联矩阵的充分统计。$\boldsymbol{F}_{n+1,n}$和 $\boldsymbol{G}_n$分别称为转移矩阵和测量矩阵。

描述一般的状态-空间模型,随机滤波问题可以用图 4.9 所示的模型来说明。

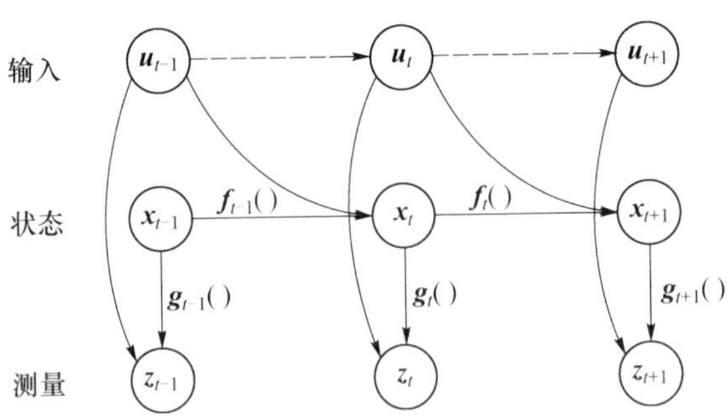

图 4.9　一般状态-空间模式的图解模式

给定初始密度 $p(\boldsymbol{x}_0)$、转移密度 $p(\boldsymbol{x}_n | \boldsymbol{x}_{n-1})$ 和似然密度 $p(z_n | \boldsymbol{x}_n)$,滤波的目的就是估计在时刻 n 时的最佳状态,而观测值是一直收集到 n 时刻为止。本质上这是估计后验密度 $p(\boldsymbol{x}_n | z_{0:n})$ 或者 $p(\boldsymbol{x}_{0:n} | z_{0:n})$。虽然后验密度给出了随机滤

波问题一个完整的解决方案，但仍然是个棘手的问题，因为它的密度是个函数，而不是一个有限维的点估计。而大多数实体系统不是有限维的，于是无限维系统只能用有限维系统来近似，换句话说，这种情形下滤波器只能是一种次佳的。

4.3　目标跟踪

4.3.1　多目标跟踪

1. 多目标跟踪处理流程

多目标边搜边跟（TWS）处理是机载红外预警雷达最常用的数据处理方式。TWS 是指在跟踪已被检测到目标的同时搜索新的目标。跟踪目标的过程实际上是确认目标的航迹，包括它的历史和将来的趋势，对将来航迹的预测有助于提高测量精度和截获目标的概率。

TWS 处理主要由航迹启动、航迹相关、航迹的滤波与跟踪、航迹中止等过程组成，数据流程如图 4.10 所示，图 4.11 为航迹管理仿真图。

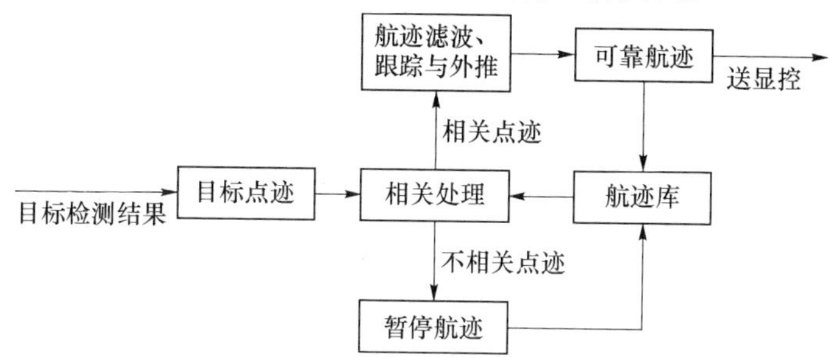

图 4.10　TWS 处理的数据流程图

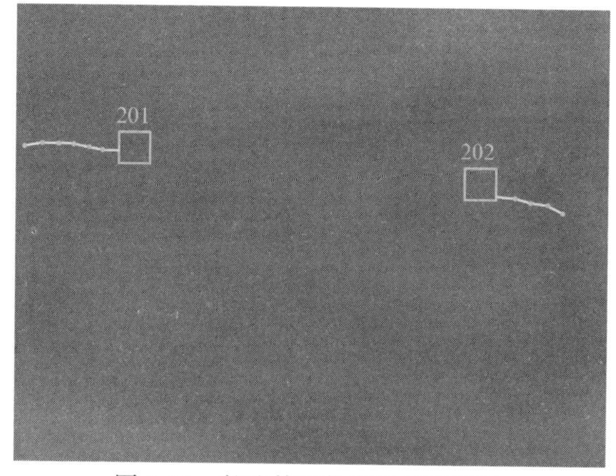

图 4.11　航迹管理仿真图（见彩图）

1）航迹启动

原则上，如果红外预警雷达能确定连续量测接收到来自同一目标的点迹，就可以启动航迹，但在系统观测到的目标比较多时，需要 3 次或 3 次以上的连续观测才能启动新的航迹。

2）航迹相关

当数据处理机接收到信号处理机送来的点迹后，首先须和现有的航迹进行相关。这种相关实际上是判断点迹是否落入以某一个航迹为中心的相关门内。如果确认，即可判断它是该航迹的新的观察；如果不是，则有可能是虚假点迹或是新产生的目标点迹。相关门的大小与航迹相关是否成功密切相关。相关门选得小有助于在航迹密集或是在两条航迹靠近时，防止同一点迹落入几条航迹的相关门内；另外，当目标转弯或是快速机动时，需要大的相关门来维持航迹的连续，否则会相关不上而丢失航迹。因此，相关门不能固定，需要根据测量误差，特别是目标速度和航向的估计误差、目标的机动状态来确定相关门的大小。

在机载红外预警雷达中可以按观测扇区进行目标航迹相关。也就是说，来自某一扇区的目标点迹，只与这一扇区内已有的目标航迹进行相关，以避免它与所有的航迹进行相关。扇区的划分可以根据具体情况确定。

3）航迹的滤波与跟踪

航迹的滤波与跟踪就是按前面讨论的滤波算法进行航迹的平滑和外推。

4）航迹中止

当系统接收不到与已启动的航迹相关上的目标点迹，可以通过外推方法继续该航迹。但是如果连续几次得不到新的能与之相关的点迹，就可以考虑中止该航迹；如果超过五次，就必须中止该航迹。被中止的航迹可能是虚假航迹，也可能是真实目标航迹的中断。

2. 多目标跟踪原理

基于传感器获得的观测数据，对目标状态的估计过程，称为目标跟踪。预警探测需要系统具备多目标跟踪能力。目标状态是指诸如目标的位置和速度等。观测过程是指有规则地定时取样，取得数据，而目标状态处于不断变化之中。观测过程和目标状态都认为是一种隐马尔可夫过程，即只与当前有关，与过去无关。利用观测数据全程进行目标状态的估计，采用概率方法，即递推的 Bayes 滤波。于是人们利用不断获得的测量数据进行更新，利用状态模式预测目标状态的分布，递推地不断获得传播着的后验目标概率。人们寻求适于非线性系统和非高斯噪声扰动的各种新方法，而认为曾经广泛应用的 Kalman 滤波是无效的，因为它只在系统为线性、噪声为加性高斯时，才有效。

解决多目标跟踪的传统方法，是对每个目标分配一个单目标滤波器，然后利用数据关联技术，将观测数据与目标联系起来，在常见的 3 个经典关联方法中，不少研究者认为最为实际可行的是联合概率数据关联滤波器(Joint Probability Data Association Filter,JPDAF)。

跟踪运动形态多变的目标是件困难的事情。随机有限集合(RFS)是多目标跟踪问题建模的数学基础,它提供了描述全部多个目标状况的一个框架,其他传统方法做不到这点,但是目标个数越多,计算越复杂。计算多目标递归的复杂程度与目标数呈指数级增长。

3. 基于 PPU 的多目标跟踪算法

在进行多目标跟踪时,由于目标数目的不断变化及随机杂波的干扰,传统的跟踪算法存在组合爆炸问题,即随着光电预警探测系统工作周期的增加,各种假设的数目呈指数增长。基于随机有限集(RFS)的多目标跟踪方法可以避免复杂的数据关联过程而直接对多目标的个数和状态同时进行估计,并且具有严格的数学理论基础,特别适用于一些关联过程相对复杂的非传统意义下的多目标跟踪问题。因此,可以通过递推计算目标状态 RFS 的 PHD 算法进行多目标跟踪。在实际中 PHD 滤波器可以用粒子滤波的方法来实现,该方法是一种序贯重要性采样方法,在理论上,当选取的粒子数量足够多时,统计的结果可以无限地接近真实值。

如图 4.12 所示,PPU 多目标跟踪算法包括三大部分、五个小步骤,首先是对单帧检测出来的目标进行粒子赋予,然后对粒子多步更新,其中包含预测、更新和重采样,最后是目标的状态估计。

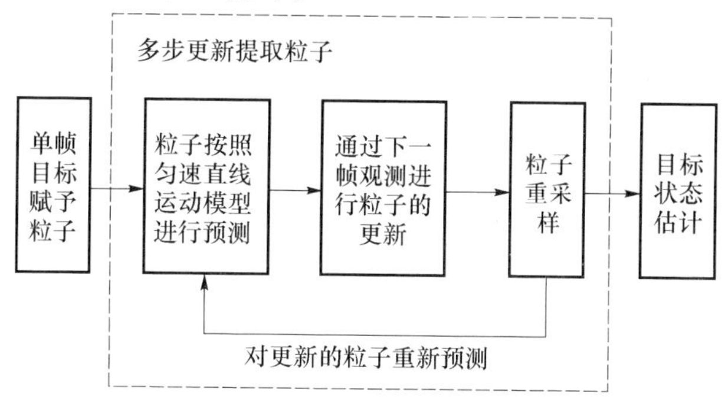

图 4.12　PPU 多目标跟踪算法流程

1）第一帧目标赋予粒子

单帧检测出来的目标表示为

$$z_1 = \{z_1^{(1)}, \cdots, z_1^{(L)}\} \tag{4.8}$$

式中:z_1 表示第一帧疑似目标,L 表示第一帧检测出来的疑似目标个数;$z_1^{(s)}$ 表示第一帧中第 s 个疑似目标,可表示为

$$z_1^{(s)} = [tx^{(s)} \ \ tvx^{(s)} \ \ ty^{(s)} \ \ tvy^{(s)}]^{\mathrm{T}} \tag{4.9}$$

式中：$tx^{(s)}$ 为第 s 个疑似目标的 x 坐标；$ty^{(s)}$ 为 y 坐标；$tvx^{(s)}$ 表示 x 方向上的速度；$tvy^{(s)}$ 表示 y 方向上的速度。第一帧观测的 PHD 为

$$D_{1|1}(\boldsymbol{x}_1 \mid Z_1) = \sum_{p=1}^{J} \tilde{\omega}_1^p \delta(\boldsymbol{x}_1 - \tilde{\boldsymbol{x}}_1^p) \tag{4.10}$$

其中令 $\boldsymbol{x}_1 = z_1$。

对 $x_1^{(s)}$ 的粒子采样可表示为

$$\boldsymbol{\omega}_k^{(p_s)} \delta(x_1^{(s)} - \tilde{x}_1^{(s)p_s}) = \begin{bmatrix} tx^{(s)} \\ tvx^{(s)} \\ ty^{(s)} \\ tvy^{(s)} \end{bmatrix} + \begin{bmatrix} w_x^s \\ w_{vx}^s \\ w_y^s \\ w_{vy}^s \end{bmatrix},\ p_s = 1,2,\cdots,J^{(s)} \tag{4.11}$$

式中：$J^{(s)}$ 表示对第 k 个目标采样的粒子数目；p_s 表示对 $z_1^{(s)}$ 采样的第 p_s 个粒子；w 表示采样时加入的平均分布噪声。

2）粒子按照匀速直线运动模型进行预测

预测集合的概率假设密度表示为

$$D_{k|k-1}(\boldsymbol{x}_{k|k-1} \mid Z_{1:k-1}) = \sum_{p=1}^{J_k} \boldsymbol{\omega}_{k|k-1}^{(p)} \delta(\boldsymbol{x}_{k|k-1} - \boldsymbol{x}_{k|k-1}^{(p)}) \tag{4.12}$$

预测粒子权重为

$$\boldsymbol{\omega}_{k|k-1}^{(p)} = \left\{ \frac{f(\boldsymbol{x}_{k|k-1}^{(p)} | \boldsymbol{x}_{k-1}^{(p)})}{q(\boldsymbol{x}_{k|k-1}^{(p)} | \boldsymbol{x}_{k-1}^{(p)})} \right.,p = 1,2,\cdots,J_{k-1} \tag{4.13}$$

式中：$f(\boldsymbol{x}_{k|k-1}^{(p)} | \boldsymbol{x}_{k-1}^{(p)})$ 表示状态转移概率。

3）通过下一帧观测对粒子进行更新

更新后的假设概率密度为

$$D_{k|k}(\boldsymbol{x}_k \mid Z_{1:k}) = \sum_{p=1}^{J_k} \omega_k^{*(p)} \delta(\boldsymbol{x} - \boldsymbol{x}_{k|k-1}^{(p)}) \tag{4.14}$$

粒子权重为

$$\omega_k^{*(p)} = \sum_{z_k \in \boldsymbol{Z}_k} \frac{g_k(z_k \mid \boldsymbol{x}_{k|k-1}^{(p)}) \omega_{k|k-1}^{(p)}}{\kappa_k(z_k) + \sum_{p=1}^{J_k} g_k(z_k \mid \boldsymbol{x}_{k|k-1}^{(p)}) \omega_{k|k-1}^{(p)}} \tag{4.15}$$

4）粒子重采样

估计目标数目，所有的粒子权重进行相加操作：

$$\tilde{N}_k = \sum_{i=1}^{J_k} \bar{\omega}_k^{(i)} \tag{4.16}$$

目标的估计数为

$$\hat{N}_k = \text{round}(\tilde{N}_k) \tag{4.17}$$

round($\tilde{N}_k$)表示取最靠近 $\tilde{N}_k$的整数。然后进行粒子更新,将权值较小的例子更新为权值较大的粒子,粒子的位置换成符合上一步条件的目标位置上,通过这样的方式可以使提取的粒子逐渐收敛到真实目标的粒子上。

5）目标的状态估计步

PPU 滤波器目标的状态提取步中需要对粒子集合$\{\boldsymbol{x}_k^{(p)}\}_{p=1}^{J_k}$进行聚类操作,通过聚类便可以得到估计出来的真实目标坐标等信息,可以使用的是 K 均值(k - means)聚类方法,最后根据估计的状态找到在观测当中对应的观测点作为提取出来的真实目标。其算法步骤如下:

第一步:输入 k 时刻的粒子集合$\{\boldsymbol{x}_k^{(p)}\}_{p=1}^{J_k}$以及目标估计数 $\hat{N}_k$。

第二步:进行初始化,在粒子集合$\{\boldsymbol{x}_k^{(p)}\}_{p=1}^{J_k}$中随机选取 $\hat{N}_k$个粒子作为聚类中心。

第三步:循环修正,令 $p=1,2,\cdots,J_k$进行循环操作,若 $\arg\min_n \|\boldsymbol{x}_k^{(p)} - \boldsymbol{m}_{k,n}^{(q)}\|_2 = i$,则令 $\boldsymbol{x}_k^{(p)} \in X_{k,i}^{(j)}$,这样得到了 $\hat{N}_k$个子集 $X_{k,1}^{(j)},\cdots,X_{k,\hat{N}_{k|k}}^{(j)}$。再进行循环求其聚类中心,令 $n=1,2,\cdots,\hat{N}_k$ 进行循环操作,计算 $\boldsymbol{m}_{k,n}^{(j)} = \text{mean}(X_{k,n}^{(j)})$。直到 $\left|\sum_{p=1}^{J_k}\sum_{n=1}^{\hat{N}_k}\|\boldsymbol{x}_k^{(p)} - \boldsymbol{m}_{k,n}^{(j)}\| - \sum_{p=1}^{J_k}\sum_{n=1}^{\hat{N}_k}\|\boldsymbol{x}_k^{(p)} - \boldsymbol{m}_{k,n}^{(j-1)}\|\right| < \varepsilon$ 终止迭代。

第四步:按照最近邻的原则提取与 k 时刻的目标状态估计最近的观测点作为真实目标,即 $\boldsymbol{z}_{\text{true}} \sim \{\|\boldsymbol{z}_{\text{true}} - \boldsymbol{m}\| = \min\|\boldsymbol{z} - \boldsymbol{m}\|\}$,$\boldsymbol{m}$ 为 PPU 滤波器估计出来的状态。

典型三步 PPU 跟踪效果如图 4.13 所示。

4.3.2 目标视轴跟踪

光电探测系统目标视轴跟踪功能是与多目标跟踪功能完全不同的工作模式。多目标跟踪强调数据关联,将已经检测到的目标进行关联形成目标轨迹、航迹。目标视轴跟踪是指通过信号处理检测获得目标信息后,实时解算出目标在图像场景中的精确位置,并输出目标偏离系统视轴的方位和俯仰误差信号,通过伺服控制回路,驱动稳定平台跟踪目标。同时,图像跟踪系统接受来自外部控制系统的控制命令和数据,控制系统各工作状态的转换,并按总体通信协议要求向外部控制系统回送跟踪系统的状态、图像数据和系统关键参数。通俗地说,就是始终将目标锁定在视轴中心,形成视轴随着目标运动跟踪的工作状态。目标视

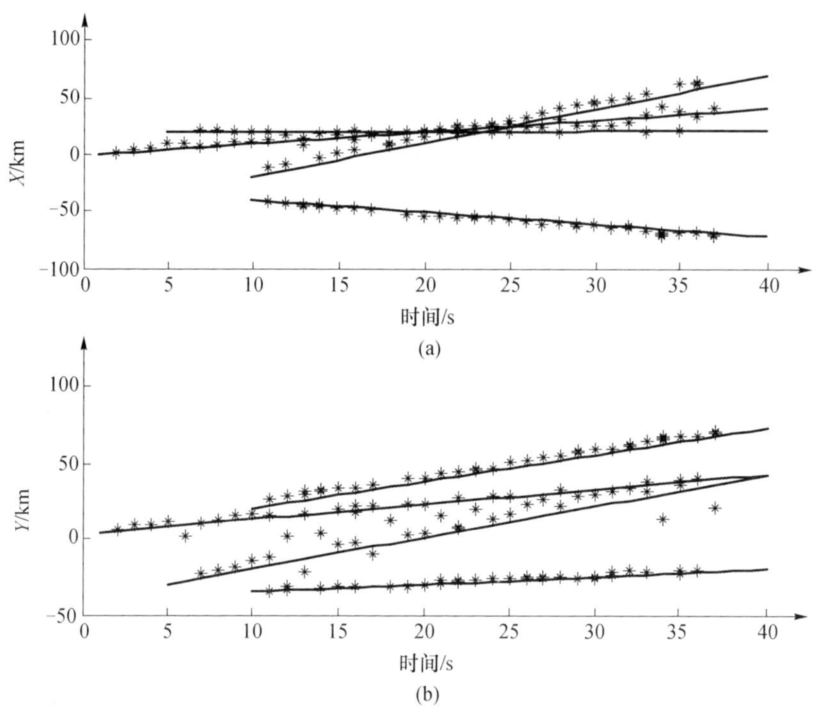

图 4.13　三步 PPU 跟踪效果

轴跟踪是信号处理和伺服控制机构协同工作的结果。也可以认为信号处理是伺服控制机构(*SCM*)的信息检测反馈单元。

对于红外预警探测来说,随着目标距离的变化,目标在红外图像平面上呈现为由点目标到小目标、面目标的变化,因而目标跟踪算法也有所不同。在进行面目标跟踪时,由于距离逐渐变小,目标图像特征渐趋明晰,可以利用质心跟踪、相关跟踪等比较成熟的方法。在点目标跟踪阶段算法主要面临如下问题:①由于远距离处目标像点小,能利用的信息量小,可以提取的目标特征少,如仅有目标辐射强度统计特征和运动特征等;②目标发生抖动时,即目标速度的大小和方向发生变化的场合;③施放干扰、诱饵、目标发生部分遮挡或瞬间全遮挡的情况。

1. 单目标跟踪的基本原理

图 4.14 为单目标跟踪基本原理框图。图中目标动态特性由包含位置、速度和加速度的状态向量 $\boldsymbol{X}$ 表示,量测(观测)量 $\boldsymbol{Y}$ 被假定为含有量测噪声 $\boldsymbol{V}$ 的状态向量的线性组合($\boldsymbol{HX}+\boldsymbol{V}$);残差(新息)向量 $\boldsymbol{d}$ 为量测($\boldsymbol{Y}$)与状态预测量($\hat{\boldsymbol{H}}\boldsymbol{X}(k+1/k)$)之差。用大写字母 $\boldsymbol{X}$,$\boldsymbol{Y}$ 表示向量,小写字母 x,y 表示向量的分量。一般情况下,单机动目标跟踪为一自适应滤波过程。首先由量测量 $\boldsymbol{Y}$ 和状态预测量

($\hat{HX}(k+1/k)$)构成残差(新息)向量 $\boldsymbol{d}$,然后根据 $\boldsymbol{d}$ 的变化进行机动检测或者机动辨识,其次按照某一准则或逻辑调整滤波增益与协方差矩阵或者实时辨识出目标机动特性,最后由滤波算法得到目标的状态估计值和预测值,从而完成单机动目标跟踪功能。

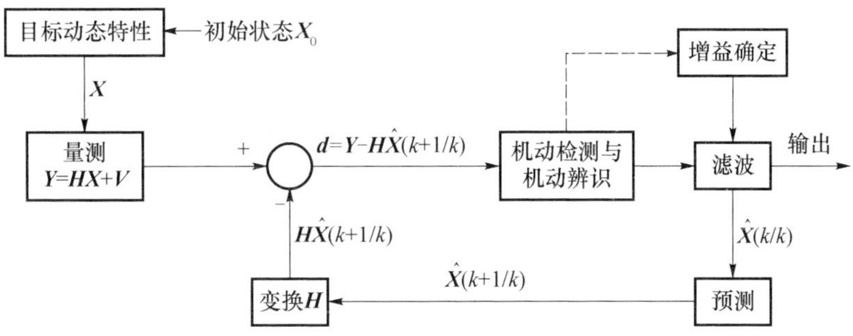

图 4.14　单目标跟踪基本原理框图

单目标跟踪的基本要素包括以下几个方面。

1)量测数据的形成与处理

量测数据是传感器检测到的所有目标观测量的集合,一般包括目标的运动学参数,如位置、速度等。对于红外图像,量测数据仅包括位置信息。量测数据中一般都包含噪声和杂波,通常可对其进行预处理以提高信噪比。

2)目标运动模型

估计理论尤其是卡尔曼滤波理论都要求建立数学模型来描述被估值系统的运动特性。所建立的模型应把当前时刻的状态表示为前一状态的函数,而模型所定义的状态变量应是能全面反映系统动态特性的一组维数最少的变量。

目标机动的模型还应该考虑加速度的分布特性,一般情况下模型都考虑了机动的各种可能性,并建立了一种适合任何情况的机动模型,称为全局统计模型。其典型代表是零均值 Singer 模型。而"当前"统计模型则着重考虑当前时刻机动加速度的可能分布,更加真实地反映了目标机动时的实际情况。

3)机动检测

一般情况下,滤波过程是以假定的目标运动模型为基础的,如果目标发生机动,则目标动态特性和模型之间将出现差异,从而导致跟踪误差增大。可以通过对残差 $\boldsymbol{d}$ 的监测来检测目标的机动特性,这就是机动检测的基本思想,但机动检测通常有决策滞后的现象。

4)滤波与预测

滤波与预测是跟踪中最基本的要素,它是估计当前状态和对未来状态进行预测的必需手段。当目标作非机动运动时,采用基本的滤波和预测方法就可以很好地对目标进行跟踪,如常增益滤波和卡尔曼滤波。当目标发生机动时,跟踪系统应采用基于卡尔曼滤波的各种自适应滤波和预测方法来减小误差。

2. 典型的 IRST 系统单站机动目标跟踪算法

1）标准的交互多模型跟踪算法

（1）红外目标运动模型。假设共有 Nt 个目标运动模型，设模型数 $Nt=3$，在直角坐标系中，关于第 t 个模型 Mt 的目标运动模型可表示为

$$X^t(k+1)=F^tX^t(k)+v^{(t)}(k) \tag{4.18}$$

式中：$X^t(k)$ 为对应第 t 个模型时目标在 k 时刻的状态，这里设定：$t=1$ 时为匀速运动模型，$t=2$、3 时为匀加速运动模型，其对应的各参数为

$$\boldsymbol{X}^1=[x,\dot{x},y,\dot{y},z,\dot{z}]^{\mathrm{T}} \tag{4.19}$$

$$\boldsymbol{X}^2=\boldsymbol{X}^3=[x,\dot{x},\ddot{x},y,\dot{y},\ddot{y},z,\dot{z},\ddot{z}]^{\mathrm{T}} \tag{4.20}$$

$\boldsymbol{F}^t$ 为模型 t 在采样周期 T 的状态转移矩阵：

$$\boldsymbol{F}^t=\mathrm{diag}(G^t,G^t,G^t) \tag{4.21}$$

式中：$\boldsymbol{G}^1=\begin{bmatrix}1 & T\\0 & 1\end{bmatrix}$，$\boldsymbol{G}^2=\boldsymbol{G}^3\begin{bmatrix}1 & T & \dfrac{T^2}{2}\\0 & 1 & T\\0 & 0 & 1\end{bmatrix}$。

$v^t(k)$ 为过程噪声，是具有零均值和已知方差的高斯白噪声，其协方差矩阵为

$$E[v^t(k)v^t(k)^{\mathrm{T}}]=Q^t\delta(k-j) \tag{4.22}$$

式中：$t=2$、3。

q_1 表示模型 1 中模拟加速度的过程噪声方差，$q2$ 和 $q3$ 分别表示模型 2 和模型 3 中在采样间隔 T 内模拟加速度增量的过程噪声方差。

（2）红外目标测量模型。IRST 系统可探测到目标的方位角 α、俯仰角 β 及其在某一波长范围内的红外光谱辐射功率。这里假设：目标在红外探测器的焦平面上是以点的形式出现的。在 k 时刻，方位角 $\alpha(k)$、俯仰角 $\beta(k)$ 及红外探测器探测到的目标红外光谱辐射功率 $PI(k)$ 与目标位置之间的关系为

$$\alpha(k)=\arctan(y(k)/x(k)) \tag{4.23}$$

$$\beta(k)=\arctan(z(k)/\sqrt{x(k)^2+y(k)^2}) \tag{4.24}$$

$$PI(k)=JA_0K\mathrm{e}^{-ur(k)}/r(k)^2 \tag{4.25}$$

式中：J 为目标在探测波段内的红外光谱辐射强度；u 为该波段的大气衰减系数；A_0 为系统接收面积；K 为光学系统透过率；$r(k)$ 为目标到探测器之间的距离。

假设在相邻的两个采样周期内 J 为恒量，下面引入一个伪测量 $RP(k)$，定义

$RP(k)$ 即为探测到的相邻两次红外光谱功率之比，仅与目标与探测器之间的距离和大气透过率有关，由此构造伪测量矢量 $\boldsymbol{Z}(k)=[\alpha(k),\beta(k),RP(k)]^{\mathrm{T}}$，于是

测量模型可表示为

$$\boldsymbol{Z}(k)=h(\boldsymbol{X}(k))+\boldsymbol{w}(k) \tag{4.26}$$

$\boldsymbol{w}(k)$ 为具有零均值和已知方差的高斯白噪声，协方差矩阵为 $\boldsymbol{R}=\mathrm{diag}(q_\alpha, q_\beta, q_{RP})$，$q_\alpha, q_\beta, q_{RP}$ 分别为方位角、俯仰角及伪测量 $RP(k)$ 的测量噪声方差。

利用 $h(k)$ 的雅可比矩阵 $\boldsymbol{H}(k)$ 对测量方程(4.26)进行线性化处理，可得其近似线性化表示式：$\boldsymbol{Z}(k)\approx \boldsymbol{H}^t(k)\boldsymbol{X}^t(k)+\boldsymbol{w}(k)$。

$$\boldsymbol{H}^1(k)=\begin{bmatrix} -\sin\alpha/r\cos\beta & 0 & \cos\alpha/r\cos\beta & 0 & 0 & 0 \\ -\sin\beta\cos\alpha/r & 0 & -\sin\beta\sin\alpha/r & 0 & \cos\beta/r & 0 \\ -U\dfrac{x}{r} & 0 & -U\dfrac{y}{r} & 0 & -U\dfrac{z}{r} & 0 \end{bmatrix} \tag{4.27}$$

$$\boldsymbol{H}^2(k)=\boldsymbol{H}^3(k)=\begin{bmatrix} -\sin\alpha/r\cos\beta & 0 & 0 & \cos\alpha/r\cos\beta & 0 & 0 & 0 & 0 & 0 \\ -\sin\beta\cos\alpha/r & 0 & 0 & -\sin\beta\sin\alpha/r & 0 & 0 & \cos\beta/r & 0 & 0 \\ -U\dfrac{x}{r} & 0 & 0 & -U\dfrac{y}{r} & 0 & 0 & -U\dfrac{z}{r} & 0 & 0 \end{bmatrix} \tag{4.28}$$

式中：$U=RP\left(u+\dfrac{2}{r}\right)$，为了表述简练，上面两个公式中各省略了时间标识 k。

2）“当前”统计模型自适应跟踪算法

（1）红外目标的运动模型。假设目标运动模型表示为

$$\boldsymbol{x}(k+1)=\boldsymbol{F}\boldsymbol{X}(k)+\boldsymbol{V}(k)\bar{a}+\boldsymbol{v}(k) \tag{4.29}$$

式中：$\boldsymbol{X}(k)$ 为目标在 k 时刻的状态，$\boldsymbol{X}(k)=[x,\dot{x},\ddot{x},y,\dot{y},\ddot{y},z,\dot{z},\ddot{z}]^{\mathrm{T}}$；$\boldsymbol{F}$ 为模型在采样周期 T 的状态转移矩阵，有

$$\boldsymbol{F}=\mathrm{diag}(\boldsymbol{G},\boldsymbol{G},\boldsymbol{G}) \tag{4.30}$$

$\boldsymbol{G}=\begin{bmatrix} 1 & T & \dfrac{1}{\alpha^2}(-1+\alpha T+\mathrm{e}^{-\alpha T}) \\ 0 & 1 & \dfrac{1}{\alpha}(1-\mathrm{e}^{-\alpha T}) \\ 0 & 0 & \mathrm{e}^{-\alpha T} \end{bmatrix}$；$\bar{a}$ 为 k 时刻的加速度均值；$\boldsymbol{V}(k)$ 为 k 时刻 a 的输入矩阵，$\boldsymbol{V}(k)=\mathrm{diag}(\boldsymbol{L},\boldsymbol{L},\boldsymbol{L})$；

$$\boldsymbol{L}=\begin{bmatrix}1 & T & \frac{1}{\alpha^2}(-1+\alpha T+\mathrm{e}^{-\alpha T}) \\ 0 & 1 & \frac{1}{\alpha}(1-\mathrm{e}^{-\alpha T}) \\ 0 & 0 & \mathrm{e}^{-\alpha T}\end{bmatrix}$$,$\boldsymbol{V}(k)$为过程噪声,是具有零均值和已知方差的高斯白噪声,其协方差矩阵为 $E[\boldsymbol{v}^t(k)\boldsymbol{v}^t(k)^{\mathrm{T}}]=\boldsymbol{Q}^t\delta(k-j)$

$$\boldsymbol{Q}(k)=E[\boldsymbol{v}(k)\boldsymbol{v}(k)^{\mathrm{T}}]=2\alpha\sigma_x\begin{bmatrix}q11 & q12 & q13 \\ q21 & q22 & q23 \\ q13 & q23 & q33\end{bmatrix} \tag{4.31}$$

其中,$q11=\frac{1-\mathrm{e}^{-2\alpha T}+2\alpha T+2\alpha^3T^3/3-2\alpha^2T^2-4\alpha T\mathrm{e}^{-\alpha T}}{2\alpha^5}$,$q12=\frac{\mathrm{e}^{-2\alpha T}+1-2\mathrm{e}^{-\alpha T}+2\alpha T\mathrm{e}^{-\alpha T}+2\alpha T+\alpha^2T^2}{2\alpha^4}$,$q13=\frac{1-\mathrm{e}^{-2\alpha T}-2\alpha T\mathrm{e}^{-\alpha T}}{2\alpha^3}$,$q22=\frac{4\mathrm{e}^{-\alpha T}-3-\mathrm{e}^{-2\alpha T}+2\alpha T}{2\alpha^3}$,$q23=\frac{\mathrm{e}^{-2\alpha T}+1-2\mathrm{e}^{-\alpha T}}{2\alpha^2}$,$q33=\frac{1-\mathrm{e}^{-2\alpha T}}{2\alpha}$,$\sigma_x^2$为加速度方差;$\alpha$ 为机动(加速度)时间常数的倒数。加速度方差为

$$\alpha_x^2=\begin{cases}\frac{4-\pi}{\pi}[a_{x\max}-\hat{a}_x(k/k)]^2, \hat{a}_x(k/k)>0 \\ \frac{4-\pi}{\pi}[a_{-x\max}-\hat{a}_x(k/k)]^2, \hat{a}_x(k/k)<0\end{cases} \tag{4.32}$$

式中:$a_{x\max}$、$a_{-x\max}$为目标在 x 坐标方向所能达到的最大正、负加速度;$\hat{a}_x(k/k)$为 k 时刻的当前加速度即随机机动加速度的均值。

(2) 红外目标的测量模型。测量模型同标准的交互多模型跟踪算法中测量模型,$\boldsymbol{H}(k)$与$\boldsymbol{H}^2(k)$相同。

(3) “当前”统计模型的自适应卡尔曼滤波算法。采用状态方程和观测方程,标准的卡尔曼滤波方程为

$$\hat{\boldsymbol{X}}(k/k)=\hat{\boldsymbol{X}}(k/k-1)+\boldsymbol{K}(k)[\boldsymbol{Y}(k)-\boldsymbol{H}(k)\hat{\boldsymbol{X}}(k/k-1)] \tag{4.33}$$

$$\hat{\boldsymbol{X}}(k/k-1)=\boldsymbol{F}\hat{\boldsymbol{X}}(k-1/k-1)+\boldsymbol{V}(k)\bar{\boldsymbol{a}}(k) \tag{4.34}$$

$$\boldsymbol{K}(k)=\boldsymbol{P}(k/k-1)\boldsymbol{H}^{\mathrm{T}}(k)[\boldsymbol{H}(k)\boldsymbol{P}(k/k-1)\boldsymbol{H}^{\mathrm{T}}(k)+\boldsymbol{R}(k)]^{-1} \tag{4.35}$$

$$\boldsymbol{P}(k/k-1)=\boldsymbol{F}\boldsymbol{P}(k-1,k-1)\boldsymbol{F}+\boldsymbol{Q}(k-1) \tag{4.36}$$

$$\boldsymbol{P}(k/k)=[\boldsymbol{I}-\boldsymbol{K}(k)\boldsymbol{H}(k)]\boldsymbol{P}(k/k-1) \tag{4.37}$$

其中,残差(新息)向量被定义为

$$\boldsymbol{d}(k)=\boldsymbol{Y}(k)-\boldsymbol{H}(k)\hat{\boldsymbol{X}}(k/k-1) \tag{4.38}$$

其协方差矩阵为

$$\boldsymbol{S}(k)=\boldsymbol{H}(k)\boldsymbol{P}(k/k-1)\boldsymbol{H}^{\mathrm{T}}(k)+\boldsymbol{R}(k) \tag{4.39}$$

如果把[$\ddot{x}(k)$, $\ddot{y}(k)$, $\ddot{z}(k)$]的一步预测[$\ddot{x}(k/k-1)$, $\ddot{y}(k/k-1)$, $\ddot{z}(k/k-1)$]看作在 kT 瞬时的“当前”加速度即随机机动加速度的均值,就可得到加速度的均值自适应算法。因此,设 $\bar{a}(k)=[\ddot{x}(k/k-1), \ddot{y}(k/k-1), \ddot{z}(k/k-1)]$,得

$$\begin{aligned}&[\ddot{x}(k/k-1), \ddot{y}(k/k-1), \ddot{z}(k/k-1)]\\&=[\ddot{x}(k-1/k-1), \ddot{y}(k-1/k-1), \ddot{z}(k-1/k-1)]\end{aligned} \tag{4.40}$$

3）基于多尺度目标模型的粒子滤波目标跟踪算法

从理论上讲,针对远程预警,目标所成图像为点目标,目标视轴跟踪算法基于点目标检测和数据关联形成跟踪。传统的弱小目标检测算法都是将高频分量检测出来作为目标点,优秀的弱小目标检测算法要求不能出现漏检的现象,同时要求在正确引入真实目标的同时尽可能减少虚警目标的数量,在红外预警雷达捕获的背景区域当中,有的区域背景可能会亮一些,有的地区可能会暗一些,目标出现在暗的区域一般比较容易检测出来,但是如果出现在比较亮的区域,比如在云层附近,真实目标很容易被比较亮的背景淹没掉。同时,图像中云层的边缘、亮度不均匀的交界、图像中存在的干扰面目标和残留的地面区域都会出现高频分量,传统的弱小目标算法都会将它们作为目标检测出来,这样就会引入大量的虚警目标,因而会导致跟踪不稳定。基于多尺度的红外弱小目标模型和粒子滤波的方法可以实现红外点目标的稳定跟踪。

对点目标的跟踪处理如图 4.15 所示。首先在以视轴为中心的 $N\times N$ 大小的局部搜索窗口内,进行潜在目标检测,随后,利用上一帧目标的灰度、速度信息对提取出的潜在目标进行特征匹配,从而提取出真实目标。

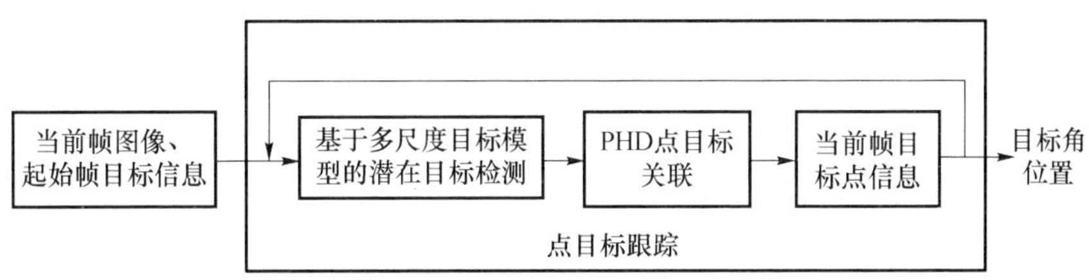

图 4.15 视轴跟踪处理流程

红外点目标在数字图像当中的表现形式如图 4.16 所示。中间亮方块区域表示点目标,周围的暗区域表示局部背景,当局部的背景亮度低于中间区域的时候就可以认为符合红外点目标的模型,其中亮度的高低可以通过区域像素灰度均值进行比较(见图 4.16)。随后,开始对描述模板进行编码,假设图 4.16 的中

心区域灰度均值为 g_c，与中心区域相邻的 8 个区域灰度均值从左上角的像素开始按照顺时针方向排列依次为 $g_1,\cdots,g_8$，分别计算 $g_1-g_c,\cdots,g_8-g_c$ 的值，若 $g_i-g_c(i=1,\cdots,8)>0$，则该区域编码为 1，否则编码为 0，最后得到 8 位的二值编码。二值编码为

$$T_D=t(s(g_1-g_c),\cdots,s(g_8-g_c)) \tag{4.41}$$

式中

$$s(x)=\begin{cases}1, x\geqslant 0\\0, x<0\end{cases} \tag{4.42}$$

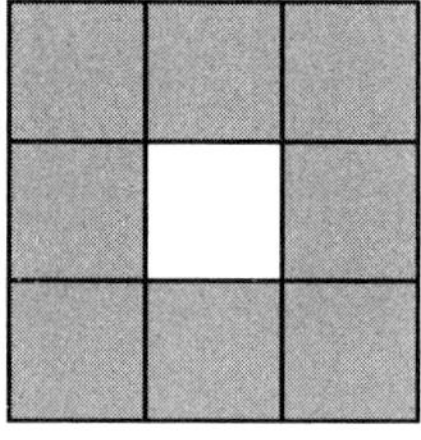

图 4.16　红外点目标在图像当中的表现形式

通过分析可知，对于基本的局部区域编码方法来说，如果中心区域为目标点，根据目标点和背景的亮度特点，中心点的灰度均值应高于周围 8 个区域的灰度均值，此时区域的局部编码应该为“00000000”，则编码非零时为背景区域。为适应不同尺度的目标描述，将编码邻域扩展为大半径的判断区域。

图 4.17 为适应多尺度的红外目标描述方法，其编码方式与基本描述方法依然不变，以该模板为例，首先计算每个区域的灰度均值，然后按照顺时针方向分别与灰色区域的灰度均值比较，进行编码操作，连续进行 16 次对比操作得到 16 位的编码，当得到的编码为 16 位的“0”时，认为中心区域为目标点，否则为背景。图中标记为 1、2、3、4 的像素区域不参与运算，这样可以对实际目标的大小给予一个可允许的变化范围，使得检测算子可以具有更强的鲁棒性。

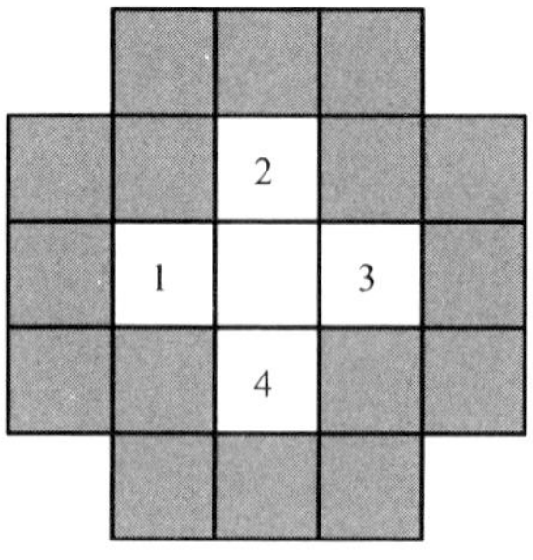

图 4.17　适应多尺度目标模型的编码模板

基于多尺度目标模型的潜在目标检测算法在低门限时引入的疑似目标数量远远小于现有算法;可有效地排除不相关的面目标,挑选符合点目标特征的目标检测出来;通过提高滤波门限能够很好地对地面区域进行滤除,降低多目标跟踪步骤的算法复杂度。

因为真实目标与虚假目标的共同存在,可以采用“多目标跟踪”的理论进行轨迹关联,滤除虚假目标干扰,从而达到稳定跟踪的目的。具体算法参考“多目标跟踪”一节。

4.4 目标定位

红外预警雷达对目标进行定位的方法主要有主动激光测距定位、无源被动测距定位以及协同测距定位等。无论主动、被动还是协同方式,一般都在目标视轴跟踪状态下完成。

激光测距机光束角较小,一般与红外探测的中心视场重合,所以只有在目标稳定跟踪在视场中心的时候,才能完成测距功能。激光红外复合探测技术详见第 7 章。

双站交叉测距需要两架飞机平台间进行紧密协同,实时将一架飞机的光电信息传输至另一架。因为目标角度位置精度对目标定位精度影响非常大,因此,采用跟踪模式,能够更精确地获得目标实时角位置信息,提高目标定位精度。

单站移动定位需要载机配合完成机动动作。从移动定位的数学模型可以看出,最理想的状态是载机运动与目标机运动方向垂直,且载机、目标机近似匀速直线运动。因此,采用单站移动定位功能时,目标最好位于载机侧向。测角精度对目标定位精度影响较大,采用跟踪模式,有利于保证目标测角精度,从而提高目标定位精度。

单波段辐射定标测距要求对目标已知,而且要求两次测量中目标辐射强度有较明显变化,这意味着目标要么相对速率快、相对距离变化明显,要么测量时间间隔长。这都不利于瞬息万变的空战场使用。

双波段辐射测距要求双波段探测器对同一目标都能形成有效响应,形成信号。双波段辐射测距不需要对目标有先验知识,是当前具有一定应用前景的被动测距方法。为实现双波段被动测距,在系统设计时需要综合考虑双波段的设计指标的匹配性。

光电被动定位技术详见第 6 章详细展开。

4.5 目标点迹、轨迹生成

在目标跟踪(目标视轴跟踪、多目标跟踪)获得目标角位置或三维位置信息后,通过坐标变换,将目标坐标信息转换到不同坐标系中,通过位置关联形成目标运行轨迹信息,通过曲线拟合形成轨迹函数,从而实现对目标下一时刻的位置进行预计,分析目标的最终目的,通过飞行时间、距离等信息对其威胁等级进行评估,最终输出光电预警系统的情报信息(见图4.18)。

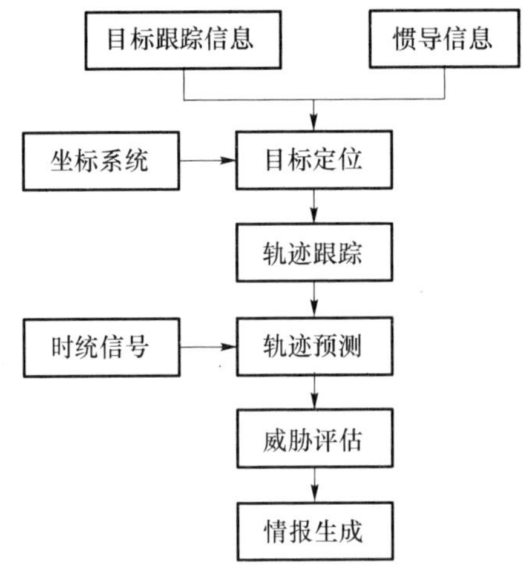

图4.18　多源数据融合工作流程图

坐标系统根据系统对数据坐标的具体要求,定义了系统中所涉及的本地极坐标系、地心固定坐标系、地心惯性坐标系、本地直角坐标系、大地测量坐标系、发射坐标系、轨道平面PQW坐标系,负责数据按照各个坐标要求做相应的坐标转换工作和伴随这些坐标转换做相对应的各个坐标系之间速度、加速度以及误差的转换。

时间系统负责整个系统内的时间的统一、各种时间的转换以及时角的变换。

目标轨迹曲线拟合是点迹、轨迹生成的重点,采用多参数非线性贝叶斯最优化方法进行目标轨迹曲线拟合,并实现对目标的时间位置进行预测。

参考文献

[1] 王硕,张奕群,孙冰岩. 红外点目标跟踪方法综述[J]. 现代防御技术,2016,44(2):124-134.

[2] 李淼,龙云利,李骏,等. 采用多伯努利滤波器的过采样点目标检测前跟踪[J]. 光学精密工程,2015,23(12):3446-3455.

[3] 饶鹏,王成良,胡胜敏,等. 常规采样与过采样点目标检测性能比较分析[J]. 红外,2013,34(8):6 - 10.

[4] 曹雷. 低对比度目标探测跟踪技术研究[D]. 成都:电子科技大学,2015.

[5] 刘志刚. 红外成像点目标的检测与识别技术研究[D]. 长沙:国防科学技术大学,2005.

[6] 冯志庆. 红外点目标多光谱数据融合识别方法研究[D]. 长春:中国科学院长春光学精密机械与物理研究所,2002.

[7] 韩红柱. 红外系统中目标检测与跟踪技术的研究[D]. 长春:长春理工大学,2008.

[8] 王宁. 基于高斯粒子滤波的红外点目标跟踪算法研究[D]. 南京:南京航空航天大学,2007.

[9] 孙继刚. 序列图像红外小目标检测与跟踪算法研究[D]. 长春:中国科学院长春光学精密机械与物理研究所,2014.

[10] 田岳鑫. 基于非线性滤波的 IRST 系统弱小目标检测与跟踪方法的研究[D]. 北京:北京理工大学,2014.

[11] 杨宜禾,周维真. 成像跟踪技术导论[M]. 西安:西安电子科技大学出版社,1992.

[12] Richards M A. Fundamentals of Radar Signal Processing[M]. McGraw - Hill Companies, Inc. 2005.

[13] 钟宇,吴晓燕,黄树彩,等. 红外预警双星弹道导弹主动段跟踪性能[J]. 红外与激光工程,2015,44(12):3587 - 3596.

[14] 白学福,梁永辉,江文杰. 红外搜索跟踪系统的关键技术和发展前景[J]. 国防科技,2007(1):34 - 36.

[15] 王成昆. 机载红外搜索跟踪系统关键技术分析[J]. 海军航空工程学院学报,2004,19(6):626 - 628.

第5章 红外预警雷达与微波雷达的融合

5.1 概　　述

在未来的机载预警系统中,微波雷达与红外雷达由于具备各自的工作特点和优缺点,有可能集成在同一平台上。微波雷达作为主动传感器,由于能提供目标完整的位置信息和/或多普勒信息,因而在目标探测及跟踪方面发挥了主要的作用。但是,由于微波雷达在工作时要向空中辐射大功率电磁波,因而易遭受电子干扰和反辐射导弹的攻击。此外,当前的隐身飞机目标其隐身措施主要针对雷达,因此,微波雷达在探测隐身目标时其探测距离可能显著下降。红外预警雷达不向空中辐射任何能量,它通过接收目标辐射的热能进行探测和定位,因而不易被侦察或定位,具有较强的抗电子干扰能力;同时由于目标不可避免地要辐射热量,从而又为使用红外预警雷达对目标探测创造了条件。红外预警雷达还具有测角精度高和目标识别能力强等优点。因此,同ESM(电子侦察)传感器一样,红外预警雷达也已成为重要的被动探测手段。红外预警雷达的主要缺点有:①不能提供目标的距离信息;②全天候性能不如微波雷达。所以,在大多数情况下,红外预警雷达与微波雷达配合使用,成为相互独立又彼此补充的探测跟踪手段,此时,两者的协同使用与融合就成为系统层面的重要问题。例如,微波雷达对远距离目标进行搜索,一旦发现目标,可为红外预警雷达提供目标的方位,红外预警雷达根据微波雷达的指示,搜索目标,并对目标进行识别跟踪;当微波雷达保持无线电静默或受到敌方干扰而不能工作时,红外预警雷达可独立地进行搜索、探测和跟踪,在飞机等武器平台上,还可以利用红外预警雷达对微波雷达进行引导,以减少微波雷达的辐射时间。因此,把微波雷达和红外预警雷达组合使用构成微波雷达/红外多传感器系统,能够使系统降低对敌方干扰的脆弱性,提高系统可靠性;利用微波雷达高精度的距离测量和红外预警雷达高精度的角度测量,利用信息互补,通过融合技术,可以给出对目标位置的精确估计,改善对目标的跟踪和识别性能。本章主要对两者的融合问题进行探讨。

微波雷达/红外预警雷达融合跟踪系统主要由微波雷达/红外预警雷达量测

数据的时空配准、跟踪滤波、航迹关联和航迹融合四部分组成，其系统结构如图 5.1所示。这四部分的研究核心是对算法的研究，即时空配准算法、跟踪滤波算法、航迹关联算法和航迹融合算法，而这四部分算法就构成了微波雷达/红外预警雷达融合跟踪算法体系。

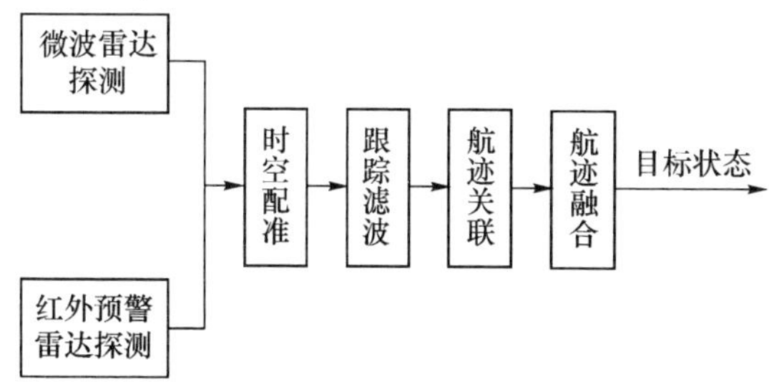

图 5.1　微波雷达/红外预警雷达融合跟踪系统结构

5.2　时空配准

在微波雷达/红外预警雷达融合跟踪系统中，时空配准属于预处理过程，对整个融合系统精确性起着至关重要的作用。在实际应用中，由于微波雷达与红外预警雷达对目标的探测在时间和空间上往往是异步进行的，如果对两者未经过时空配准的量测数据直接进行融合，不仅无法提高探测系统跟踪滤波精度，甚至会得到比单一传感器更差的滤波结果。所以在进行微波雷达/红外预警雷达融合时，首先要做的工作就是把来自不同平台的多传感器数据进行时空对准，即把从不同平台不同传感器获得的目标观测数据转换到统一坐标系中，并统一量测单位，在空间和时间上进行统一。

5.2.1　时间配准

1. 时间配准概述

融合只能对同一时间节点的数据进行融合，由于红外和微波雷达数据的采样频率有较大差别，在对同一个目标进行观测时，红外和微波雷达所得到的目标观测数据在时间上的采样时刻不同。因此，在进行红外/微波雷达融合之前，首先要将来自红外和微波雷达传感器的目标观测数据转换统一到相同的时间节点上。如图 5.2 所示，红外的数据率较高，微波雷达的数据率较低，一般的做法是将较低数据率的微波雷达数据率对齐到较高数据率的红外雷达数据，以保留红外原始数据的较高定位精度。

时间校准主要有两种处理方式：批处理方式和递推处理方式。批处理方式的基本思想是曲线拟合，以某种拟合原则对目标点迹数据进行曲线拟合，得到曲

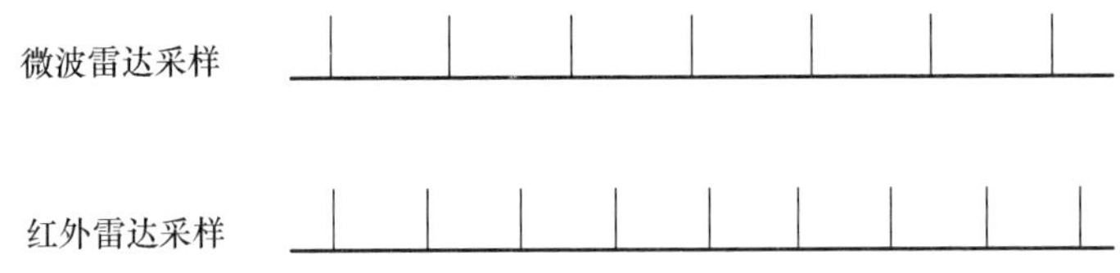

图 5.2　时间对准示意图

线后，在需要的时间节点上进行采样。为了拟合的准确性，需要大量的原始数据，从而融合周期比较长，实时性较差，这在复合式融合系统中难以实现。另外，由于拟合曲线不能保证过每个已知点迹数据，将会导致校准过程中在传感器测量误差基础上引入新误差，不利于信息融合。

为了降低融合周期，常采用递推处理方式，它可以保证插值函数与被插函数在插值节点处数据完全相等，不会引入新误差。递推方式的计算量小，不受采样时间起点限制，因此适用于实时性要求较高的系统。

(1) 当目标非机动时，为了不造成对高数据率红外信息的损失，可以对微波雷达传感器采集的目标数据进行内插、外推，将低精度观测时间上的微波雷达数据对齐到红外预警雷达高精度观测时间点上。考虑到复合探测制导系统的实时性要求，时间配准时只进行线性外推处理。

(2) 对于初始时刻未对齐的情况，认为第一个红外数据与其前面最近时刻的微波雷达数据属于同一时刻，所以这也引入了一定的误差，但是误差在允许范围内。

2. 常用时间配准算法分析

1) 拉格朗日插值法

拉格朗日插值是一种简单快速的时间对准方法。假设目标在 t_1 和 t_2 时刻的位置分别为 (x_1, y_1, z_1) 和 (x_2, y_2, z_2)，则通过线性插值可得到目标在 t 时刻的位置 (x, y, z) 为

$$x = x_1 \cdot \frac{t - t_2}{t_1 - t_2} + x_2 \cdot \frac{t - t_1}{t_2 - t_1} \tag{5.1}$$

同理可得 y 和 z 表达式。该算法只需要最新两点航迹位置信息即可完成对准，实时性好。但其本质是一种代数插值法，即用插值多项式逼近真实值。它要求插值多项式通过所有给定的数据点，但实际上所谓给定的数据点由于微波雷达测量过程是存在误差的，即真实值并不一定通过所有给定点。因此，对于微波雷达产生的存在量测误差的数据，这种方法的缺点是显然的。

2) 线性最小二乘拟合法

线性最小二乘拟合将已有数据拟合为直线，表达式为

$$x = at + b \tag{5.2}$$

式中:a 和 b 为待定系数,满足

$$\begin{cases} a\sum_{k=0}^{n} t_k^2 + b\sum_{k=0}^{n} t_k = \sum_{k=0}^{n} t_k x_k \\ a\sum_{k=0}^{n} t_k + bn = \sum_{k=0}^{n} x_k \end{cases} \tag{5.3}$$

该方法需要两个以上的已知点,这里采用最新的三点位置,确定待定系数后即可求解对准时刻的位置。与内插外推法不同,最小二乘拟合法不要求拟合结果通过所有已知点,只要求得到的近似函数能反映数据的基本关系,因此拟合过程比插值过程得到的结果更能反映客观实际。采用最新的三点航迹,能够有效降低随机量测误差的影响,适合于目标为匀速运动模型时情况。

3）二次多项式最小二乘拟合法

曲线拟合根据数据之间的相互关系,基于最小二乘原理给出数据间的数学公式,得到一条近似曲线,以反映给定数据的趋势。数据拟合不要求曲线通过所有的给定点,但是可以找出数据的总体规律性,构造一条能较好反映这种规律的曲线,并且希望曲线尽量地靠近数据点。曲线拟合方法的提出是基于这样一种观点:无论是高数据率的空中目标,还是低数据率的水面目标或水下目标,或静止不动的目标,从时间上来看,所得到的目标测量数据均可视作目标的一条运动曲线。由这一思想出发,在保持拟合误差最小的原则下,对目标点迹进行曲线拟合,得到拟合曲线,然后根据选择好的采样间隔进行采样,就得到该目标在采样间隔下的目标点迹,从而实现目标的时间对准。

若已知数据集$(x_i,y_i)(i=0,1,\cdots,n)$,拟合的曲线为 $P(x)$,误差 δ_i 可表示为

$$\delta_i = P(x_i) - y_i(i=0,1,\cdots,n) \tag{5.4}$$

按照某种标准,使 δ_i 达到最小,一般是按离散误差平方和最小(即最小二乘):

$$\sum_{i=0}^{n} \delta_i^2 = \min \tag{5.5}$$

在此条件下的曲线拟合方法称为数据拟合的最小二乘法。显然,最小二乘法是一种宏观衡量曲线拟合的规则,基于最小二乘法的数据拟合是一种平均意义下的衡量规则,在此规则要求下拟合出的曲线 $P(x)$ 必然会宏观地拟合原始数据点。

同时可知,拟合函数 $P(x)$ 是多种多样的,通常采用多项式形式的 $P(x)$,即在函数类 $\varphi=\{\varphi_0,\varphi_1,\cdots,\varphi_m\}$ 中找一个函数组合 $P(x)$。

$$P(x) = \sum_{j=0}^{m} (a_j\varphi_j(x)) \tag{5.6}$$

使误差平方和最小,即

$$\|\delta\|^2 = \sum_{i=1}^{n}\delta^2 = \sum_{i=1}^{n}(P(x_i) - y_i)^2 \tag{5.7}$$

从而,用最小二乘求拟合的问题,就是求 $P(x)$ 使 $\|\delta\|^2$ 取得最小值。这样求拟合曲线函数的过程就转化为求多元函数极小值的问题,多元函数如下:

$$I(a_0,a_1,\cdots,a_m) = \sum_{i=1}^{n}\delta^2 \tag{5.8}$$

经过求解多元函数的最小值得到解,得到函数 $P(x)$ 的最小二乘解。也就得到了数据的拟合曲线。这就是数据拟合的数学理论基础,但并未限制多项式的次数,不同的多项式次数得到的拟合曲线精度不同。

以一般多项式拟合为例进行说明,考虑一个 m 次多项式:

$$y(x) = a_0 + a_1x + a_2x^2 + \cdots + a_mx^m = \sum_{j=0}^{m}a_jx^j \tag{5.9}$$

拟合 $n+1$ 个观测数据点 $(x_i,y_i)(i=0,1,\cdots,n)$,其中 $m\leqslant n$,一般 m 远小于 n。误差平方和为

$$F(a_0,a_1,\cdots,a_m) = \sum_{i=0}^{m}[y(x_i) - y_i]^2 \tag{5.10}$$

再分别对 F 求偏导数,并令之为零,得

$$\frac{\partial F(a_0,a_1,\cdots,a_m)}{\partial a_j} = 2[y(x_i) - y_i]x_i^j = 0,\ j=0,1,\cdots,m \tag{5.11}$$

可得 m 次多项式系数 $a_0,a_1,\cdots,a_m$ 应满足如下方程组

$$a_0\sum_{i=0}^{n}x_i^j + a_1\sum_{i=0}^{n}x_i^{j+1} + \cdots + a_m\sum_{i=0}^{n}x_i^{j+m} = \sum_{i=0}^{n}y_ix_i^j,\ j = 0,1,\cdots,m \tag{5.12}$$

由上式可以解出 $a_0,a_1,\cdots,a_m$,然后代入 m 次多项式,即可得到由观测数据点 $(x_i,y_i)(i=0,1,\cdots,n)$ 所确定的拟合多项式。必须指出,高次多项式的拟合会引起数值的不稳定,在工程中意义不大,因此这里采用二次多项式拟合,将已有数据拟合为二次曲线,表达式为

$$x = a_0 + a_1t + a_2t^2 \tag{5.13}$$

式中:系数 a_0,a_1,a_2 满足

$$a_0\sum_{k=0}^{n}t_k^j + a_1\sum_{k=0}^{n}t_k^{j+1} + a_2\sum_{k=0}^{n}t_k^{j+2} = \sum_{k=0}^{n}t_k^jx_k,\ j = 0,1,2 \tag{5.14}$$

同样采用最新的三点航迹,能够有效降低随机量测误差的影响,适合于目标为加速或变加速运动模型时的机动情况。

4) 卡尔曼预测法

分布式融合系统中的局部传感器向融合中心传输的除了目标位置信息,通

常还有速度信息,因此可以利用最新时刻一个航迹点的速度信息采用卡尔曼预测完成实时对准,即

$$\boldsymbol{X}_n(t+\Delta t|t)=\boldsymbol{F}_n(t)\hat{\boldsymbol{X}}_n(t),\Delta t>0 \tag{5.15}$$

式中:$\boldsymbol{F}_n(\Delta t)$为$n(n=2,3,4)$状态向量维数的卡尔曼预测矩阵;$\Delta t$为对准时刻与目标状态估计时刻的时间差。

$$\boldsymbol{F}_2(\Delta t)=\begin{bmatrix}1 & \Delta t\\0 & 1\end{bmatrix},F_3(t)=\begin{bmatrix}1 & \Delta t & \Delta t^2/2\\0 & 1 & \Delta t\\0 & 0 & 1\end{bmatrix},F_4(t)=\begin{bmatrix}1 & \Delta t & \Delta t^2/2 & \Delta t^3/6\\0 & 1 & \Delta t & \Delta t^2/2\\0 & 0 & 1 & \Delta t\\0 & 0 & 0 & 1\end{bmatrix} \tag{5.16}$$

由于融合中心通常无法获得加速度信息,因此该方法对于匀速运动目标来说,可达到较高的对准精度,但对于匀加速和匀变加速运动等机动目标来说,精度会有所降低。

5.2.2　空间配准

1. 空间配准概述

对于微波雷达和红外雷达来说,目标的测量通常是在空间极坐标中完成的,而后续的目标量测数据处理是在直角坐标系中完成的。另外,当微波雷达和红外雷达安装在不同的载体(飞机、舰艇等)上时,根据定义的不同,采用的坐标系可能不同,在对来自不同传感器的数据进行融合处理之前,需要对坐标系进行统一,即将数据转换到融合中心的公共坐标系上。

2. 基于融合基准坐标系的空间对准方法

公共坐标系一般有三种选择:一是选择大地坐标系作为公共坐标系,即对于二维数据以经纬度表示目标位置,对于三维数据,以经纬高度表示目标位置;二是选择体系内任一平台的参考坐标系作为公共坐标系,即选择融合中心或者各观测平台中的一个参考坐标系作为公共坐标系,该方法的优点是可以根据指挥体系的需要自由选择公共参考系,缺点是需要二次转换,即首先得将各平台的数据转换成大地坐标系或地心坐标系,之后转换为公共坐标系;三是直接选择地心坐标系作为公共参考系,该方法的优点在于在地心坐标系下便于考察数据的变换误差和进行微波雷达数据的后续处理,缺点在于显示上不直观。

目前常用的是第二种公共坐标系,即在融合基准坐标系中进行数据空间对准,完成所需的坐标转换。根据坐标系间的空间关系,具体坐标变换的步

骤是：

（1）在地理坐标系中，选定地面上某一点为坐标原点，N 为地理指北针方向，E 为地球自转切线方向；D 为载体质心指向地心的方向，此地理坐标系简称为 NED 坐标系，以该坐标系为融合基准坐标系，如图 5.3 所示。

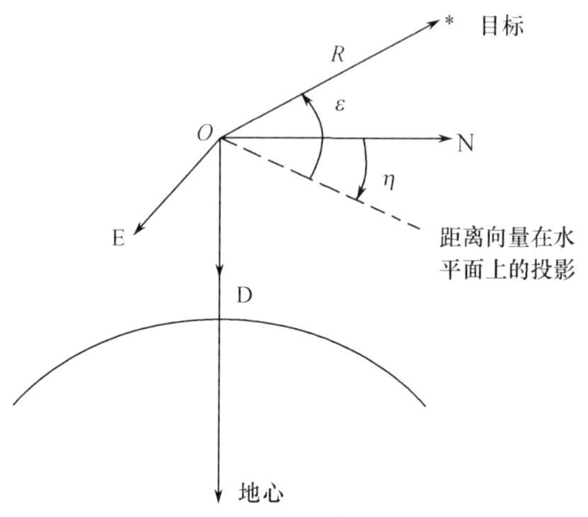

图 5.3　融合基准地理坐标系

（2）根据传感器测量值和传感器本身的地理坐标，将目标状态信息转换至大地坐标系；

（3）再将所有目标状态信息变换到所选定的融合基准地理坐标系中。采用的算法流程如图 5.4 所示。

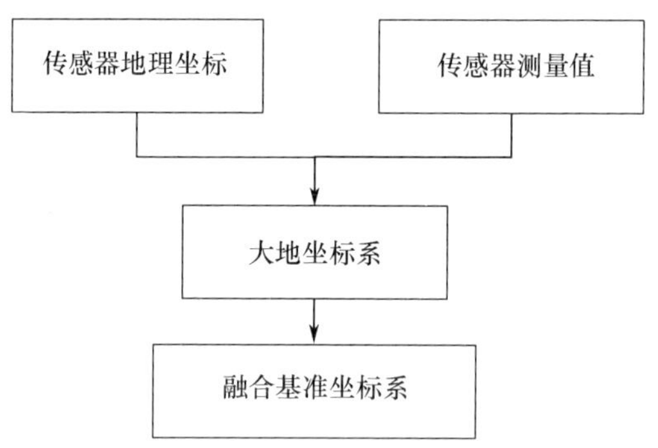

图 5.4　空间对准算法流程图

需要说明的是，在大地坐标系下，传感器位置坐标描述为(L,λ,H)，地理纬度 L 为通过参考椭球面的法线与赤道面的夹角；地理经度 λ 由本初子午线向东计算；海拔高度 H 为位置点沿法线到参考椭球面的距离。传感器的测量值为$(r_{\mathrm{t}},\theta_{\mathrm{t}},\varphi_{\mathrm{t}})$，其中 r_{t}为距离，θ_{t}为方位角，φ_{t}为俯仰角。

1）直角坐标系与极坐标系的转换关系

空间点 P 在两坐标系中存在的几何关系如图 5.5 所示。

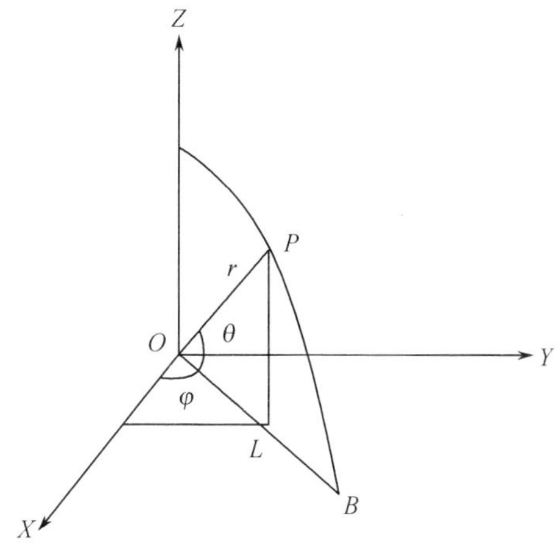

图 5.5 直角坐标系和极坐标系的相互转换

把点 P 在极坐标系中目标的位置记为(r,φ,θ)，在直角坐标系中的坐标位置记为(x,y,z)，则传感器极坐标系与直角坐标系之间的变换关系为

$$\begin{cases} x = r\cos\varphi\cos\theta \\ y = r\sin\varphi\cos\theta \\ z = r\sin\theta \end{cases} \tag{5.17}$$

2）地理坐标系与地心坐标系的转换关系

设微波雷达的经度、纬度和高度分别为 L、B、H，则其在地心坐标系中的坐标为

$$\begin{cases} x_o = [N_R(1-e_1^2)+H]\sin B \\ y_o = (N_R+H)\cos B\cos L \\ z_o = (N_R+H)\cos B\sin L \end{cases} \tag{5.18}$$

式中：$e_1^2 = \dfrac{(a^2-b^2)}{a^2}$为第一偏心率；$N_R = \dfrac{a}{\sqrt{1-e_1^2\sin^2 B}}$；$a$ 为长半轴；b 为短半轴。如果采用 WGS－84 坐标系，则 a =6 378 137m，b =6 356 752m，如图 5.6 所示。

3）NED 坐标系与地心坐标系的转换关系

假设目标点在 NED 坐标系与地心坐标系下的坐标参数分别为 $\boldsymbol{X}_l=(x_l,y_l,z_l)$，$\boldsymbol{X}_g=(x_g,y_g,z_g)$。根据图 5.3，可得到 NED 坐标系与地心坐标系的转换关系为

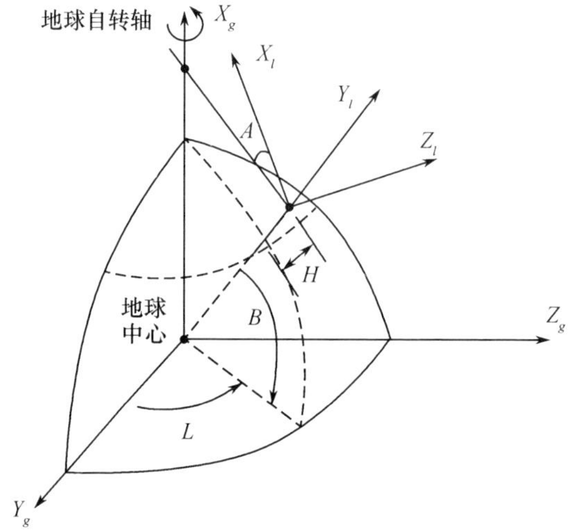

图 5.6　地理坐标系与地心坐标系的关系

$$\boldsymbol{X}_g = \boldsymbol{T}\boldsymbol{X}_l + \boldsymbol{X}_o \tag{5.19}$$

式中

$$\boldsymbol{T} = \boldsymbol{R}_x(-L)\boldsymbol{R}_z(B)\boldsymbol{R}_y(A)$$

式中

$$\boldsymbol{R}_x(\theta) = \begin{bmatrix} 1 & 0 & 0 \\ 0 & \cos\theta & \sin\theta \\ 0 & -\sin\theta & \cos\theta \end{bmatrix}$$

$$\boldsymbol{R}_y(\theta) = \begin{bmatrix} \cos\theta & 0 & -\sin\theta \\ 0 & 1 & 0 \\ \sin\theta & 0 & \cos\theta \end{bmatrix}$$

$$\boldsymbol{R}_z(\theta) = \begin{bmatrix} \cos\theta & \sin\theta & 0 \\ -\sin\theta & \cos\theta & 0 \\ 0 & 0 & 1 \end{bmatrix}$$

5.3 跟踪滤波

5.3.1 线性滤波

状态变量法是描述动态系统的一种很有价值的方法，采用这种方法，系统的输入输出关系是用状态转移模型和输出观测模型在时域内加以描述的。输入可以由确定的时间函数和代表不可预测的变量或噪声的随机过程组成的动态模型进行描述,输出是状态的函数,通常受到随机观测误差的扰动,可由量测方程描述。

离散时间系统的动态方程(状态方程)可表示为

$$\boldsymbol{X}(k+1)=\boldsymbol{F}(k)\boldsymbol{X}(k)+\boldsymbol{G}(k)\boldsymbol{u}(k)+\boldsymbol{V}(k) \tag{5.20}$$

式中:$\boldsymbol{F}(k)$为状态转移矩阵;$\boldsymbol{X}(k)$为状态向量;$\boldsymbol{G}(k)$为输入控制项矩阵;$\boldsymbol{u}(k)$为已知输入或控制信号;$\boldsymbol{V}(k)$是零均值、高斯白噪声序列,其协方差为$\boldsymbol{Q}(k)$。

离散时间系统的量测方程为

$$\boldsymbol{Z}(k+1)=\boldsymbol{H}(k+1)\boldsymbol{X}(k+1)+\boldsymbol{W}(k+1) \tag{5.21}$$

式中:$\boldsymbol{H}(k+1)$为量测矩阵,$\boldsymbol{W}(k+1)$为零均值、高斯白噪声噪声序列,其协方差为$\boldsymbol{R}(k)$。不同时刻的量测噪声也是相互独立的。

1. 卡尔曼滤波

卡尔曼滤波算法流程如图 5.7 所示,具体组成如下:

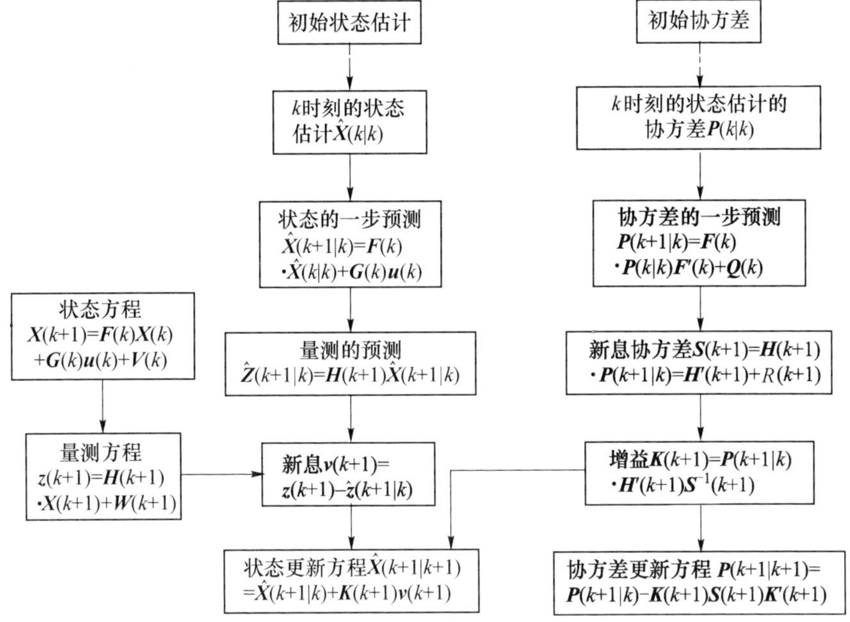

图 5.7　卡尔曼滤波算法流程图

状态的一步预测为(估计)

$$\hat{\boldsymbol{X}}(k+1|k)=\boldsymbol{F}(k)\hat{\boldsymbol{X}}(k|k)+\boldsymbol{G}(k)\boldsymbol{u}(k) \tag{5.22}$$

协方差的一步预测为

$$\boldsymbol{P}(k+1|k)=\boldsymbol{F}(k)\boldsymbol{P}(k|k)\boldsymbol{F}(k)'+\boldsymbol{Q}(k) \tag{5.23}$$

一步预测协方差为对称矩阵,它可用来衡量预测的不确定性,越小则预测越精确。

新息或量测残差:

$$\boldsymbol{v}(k+1)=\boldsymbol{Z}(k+1)-\hat{\boldsymbol{Z}}(k+1|k) \tag{5.24}$$

式中:

$$\hat{\boldsymbol{Z}}(k+1 \mid k)=\boldsymbol{H}(k+1)\hat{\boldsymbol{X}}(k+1|k)$$

量测的预测协方差(或新息协方差)为

$$\boldsymbol{S}(k+1)=\boldsymbol{H}(k+1)\boldsymbol{P}(k+1|k)\boldsymbol{H}'(k+1)+\boldsymbol{R}(k+1) \tag{5.25}$$

新息协方差 $\boldsymbol{S}(k+1)$ 也为对称矩阵,它用来衡量新息的不确定性,新息协方差越小,说明量测值越精确。

增益为

$$\boldsymbol{K}(k+1)=\boldsymbol{P}(k+1|k)\boldsymbol{H}'(k+l)\boldsymbol{S}^{-1}(k+1) \tag{5.26}$$

状态更新方程为

$$\hat{\boldsymbol{X}}(k+1|k+1)=\hat{\boldsymbol{X}}(k+1|k)+\boldsymbol{K}(k+1)\boldsymbol{v}(k+1) \tag{5.27}$$

状态更新方程说明 $k+1$ 时刻的估计等于该时刻的预测值再加上一个修正项,而这个修正项与增益和新息有关。

协方差更新方程为

$$\boldsymbol{P}(k+1|k+1)=\boldsymbol{P}(k+1|k)-\boldsymbol{K}(k+1)\boldsymbol{S}(k+1)\boldsymbol{K}'(k+1) \tag{5.28}$$

从上面公式可得,增益阵 $\boldsymbol{K}$ 与 $\boldsymbol{Q}$ 成正比,与 $\boldsymbol{R}$ 成反比。可以归纳为当 $\boldsymbol{R}$ 越大,测量噪声越大,因此测量值不准确性更大,所以 $\boldsymbol{K}$ 要变小,以保证测量值在最后估计结果中所占的比重比较小;而 $\boldsymbol{Q}$ 比较大的时候,说明状态噪声比较大,因此预测值受状态噪声干扰比较严重,所以 $\boldsymbol{K}$ 值比较大,以保证预测值在最后估计结果中所占的比重比较小。

2. 卡尔曼滤波算法参数分析

应用卡尔曼滤波的一些参数取值方法:

(1) 初始的状态变量影响最小,可以直接取值为第一个测量值,在滤波可以收敛的情况下会很快收敛;

(2) 只要不为零,初始方差矩阵的取值对滤波效果影响就很小,都能很快收敛,可以任意取一个不为零的矩阵;

(3) 当状态转换过程为已确定时,$\boldsymbol{Q}$ 的取值越小越好,可以使用一个非常小但不为零的矩阵;

(4) 测量噪声协方差取值越小收敛越快,但滤波效果不一定好,因此可以在滤波前先测定噪声协方差,然后用于后续的滤波。

5.3.2　非线性滤波

卡尔曼滤波是在线性高斯情况下利用最小均方误差准则获得目标的状态估计，但在实际系统中，许多情况下观测数据与目标动态参数间的关系是非线性的。对于非线性滤波问题，至今尚未得到完善的解法。

非线性系统状态方程为

$$\boldsymbol{X}(k+1)=\boldsymbol{f}(k,\boldsymbol{X}(k))+\boldsymbol{V}(k) \tag{5.29}$$

观测方程为

$$\boldsymbol{Z}(k)=\boldsymbol{h}[k,\boldsymbol{X}(k)]+\boldsymbol{W}(k) \tag{5.30}$$

式中：$\boldsymbol{X}(k)$是 k 时刻目标的状态向量；$\boldsymbol{f}(\cdot)$是非线性状态转移函数；$\boldsymbol{Z}(k)$是时刻 k 的观测向量；$\boldsymbol{h}[\cdot]$是非线性观测矩阵；状态噪声 $\boldsymbol{V}(k)$和观测噪声 $\boldsymbol{W}(k)$是互不相关的高斯白噪声序列，其协方差矩阵分别为 $\boldsymbol{Q}(k)$和 $\boldsymbol{R}(k)$。

1. 扩展卡尔曼滤波

扩展卡尔曼滤波(EKF)方法作为处理非线性系统的经典方法，其思想是先将随机非线性系统模型的非线性向量函数线性化，得到系统线性化模型，然后应用卡尔曼滤波的基本方程解决非线性滤波问题。

将非线性系统线性化，然后进行卡尔曼滤波，因此 EKF 是一种次优滤波。EKF 对非线性函数的泰勒展开式进行一阶线性化截断，忽略其余高阶项，从而将非线性问题转化为线性。

$$\begin{aligned}\boldsymbol{X}(k+1) &= \boldsymbol{f}(k,\hat{\boldsymbol{X}}(k\mid k))+\boldsymbol{f}_X(k)[\boldsymbol{X}(k)-\hat{\boldsymbol{X}}(k\mid k)]\\ &\quad+\frac{1}{2}\sum_{i=1}^{n_x}e_i[\boldsymbol{X}(k)-\hat{\boldsymbol{X}}(k\mid k)]'\boldsymbol{f}_{XX}^i(k)[\boldsymbol{X}(k)\\ &\quad-\hat{\boldsymbol{X}}(k\mid k)]+(\text{高阶项})+\boldsymbol{V}(k)\end{aligned} \tag{5.31}$$

EKF 广泛应用于非线性状态估计系统中，然而该方法也存在一些问题：

(1) 在强非线性系统中，线性化误差可能导致滤波发散；

(2) 线性化过程中需要计算雅可比矩阵，其繁琐的计算影响了该方法的使用效率。

2. 不敏卡尔曼滤波

EKF 是最早提出的非线性滤波算法，但该算法有明显的缺点：需要得到系统的解析形式来计算雅可比矩阵；在非线性较强的情况下估计精度下降明显。另外，在许多实际应用中，模型的线性化过程比较繁杂，甚至导致滤波发散。为此本节将讨论不敏卡尔曼滤波器。

1) 不敏变换(UT 变换)

UT 变换是 UKF 算法的核心和基础。UT 变换的思想是：在确保采样均值和协方差为和的前提下，选择一组点集（Sigma 点集），将非线性变换应用于采样的每个 Sigma 点，得到非线性转换后的点集 $\bar{y}$ 和 P_y 是变换后 Sigma 点集的统计量。

一般意义下的 UT 变换算法框架如下：

（1）根据输入变量 x 的统计量 $\bar{x}$ 和 P_x，选择一种 Sigma 点采样策略，得到输入变量的 Sigma 点集 $\{\chi_i\}$，$i=1,\cdots,L$，以及对应的权值 W_i^m 和 W_i^c。其中：L 为所采用的采样策略的采样 Sigma 点个数，W_i^m 为均值加权所用权值，W_i^c 为协方差加权所用权值。如果不采用比例修正，则 $W_i^m=W_i^c=W_i$。

（2）对所采样的输入变量 Sigma 点集 $\{\chi_i\}$ 中的每个 Sigma 点进行 $f(\cdot)$ 非线性变换，得到变换后的 Sigma 点集 $\{y_i\}$；

（3）对变换后的 Sigma 点集 $\{y_i\}$ 进行加权处理，从而得到输出变量 y 的统计量 $\bar{y}$ 和 P_y 具体的权值仍然依据对输入变量 x 进行采样的各个 Sigma 点的对应权值。

UT 变换的原理如图 5.8 所示。

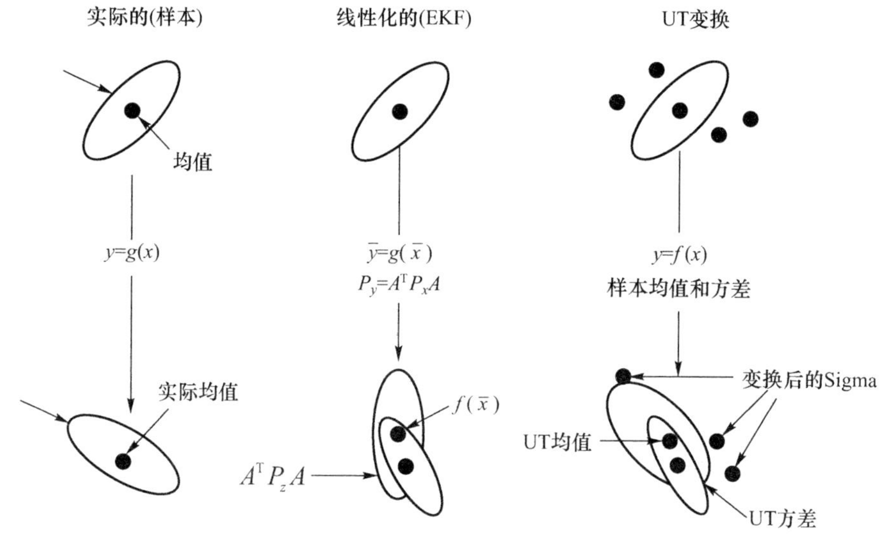

图 5.8　UT 变换原理图

2）UKF 滤波算法

设非线性系统

$$\boldsymbol{x}_k=f(x_{k-1},u_{k-1},\omega_{k-1}) \tag{5.32}$$

$$\boldsymbol{z}_k=h(\boldsymbol{x}_k,v_k) \tag{5.33}$$

式中：$\boldsymbol{x}_k$ 为 n_x 维的系统状态向量；z_k 为 n_y 维的系统的观测向量；ω 为系统噪声，协方差矩阵为 $\boldsymbol{Q}$；v 为观测噪声，协方差矩阵为 $\boldsymbol{R}$。假定 ω,v 都是高斯白噪声，且互不相关。则滤波算法为

（1）设初值：

$$\hat{x}_0 = E[x_0] \tag{5.34}$$

$$P_0 = E[(x_0 - \hat{x}_0)(x_0 - \hat{x}_0)^{\mathrm{T}}] \tag{5.35}$$

（2）计算 Sigma 点：

$$\chi_{k-1} = [\hat{x}_{k-1}, \hat{x}_{k-1} + \gamma\sqrt{P_{k-1}}, \hat{x}_{k-1} - \gamma\sqrt{P_{k-1}}] \tag{5.36}$$

（3）时间更新：

$$\chi_{k|k-1} = F[\chi_{k-1}, u_k] \tag{5.37}$$

$$\hat{x}_k^- = \sum_{i=0}^{2n_x} W_i^m \chi_{i,k|k-1} \tag{5.38}$$

$$P_k^- = \sum_{i=0}^{2n_x} W_i^c [\chi_{i,k|k-1} - \hat{x}_k^-][\chi_{i,k|k-1} - \hat{x}_k^-]^{\mathrm{T}} + Q \tag{5.39}$$

$$z_{k|k-1} = H[\chi_{k|k-1}] \tag{5.40}$$

$$\hat{z}_k^- = \sum_{i=0}^{2n_x} W_i^m z_{i,k|k-1} \tag{5.41}$$

（4）量测更新：

$$P_{z_k z_k} = \sum_{i=0}^{2n_x} W_i^c [z_{i,k|k-1} - \hat{y}_k^-][z_{i,k|k-1} - \hat{z}_k^-]^{\mathrm{T}} + R \tag{5.42}$$

$$P_{x_k z_k} = \sum_{i=0}^{2n_x} W_i^c [\chi_{i,k|k-1} - \hat{x}_k^-][z_{i,k|k-1} - \hat{z}_k^-]^{\mathrm{T}} \tag{5.43}$$

$$K_k = P_{x_k z_k} P_{z_k z_k}^{-1} \tag{5.44}$$

$$\hat{x} = \hat{x}^- + K_k(z_k - \hat{z}_k^-) \tag{5.45}$$

$$P_k = P_k^- - K_k P_{z_k z_k} K_k^{\mathrm{T}} \tag{5.46}$$

式中：$\gamma = \sqrt{n_x + \lambda}$是比例因子；$W_i$为权值。

UKF 算法具有以下优点：

（1）在比例采样策略下得到一组 Sigma 点集，从而可获得更多的观测向量，对系统状态的均值和协方差的估计更为准确；

（2）不需要计算雅可比行列式来对函数 f 作近似变换；

（3）可以处理不可导的非线性函数；

（4）计算量与 EKF 同阶。

5.3.3　交互多模型

对机动目标跟踪过程中，由于目标的机动能力越来越强，目标运动模式的结构、参数变化都很大,单模型的自适应滤波器难以及时准确地辨识出这些变化,造成模型不准确,从而导致跟踪性能下降。因此,人们借鉴多模型自适应控制的思想,提出并逐渐发展了多模型跟踪算法。

IMM 算法是由 H. A. P. Bolm 提出的一种具有很高费效比的次优多模型算法,算法假设不同模型之间的转移服从已知转移概率的有限态 Markov 链。IMM 算法中,每个滤波器都有不同的输入,该输入为所有滤波器的前一时刻估计的加权和。IMM 算法的图解如图 5.9 所示。

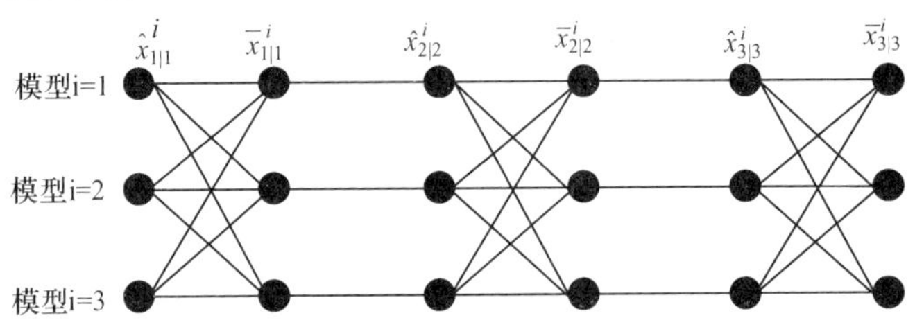

图 5.9 IMM 算法图解

1）交互多模型算法的基本原理

IMM 算法假定存在有限多个目标模型,每个模型对应于目标的不同机动输入水平,在计算出各个模型的后验概率之后,就可以通过对各模型正确时的状态估计加权求和给出最终的目标估计。IMM 算法包含了多个滤波器(各自对应着相应的模型)、模型概率估计器、交互式作用器和估计混合器。结构框图如图 5.10所示。

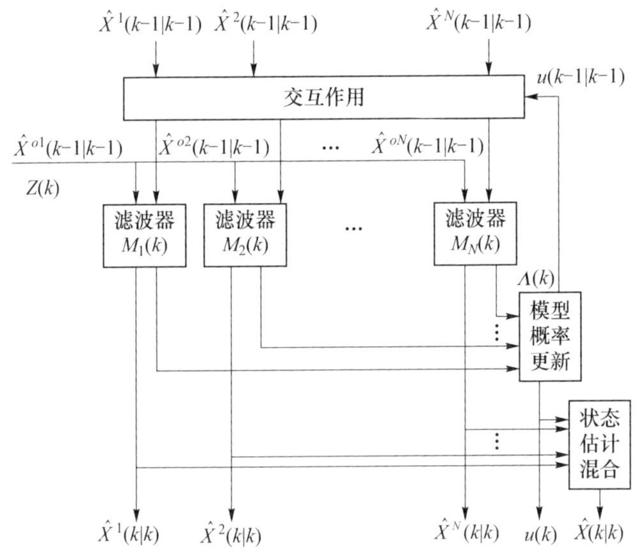

图 5.10 交互多模型算法的结构框图

主要步骤如下：

（1）数据输入交互。计算混合概率：

$$\mu_{i|j}(k-1|k-1)=\frac{1}{\bar{c}_j}p_{ij}\mu_i(k-1),i,j=1,\cdots,r \tag{5.47}$$

式中：p_{ij}是模型到模型的转移概率。归一化常数为

$$\bar{c}_j = \sum_{i=1}^{r} p_{ij}\mu_i(k-1),j = 1,\cdots,r \tag{5.48}$$

计算输入混合状态估计值：

$$\hat{x}^{0j}(k-1|k-1) = \sum_{i=1}^{r}\hat{x}^i(k-1|k-1)\mu_{i|j}(k-1|k-1),j = 1,\cdots,r \tag{5.49}$$

$$\begin{aligned}P^{0j}(k-1|k-1) = \sum_{i=1}^{r}\mu_{i|j}(k-1|k-1)\{&P^i(k-1|k-1) + \\ &[\hat{x}^i(k-1|k-1)-\hat{x}^{0j}(k-1|k-1)]\cdot \\ &[\hat{x}^i(k-1|k-1)-\hat{x}^{0j}(k-1|k-1)]^{\mathrm{T}}\},j = 1,\cdots,r\end{aligned} \tag{5.50}$$

（2）状态滤波。将 $\hat{x}^{0j}(k-1|k-1)$ 和 $P^{0j}(k-1|k-1)$ 代入基于第 j 个模型的滤波器，并分别计算出各自的状态估计 $\hat{x}^j(k|k)$，误差协方差阵 $\boldsymbol{P}^j(k|k)$ 及其新息协方差阵 $\boldsymbol{S}^j(k)$。

（3）模型概率更新。模型概率更新为

$$\mu_j(k) = \frac{1}{c}\Lambda_j(k)\sum_{i=1}^{r}p_{ij}\mu_i(k-1) = \frac{1}{c}\Lambda_j(k)\bar{c}_j \tag{5.51}$$

其中 $\Lambda_j(k)$ 为似然函数，即

$$\Lambda_j(k)=\frac{1}{\sqrt{2\pi|S_j(k)|}}\exp\left\{-\frac{1}{2}r_j^T(k)S_j^{-1}r_j(k)\right\} \tag{5.52}$$

c 为归一化系数，即

$$c = \sum_{j=1}^{r}\Lambda_j(k)\bar{c}_j \tag{5.53}$$

（4）滤波综合输出：

$$\hat{x}(k|k) = \sum_{j=1}^{r}\hat{x}^j(k|k)\mu_j(k) \tag{5.54}$$

$$P(k|k)=\sum_{j=1}^{r}\mu_j(k|k)\{P^j(k|k)+[\hat{x}^j(k|k)-\hat{x}(k|k)]\cdot[\hat{x}^j(k|k)-\hat{x}(k|k)]^{\mathrm{T}}\}\tag{5.55}$$

2）交互多模型算法的性能分析

IMM算法是现有混合估计系统中的主流算法,与传统的单一模型自适应跟踪算法相比,交互多模型算法具有如下显著的优点:

(1)目标的运动采用多个模型进行描述,模型可根据实际需要适当增减或变更,从而可增强算法的自适应跟踪能力;

(2)算法的计算量与选用的模型数几乎是线性关系,而其性能几乎与二阶广义伪贝叶斯算法相当;

(3)在滤波算法中,通过模型概率的转移实现自适应的变结构;

(4)在满足先验假设的条件下,其估计是均方误差意义下的最优估计;

(5)算法具有明显的并行结构,便于有效的并行实现;

(6)算法具有模块化结构,既可用卡尔曼滤波或扩展卡尔曼滤波,也可与其他的算法构成新的算法。

5.4 航迹关联

航迹关联,即航迹与航迹的关联,用来判断传感器收到的量测信息和目标源的对应关系。在多传感器多目标实时跟踪问题中,不同传感器对同一目标的量测结果由于其物理来源相同必然会呈现出某些相似特征,但是由于杂波的存在及传感器自身的不稳定性如虚警和漏检致使这些特征又不尽相同,数据关联的目的就是滤除杂波和虚警,利用来自不同传感器具有相似性的量测来判断其是否源于同一目标。

目前用于航迹关联的算法主要有基于统计和基于模糊数学的两大类方法。基于统计的航迹关联算法通过构建相关检验统计量进行假设判断,而基于模糊数学的方法是通过不同航迹间的隶属程度来判定航迹是否关联。

5.4.1 基于统计的航迹关联算法

1. 最邻近数据关联算法

最邻近数据关联算法是提出最早也是最简单的数据关联算法,有时也是最有效的方法之一。它把落在关联门之内并且与被跟踪目标的预测位置“最邻近”的观测点迹作为关联点迹,这里的“最邻近”一般是指观测点迹在统计意义上离被跟踪目标的预测位置距离最近(见图5.11)。

统计距离定义如下:

$$d^2(z(k))=[z(k)-\hat{z}(k\mid k-1)]'S^{-1}(k)[z(k)-\hat{z}(k\mid k-1)] \tag{5.56}$$

式中:$z(k)$表示传感器在 k 时刻的观测数据;$\hat{z}(k|k-1)$为状态的一步预测,它代表跟踪包括时间 $k-1$ 在内的前面全部观测数据,对 k 时刻的信号数值进行估计(即预测),称作新息或量测残差,相当于修正量,决定于新数据与前一步预测值之差;$S^{-1}(k)$表示协方差,表示目标预测位置与有效回波之间的距离。

假设关联门、航迹的最新预测位置、本采样周期的观测点迹及最近观测点迹之间的关系如图 5.11 所示。假定有一航迹 i,关联门为一个二维矩形门,其中除了预测位置之外,还包含了三个观测点迹 1、2、3,直观上看,点迹 2 应为"最邻近"点迹。

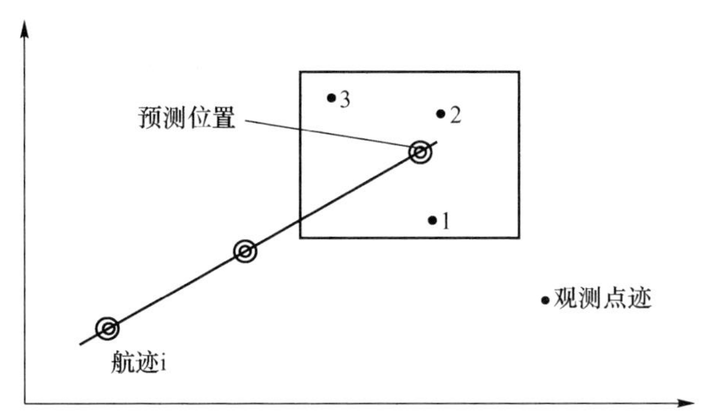

图 5.11 最邻近数据关联示意图

最邻近数据关联算法实质上是一种局部最优的"贪心算法",并不能在全局意义上保持最优。该方法主要适应于跟踪单目标或多目标数较少的情况,或者说只适应于稀疏目标环境的目标跟踪。其主要优点是运算量小,易于实现。主要缺点是在密集目标或多杂波干扰环境下,其错误关联较多。

2. 加权法和修改法

在加权法中,假设两局部节点对同一目标的状态估计误差是统计独立的。对于航迹 i(节点 g)和航迹 j(节点 h),加权法使用的检验统计量为

$$\alpha_{ij}(l)=[\hat{X}_i^g(l\mid l)-\hat{X}_j^h(l\mid l)]'[P_i^g(l\mid l)+P_j^h(l|l)]^{-1}[\hat{X}_i^g(l\mid l)-\hat{X}_j^h(l\mid l)] \tag{5.57}$$

如果低于门限,则认为航迹 i 和航迹 j 为同一个目标的航迹估计。阈值选择基于按照高斯分布假设,服从自由度的分布。

阈值满足

$$\Pr\{\alpha_{ij}(l)>\delta\}=\alpha \tag{5.58}$$

阈值通常取 0.05。

在加权法中,假设两局部节点对同一目标的状态估计误差是统计独立的。事实上,来自两个航迹的估计误差并不总是独立,也就是说来自两个传感器的测量噪声序列独立这一事实不能充分地产生独立的估计误差,则修正后的统计量为

$$\beta_{ij}(l)=[\hat{X}_i^g(l\mid l)-\hat{X}_j^h(l\mid l)]'[P_i^g(l\mid l)+P_j^h(l\mid l)-P_{ij}^{gh}(l\mid l)-P_{ji}^{hg}(l\mid l)]^{-1}[\hat{X}_i^g(l\mid l)-\hat{X}_j^h(l\mid l)] \tag{5.59}$$

3. 序贯航迹关联算法

序贯航迹关联算法以加权和修正法为基础,把航迹当前时刻的关联与其历史联系起来,并赋予良好的航迹关联质量管理和多义性处理技术。

独立序贯航迹关联算法的特殊形式是加权法。由于序贯航迹关联算法是一种递推结构,因此没有明显增加计算负担和存储量,并且可获得比加权法更好的效果,因为它不但考虑了整个航迹历史,而且在算法中可以进行多义性处理和航迹质量管理。

4. 统计双门限航迹关联算法

所谓双门限航迹关联是指,对来自于两个传感器的 R 个估计误差样本,首先逐个基于分布门限进行假设检验,若判为接受,则计数器加 1,否则计数器值不变;然后把计数器的值与设定的数 L 进行比较,经过 R 次检验后,如果计数器的输出大于或等于 L,则完成航迹关联判决,否则判定为不关联航迹。

统计双门限航迹关联算法的关联性能较好,对运算量、存储量的要求适中,对通信量要求较高。算法在关联判决时需要各局部平台将航迹状态估计误差协方差阵传输到多平台融合中心,带来的通信负载也较高,所以应用时需要对这些算法作适当的简化处理。

5.4.2 基于模糊的航迹关联算法

“模糊”可以理解为客观事物互相之间存在的差异在向中间过渡时,没有明确的区别界限。“模糊”现象大量地存在于日常生产实践中,一个熟练的技术工人,仅仅需要通过耳朵、眼睛等器官的观察,结合自己多年的工作经验,经过分析判断,就能够依靠手工操作达到很好的控制效果。技术工人的整个工作过程,实际也可以就看作一个模糊控制的过程。模糊控制系统的一个显著优点是系统鲁棒性很强,因为被控制对象的参数变化对于模糊控制的影响很小,所以模糊控制理论特别适合于用在非线性时变系统的控制中,而在机动目标跟踪相关研究中,模糊控制理论已经得到了全面的应用,产生了大量成果。

1. 模糊因素集

为了提高算法的有效性,可以将影响航迹关联的因素分成两大类:第一类是

非模糊因素(如水下、海面或空中目标类型以及敌我属性信息等);第二类是模糊因素(如目标位置间、航速间和航向间的欧氏距离等)。对于非模糊因素可以通过粗关联来区分,这样就可以减小模糊关联算法的复杂性。

2. 基于模糊聚类分析的航迹关联算法思想

模糊聚类分析的基本思想是在样本之间定义相似系数或者距离,按照样本之间的相似程度的大小,将样本逐一归类。模糊聚类分析依赖于对参与聚类对象间相似程度的理解,定义不同的相似性量度,产生不同的聚类结果。

模糊聚类分析主要有三个步骤:首先建立模糊相似关系,然后将模糊相似关系改造为模糊等价关系,最后就是分类。

(1) 设模糊关系,如果 R 具有自反性和对称性,则称 R 为一个模糊相似关系。

(2) 设模糊相似关系,如果 R 具有传递性,则称 R 为一个模糊等价关系。

(3) 对于待分类样本集的模糊等价矩阵(关系)确定后,可以将模糊等价关系矩阵转化为普通等价关系矩阵,决定在一定水平下的模糊分类,得到不同的分类,从而起到判决两航迹是否关联的作用。

3. 基于模糊综合函数的航迹关联算法思想

模糊综合函数航迹关联算法是模糊集理论与综合分析理论在航迹关联应用中的发展。如果把来自局部节点 h 的条航迹看成已知模式,把局部节点 g 的航迹状态估计构成的向量与由航迹状态估计构成的向量最相似,就可以判定航迹与航迹为关联航迹。为此需要研究两航迹状态估计向量间的相似性测度,而模糊综合分析是研究两航迹状态估计向量间相似性测度的一种有效方法。当用模糊综合函数计算两航迹在不同时刻的综合相似度之后,下一步就是根据综合相似度判决两航迹间的相似性,从而判决两航迹是否关联。

5.5 航迹融合

航迹融合是将两传感器的航迹信息进行融合,得到比任何一个局部航迹更加详细,精确的航迹信息以及目标状态的描述。

5.5.1 航迹融合结构

一般存在两种航迹融合结构:一种是局部航迹与局部航迹融合结构,或称传感器航迹与传感器航迹融合结构;另一种是局部航迹与系统航迹融合结构。

1. 局部航迹与局部航迹融合

图 5.12 由左到右表示时间前进的方向,不同微波雷达与红外预警雷达的局部航迹在公共时间上在融合节点融合为新的系统航迹。这种融合结构没有利用

前一时刻的历史信息，因此不涉及相关估计误差的问题。这种方法运算简单、不考虑信息去相关的问题，但是由于没有利用系统航迹的先验信息，其性能可能不如局部航迹与系统航迹融合结构。

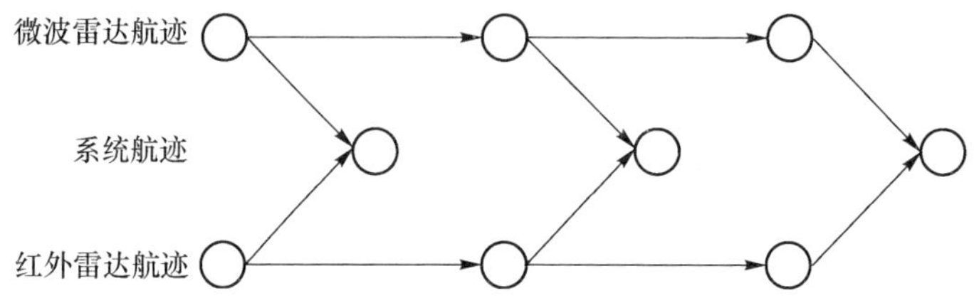

图 5.12　局部航迹与局部航迹融合

2. 局部航迹与系统航迹融合

融合中心接收到一组局部航迹，融合算法就把前一时刻的系统航迹的状态外推到接收局部航迹的时刻，并与新收到的局部航迹进行关联和融合，得到当前的系统航迹的状态估计，形成系统航迹(见图 5.13)。当收到另外的一组系统航迹时，仍然采取相同的操作。在系统航迹中的任何误差，由于过去的关联或融合处理误差，都会影响未来的融合性能。

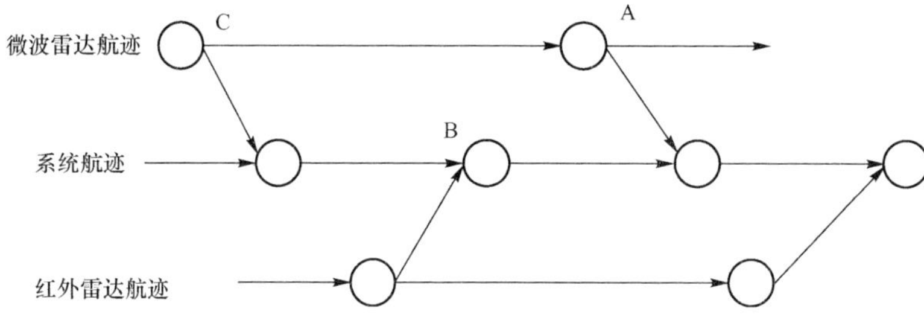

图 5.13　局部航迹与系统航迹融合

5.5.2　简单航迹融合

当获取两条航迹状态估计的协方差时，可以得到如下的公式系统状态估计：

$$\hat{X}=P_j(P_i+P_j)^{-1}\hat{X}_i+P_i(P_i+P_j)^{-1}\hat{X}_j=P(P_i^{-1}\hat{X}_i+P_j^{-1}\hat{X}_j) \tag{5.60}$$

式中：P_i 和 P_j 为两条航迹各自的协方差；$\hat{X}_i$ 和 $\hat{X}_j$ 为两个航迹的状态估计值。

系统误差协方差：

$$P=P_i(P_i+P_j)^{-1}P_j=(P_i^{-1}+P_j^{-1})^{-1} \tag{5.61}$$

这种方法实现简单，当两个航迹不存在过程噪声的时候，则融合算法是最佳的，比较易于工程实现。

5.5.3　协方差加权航迹融合

当两条航迹估计的互协方差不能忽略的时候，简单航迹融合就不太适用了。滤波过程中，根据滤波器系数和观测噪声可以得到每一次滤波的噪声协方差矩阵，这个协方差矩阵可在一定程度上反映出航迹估计的性能。在最终的航迹融合时可采用噪声协方差矩阵也可以采用新息向量的协方差阵对航迹进行加权融合。

系统状态估计：

$$\hat{X}=\hat{X}_i+(P_i-P_{ij})(P_i+P_j-P_{ij}-P_{ji})^{-1}(\hat{X}_j-\hat{X}_i) \tag{5.62}$$

式中：P_{ij}和 P_{ji}为两个估计的互协方差。

系统误差协方差：

$$P=P_j-(P_i-P_{ij})(P_i+P_j-P_{ij}-P_{ji})^{-1}(P_i-P_{ij}) \tag{5.63}$$

采用卡尔曼滤波算法的互协方差可以按定义式直接进行计算，互协方差为

$$P_{ij}=(\boldsymbol{I}-\boldsymbol{KH})(\boldsymbol{\Phi}P_{ij}(k-1)\boldsymbol{\Phi}^{\mathrm{T}}+\boldsymbol{Q})(\boldsymbol{I}-\boldsymbol{KH})^{\mathrm{T}} \tag{5.64}$$

式中：$\boldsymbol{K}$ 为滤波器增益；$\boldsymbol{H}$ 为观测矩阵；$\boldsymbol{\Phi}$ 是状态转移矩阵；$\boldsymbol{Q}$ 为噪声协方差矩阵。这种方法的优点就是能够控制公共过程噪声，缺点是要计算互协方差矩阵，计算比较麻烦。

5.6　仿 真 分 析

5.6.1　仿真模型

假设有 4 个平稳目标，按方位由小到大依次排列为目标 1、目标 2、目标 3、目标 4，相邻目标在方位上的间隔为 $\mu_i=\sigma$。微波雷达和红外同地配置，微波雷达只对目标 1、目标 2、目标 3 进行跟踪。

在仿真中考察两种情况：

情况 1：红外只测量目标 3 的方位数据，相应于假设 H_3 成立。

情况 2：红外只测量目标 4 的方位数据，相应于假设 H_0 成立。

仿真假定：

假定 $\alpha=\beta=P_e=0.01$。α 为误关联概率，β 为漏关联概率，P_e 为错误分类概率；

目标是平稳的，红外和微波雷达的方位测量误差是相互独立的，均为零均值的高斯分布（正态分布）；

微波雷达方位测量标准差 σ_r 是红外方位测量标准差 σ_i 的 10 倍，即 $\sigma_r=$

$10\sigma_i$，微波雷达方位测量标准差设为 $\sigma_r=0.25$。

5.6.2 仿真数据产生

1. 微波雷达数据生成

假设微波雷达对目标1、目标2、目标3分别测量了 n_1,n_2,n_3 次，目标1的方位角为azimuth，目标之间的方位间隔为 μ，目标2、目标3的方位角分别为(azimuth $+\mu$)，(azimuth $+2\mu$)，微波雷达方位测量标准差为 σ_r，微波雷达方位测量值服从正态分布 $N(\text{azimuth},\sigma_r^2)$，$N((\text{azimuth}+\mu),\sigma_r^2)$，$N((\text{azimuth}+2\mu),\sigma_r^2)$。

利用MATLAB函数normrnd产生微波雷达跟踪方位测量数据：

RADAR_track_target1 = normrnd(azimuth,RADAR_sigma,1,N1);% 微波雷达对目标1的测量数据；

RADAR_track_target2 = normrnd((azimuth + u),RADAR_sigma,1,N2);% 微波雷达对目标2的测量数据；

RADAR_track_target3 = normrnd((azimuth + 2* u),RADAR_sigma,1,N3);% 微波雷达对目标3的测量数据。

2. 红外数据生成

假设红外对目标3测量了Ne次，目标3的方位为(azimuth $+2\mu$)，测量值服从正态分布 $N((\text{azimuth}+2\mu),\sigma_e^2)$；

利用MATLAB函数normrnd产生目标3的红外跟踪方位测量数据：

IR_track_target3 = normrnd((azimuth +2* u),IR_sigma,1,Ne);% 红外对目标3的测量数据。

假设红外对目标4测量了Ne次，目标4的方位为(azimuth $+3\mu$)，测量值正态分布 $\mathrm{N}((\text{azimuth}+3\mu),\sigma_e^2)$。

利用MATLAB函数normrnd产生目标4的红外跟踪方位测量数据：

IR_track_target4 = normrnd((azimuth +3* u),IR_sigma,1,Ne);% 红外对目标4的测量数据。

注：Ne不小于 n_1,n_2,n_3 的最大者，即 $\mathrm{Ne}\geqslant\max([n_1,n_2,n_3])$。

5.6.3 微波雷达与红外航迹相似性测度

按式(5.66)求得所有微波雷达航迹与红外的航迹相似性测度 P_j，将相似性测度 P_j 按从大到小的顺序排序，找出前两个 P_j，分别记为 P_S 和 P_l。

$$d_j=\sum_{i=1}^{n_j}\left[\frac{\theta_e(t_i)-\hat{\theta}_j(t_i)}{\sigma_e}\right]^2 \tag{5.65}$$

$$P_j \triangleq P_r\{X_j > d_j\} = 1 - F_j(d_j), X_j \sim \chi^2(n_j), \ j \neq 0 \tag{5.66}$$

由于目标的真方位值 $\theta_j(t_i)$ 未知，故采用相应的卡尔曼滤波估值 $\hat{\theta}_j$。本例中没有卡尔曼滤波算法，直接采用测量值的均值 $\bar{\theta}_j$，即

$$\bar{\theta}_j = \frac{\sum_{i=1}^{n_j} \theta_j(t_i)}{n_j} \tag{5.67}$$

步骤：

按式(5.68)分别求目标 1、目标 2 和目标 3 的微波雷达航迹测量值的均值 $\bar{\theta}_1$、$\bar{\theta}_2$、$\bar{\theta}_3$；

代入式(5.66)，求得目标 1、目标 2 和目标 3 的微波雷达航迹与目标 3 的红外航迹似然函数值 D_{31}、D_{32}、D_{33}；

代入式(5.67)，求得目标 1、目标 2 和目标 3 的微波雷达航迹与目标 3 的红外航迹的相似性测度 P_{31}、P_{32}、P_{33}。

5.6.4　求门限值

1. 各门限的确定原则

低门限 T_L 的确定原则：在微波雷达与红外航迹本来关联的情况下，错误判决为不关联的概率要小于预先给定的漏关联概率 β，低门限为 $T_L = \beta$。

确定高门限 T_H 的原则：当红外航迹与微波雷达航迹 s（对应 P_S 最大），本来不关联的情况下，P_S 大于 T_H 的概率要小于预先给定的误关联概率 α。

确定中门限 T_H 的原则：在高门限 T_H 和低门限 T_L 之间是一个推测（不确定）的决策区域，中门限 T_M 将此暂行区域分为一个试验关联区域和试验无关联区域。选择中门限的原则使得下式成立：

$$P_r\{P_S \geqslant T_M \mid \text{红外航迹与微波雷达航迹无关联时}\}$$
$$= P_r\{P_S < T_M \mid \text{红外航迹与微波雷达航迹关联时}\}$$

设置概率间隔 R 的目的是为了在有两个或两个以上目标靠得较近的情况下，保证正确选择微波雷达和红外航迹关联对，以避免错误目标分类。设给定允许错误分类概率为 P_e，则 R 的选择使得下式成立：

$$P_e = P_r\{P_S \geqslant P_t + R \mid H_t\}$$

式中：P_S 对应不正确的微波雷达和红外航迹关联累积概率，而 P_t 对应正确的微波雷达和红外航迹累积概率。

2. 门限值

1）低门限

根据门限确定原则可知 $T_L = \beta = 0.01$，β 为漏关联概率。

2）中门限

中门限 T_M 的解析式为

$$\begin{cases} T_M = \int_{t_M}^{\infty} \chi^2(x;n_S)\,dx \\ \text{s. t. } \int_0^{t_M} [\chi^2(x;n_S) + \chi^2(x;n_S,\delta_S)]\,dx = 1 \end{cases} \tag{5.68}$$

当 $\lambda=1$ 时，先利用 MATLAB 的 fzero 函数求出非线性方程 $g(x) = \int_0^{t_M} [\chi^2(x;n_S) + \chi^2(x;n_S,\delta_S)]\,dx - 1 = 0$ 时的根 t_M，再 t_M 由求出 T_M。

MATLAB 语句代码如下：

```
tM = fzero(@(x)(chi2cdf(x,n) + ncx2cdf(x,n,n) - 1),0.5);
TM = 1 - chi2cdf(tm, n);
```

当 $\lambda=1$ 时，得到中门限 T_M 与 n_S 的关系如图 5.14 所示。

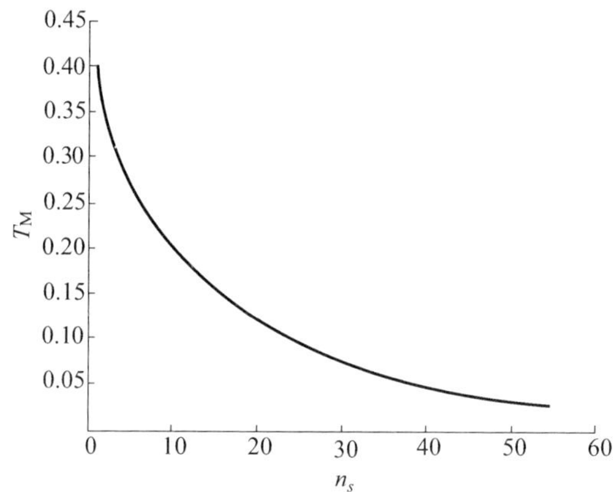

图 5.14　当 $\lambda=1$ 时，得到中门限 T_M 与 n_S 的关系曲线

由图 5.16 可知，中门限 T_M 只与测量次数 n_S 有关，其值比较小，当 $n_S=10$ 时，$T_M=0.2027$；当 $n_S=20$ 时，$T_M=0.1200$；当 $n_S=100$ 时，$T_M=0.0044$，接近于 0。

3）高门限

高门限 T_H 的解析式为

$$\begin{cases} T_H = \int_{t_H}^{\infty} \chi^2(x;n_S)\,dx \\ \text{s. t. } \int_0^{t_H} \chi^2(x;n_S,\delta_S)\,dx = \alpha \end{cases} \tag{5.69}$$

当 $\lambda=1$ 和 $\alpha=0.01$ 时，利用 MATLAB 非中心卡方分布逆累积分布函数 ncx2inv 先求出 t_H，再由 t_H 求出 T_H。

MATLAB 语句代码如下：

```
tH  =  ncx2inv (alfa, n, n);
TH  =  1 - chi2cdf(th, n);
```

当 $\lambda=1$ 和 $\alpha=0.01$ 时，得到高门限 T_H 与 n_s 的关系如图 5.15 所示。

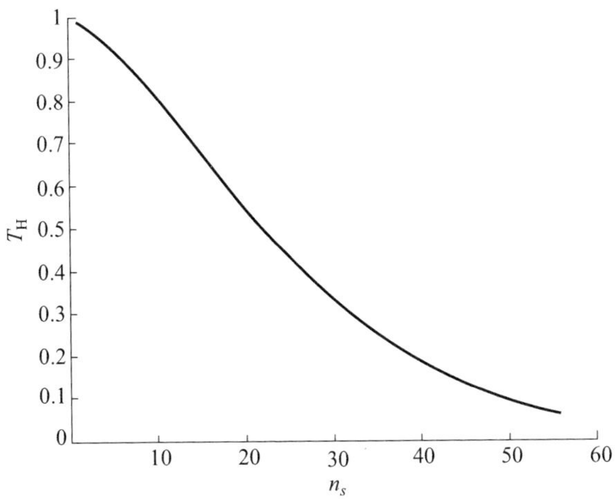

图 5.15　当 $\lambda=1$ 和 $\alpha=0.01$ 时，得到高门限 T_H 与 n_s 的关系曲线

5.6.5　仿真结果

经过 500 次仿真，得到微波雷达航迹与红外航迹关联的结果见表 5.1。其中，p1 是微波雷达和红外航迹 3 确认关联的概率；p2 是微波雷达和红外航迹 3 试验关联的概率；p3 是微波雷达和红外航迹 3 试验无关联的概率；p4 是微波雷达和红外航迹 3 确认无关联的概率。

表 5.1　基于统计三门限相关决策方法的仿真结果（$\alpha=\beta=0.05$）

n1/n2/n3	情况一 H_3 为真				情况二 H_0 为真			
	p1	p2	p3	p4	p1	p2	p3	p4
5/5/5	0.74	0.16	0.002	0	0.116	0.486	0.306	0.032
10/10/10	0.952	0.004	0	0	0.204	0.428	0.288	0.064
10/20/30	0.998	0	0	0	0.614	0.232	0.112	0.04
30/20/10	0.954	0.012	0	0	0.228	0.47	0.258	0.044
20/20/20	1	0	0	0	0.442	0.32	0.2	0.038
30/30/30	1	0	0	0	0.598	0.21	0.134	0.058
20/30/40	1	0	0	0	0.678	0.16	0.104	0.058
40/30/20	1	0	0	0	0.432	0.336	0.198	0.034

1. 三门限决策仿真

目标之间的方位间隔 $\mu_i = 1 \times \sqrt{\sigma_e^2 + \sigma_r^2}$，微波雷达方位测量标准差 $\sigma_r = 0.25$，红外方位测量标准差 σ_i 是微波雷达方位测量标准差 σ_r 的 1/10，$\sigma_i = 0.025$。

2. 四门限决策仿真

目标之间的方位间隔 $\mu_i = 1 \times \sqrt{(\sigma_e^2 + \sigma_r^2)}$，微波雷达方位测量标准差 $\sigma_r = 0.25$，红外方位测量标准差 σ_i 是微波雷达方位测量标准差 σ_r 的 1/10，$\sigma_i = 0.025$，仿真结果如表 5.2 所示。

表 5.2　基于统计四门限相关决策方法的仿真结果($\alpha = \beta = P_e = 0.05$)

n1/n2/n3	情况一 H_3 为真					情况二 H_0 为真				
	p1	p2	p3	p4	p5	p1	p2	p3	p4	p5
5/5/5	0.332	0.048	0.508	0.004	0	0.132	0.172	0.296	0.302	0.028
10/10/10	0.558	0	0.418	0	0	0.202	0.22	0.266	0.278	0.022
10/20/30	0.876	0	0.124	0	0	0.574	0.256	0	0.12	0.05
30/20/10	0.512	0	0.468	0	0	0.204	0.232	0.238	0.268	0.056
20/20/20	0.726	0	0.274	0	0	0.418	0.26	0.108	0.168	0.046
30/30/30	0.7846	0	0.154	0	0	0.572	0.268	0	0.118	0.042

5.6.6 结果分析

1. 门限值的分布特点

根据 5.6.4 节的门限值计算结果，当 $\lambda = 1$ 和 $\alpha = 0.01$ 时，漏关联概率 β 为 0.01，中门限和高门限值只与测量次数 n 有关，低门限值取决于漏关联概率 β，与其他因素无关。不同的 n 值下的门限值如表 5.3 所列。

表 5.3　门限值分布特点分析

n	T_L	T_M	T_H
5	0.01	0.2778	0.9230
10	0.01	0.2027	0.8090
20	0.01	0.1200	0.5505
30	0.01	0.0752	0.3308
40	0.01	0.0484	0.1811
50	0.01	0.0317	0.0922

当测量次数 n 大于 30 次时，中门限值很小，可以忽略不计；当 n 大于 50 次时，高门限值也很小了，环境的因素导致的概率不确定性也将大于高门限值，结

果的可信度将减小。

2. 航迹相似性测度仿真

微波雷达测量精度 RADAR_sigma = 0.25，微波雷达和红外对目标的测量次数均为 $n=10$。用 P_{ij}表示目标 j 的微波雷达航迹与目标 i 的红外航迹的相似性测度。不同的目标方位间隔 μ 下相似性测度结果如表 5.4 所列。

表 5.4　航迹相似性测度

μ	P_{31}	P_{32}	P_{33}	P_{41}	P_{42}	P_{43}
15	0	0	0.8340	0	0	0
1.5	0	0.0049	0.4885	0	0	0.2006
0.25	0.2408	0.3017	0.3193	0.0126	0.0384	0.0646

当目标方位间隔远大于微波雷达测量精度时，对微波雷达和红外同一目标的测量值的相似度较大；当目标方位间隔与微波雷达测量精度处于同一数量级时，对目标的识别难度增加，相似度趋于分散。

3. 结论

通过 MATLAB 仿真，当目标之间的方位间隔远大于微波雷达和红外的测量精度时，能够实现目标的微波雷达航迹和红外航迹关联；当目标方位间隔与微波雷达的测量精度处于同一数量级时，目标的微波雷达航迹和红外航迹的关联性变差。

参考文献

[1] 胡旭东．红外/雷达复合搜索系统的研究[D]．长春：长春理工大学，2012.

[2] 彭芳，吴军，向建军，等．IRST 牵引机载预警雷达的探测效能评估与仿真[J]．现代雷达，2016，38(1)：5.9.

[3] 刘晨，冯新喜．杂波环境下基于红外传感器和雷达融合的机动目标跟踪算法[J]．空军工程大学学报(自然科学版)，2006，7(12)：25 - 28.

[4] 王国宏，何友，毛士艺．IRST 对 3D 雷达引导性能分析[J]．电子学报，2002，30(12)：1737 - 1740.

[5] 陈玉茹，胡以华，芮健．雷达/红外综合探测系统的抗干扰性能分析[J]．红外技术，2006，28(8)：481 - 484.

[6] 刘忠领，于振红，李立仁．红外搜索跟踪系统的研究现状与发展趋势[J]．现代防御技术，2016，42(2)：95 - 101.

[7] 于周锋，吴凡，宁新潮．基于无人机载的光电与 SAR 图像融合技术研究[J]．应用光学，2017，38(2)：174 - 179.

[8] 杨小军，邢科义，施坤林．传感器网络下机动目标动态协同跟踪算法[J]．自动化学报，2007，33(10)：1029 - 1035.

[9] 万华．多传感器协同定位技术研究[J]．船舶电子对抗，2014，37(3)：30 - 32.

[10] 王睿智,史庭训,焦文品. 一种基于元组空间的智能传感器协同感知机制[J]. 软件学报,2015,26(4):790-801.

[11] 赵建恒,许蕴山,邓有为,等. 一种面向协同探测的多传感器管理系统架构[J]. 电光与控制,2015,22(6):6-10.

[12] 何友,王国宏,等. 多传感器信息融合及应用[M]. 2 版. 北京:电子工业出版社,2007.

第6章 光电被动测距技术

目标定位是机载红外预警雷达实现目标识别、威胁等级判断、目标轨迹预测以及指挥引导非常基础和重要的功能。目标定位的一般方法是先实现平台载体的自身定位,然后通过相对角位置和距离信息解算目标位置。相对测距是相对定位非常重要的环节。

光电系统测距方法通常分为主动测距和被动测距。主动测距就是利用激光或者协同雷达进行主动发射,测量由目标反射的回波信号的时间差进行距离解算。主动测距方法将在后文中进行介绍。被动测距一般在无主动测距或无法用主动测距实现测距功能的情况下使用。根据测距原理,被动测距方法主要分为成像法、几何法和辐射定标法等。其中,成像法测距需要目标在光电系统中成一定面积的像,一般应用于中近距离成像探测,不适用于红外预警雷达远距离“点目标”探测。几何法包括双站交叉被动测距法和单站移动被动测距法。辐射定标法包括单波段辐射定标测距和双波段辐射差测距。因此,本章将重点介绍几何法和辐射定标法测距。

6.1 双站交叉被动测距

双站交叉测距是利用两套具有一定间隔距离的观测站与目标构成一个三角形,通过三角几何关系计算目标相对两个观测站之间距离的方法。该方法应用比较普遍,传统弹道测量就是采用此类方法。全球定位系统 GPS 也是基于此方法原理工作的。

6.1.1 双站测距原理

现有的红外探测器一般在识别出空中目标的同时都能给出目标的方位角和俯仰角。利用两个有一定间距的探测器得到的目标空中方位角和俯仰角信息及两探测器间的相对位置,可确定空中目标的位置和目标到观测站的距离。

在两个不同位置各安装一台相同的红外探测设备,这两个设备能同时探测到目标，以其中一台的中心为原点，两台设备的中心连线为 X 轴，设备的竖轴(垂直于两台设备间的连线)为 Y 轴，Z 轴与 X、Y 轴成右手系，建立坐标系如图 6.1所示。

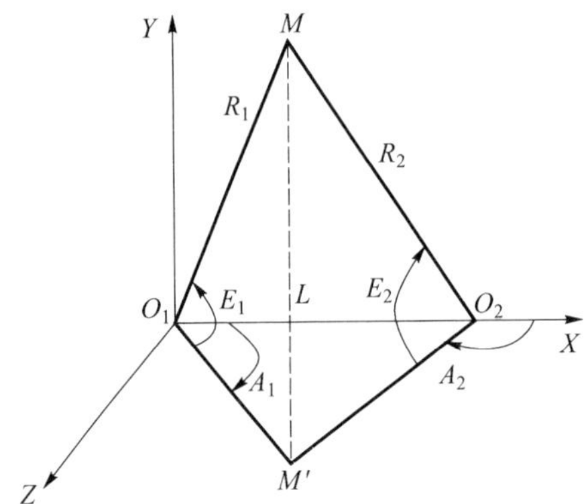

图 6.1　交汇测量几何

目标 M 在 XOZ 平面的投影为 M'，设备 1 测得的目标方位角为 A_1，高低角为 E_1，设备 2 测得的目标方位角为 A_2，高低角为 E_2，设目标距两设备的距离分别为 R_1、R_2，两台设备间的距离为 L，则由此几何关系可得

$$R_1 = L\sin A_2/\cos E_1 \sin(A_2 - A_1) \tag{6.1}$$

$$R_2 = L\sin A_1/\cos E_2 \sin(A_2 - A_1) \tag{6.2}$$

两台红外探测设备同时测出目标的角度，便可由式(6.1)或式(6.2)得到目标的距离，这样便实现了对目标的被动定位。从距离计算公式可以看出，距离的计算误差与基线距离长短，目标远近，测量的方位角、俯仰角有关。

6.1.2　测距误差分析

双站交叉测距时，影响测距产生误差的因素主要包括距离基线误差(ΔL)、指北误差(ΔQ)、调平误差(ΔR)、角度测量误差和时间误差(ΔT)等。

距离基线误差就是两观测站之间的距离误差。指北误差是指两个探测器定位目标的方位角时需要一个共同的零度方向，而两站标定零度时产生的偏差。调平误差是指由于测定目标俯仰角的需要，定位水平方向时产生的偏差。角度测量误差即测量目标方位角和俯仰角时产生的偏差，角度测量误差又包括方位角测量误差(ΔA)和俯仰角测量误差(ΔE)。时间误差对运动平台而言，是指两站点的时统误差，或者是将一个站点的测量信息传输至另一站点的通信过程产生的时间延迟。

探测器 1 到目标的距离 R_1 是关于方位角 A_1，A_2 和俯仰角 E_1 的函数：$R_1 =$

$f(A_1, A_2, E_1)$。其可能产生的误差为

$$\Delta R_1 = \frac{\partial f}{\partial A_1}\Delta A_1 + \frac{\partial f}{\partial A_2}\Delta A_2 + \frac{\partial f}{\partial E_1}\Delta E_1 + \frac{\partial f}{\partial L}\Delta L \tag{6.3}$$

由式(6.1)得距离 R_1 方差为

$$\begin{aligned}(\Delta R_1)^2 = & [L\sin A_2\cos(A_2 - A_1)\Delta A_1/\cos E_1\sin^2(A_2 - A_1)]^2 \\ & + [L\sin A_1\Delta A_2/\cos E_1\sin^2(A_2 - A_1)]^2 \\ & + [L\sin A_2\sin E_1\Delta E_1/\cos^2 E_1\sin(A_2 - A_1)]^2 \\ & + [\Delta L\sin A_2/\cos E_1\sin(A_2 - A_1)]^2\end{aligned} \tag{6.4}$$

式中:ΔA_1 和 ΔA_2 分别包含了两个探测器各自的指北误差和方位角误差,而 ΔA_2 还包括了探测器 2 由通信延迟时间造成的测角误差;ΔE_1 包含了探测器 1 的调平误差和俯仰角误差;ΔL 包含了两个探测器之间水平距离的测量误差。

同理可计算出探测器 2 测量的距离 R_2 的误差。

通过误差分析可知:测量误差和基线距离成反比;误差与被测目标距离成正比;误差与方位角、俯仰角成反比,这就要求在满足测量条件的情况下尽量使测量设备对目标的角度大,以减小测量的误差。

6.1.3　典型应用

交叉定位的关键是两个探测系统的视线对准同一目标的几何中心或质心。在观察视野中只存在一个目标时,这是很容易满足的。存在多个(指两个或两个上)目标时,这一点往往不容易满足。原因有二:其一,测量误差造成的视线不共面,这时,目标位于以基线为相交线的两个平面上;其二,即使两个视线共面,也可能因为未交会于同一目标而得出错误的结论,如图 6.2 所示。

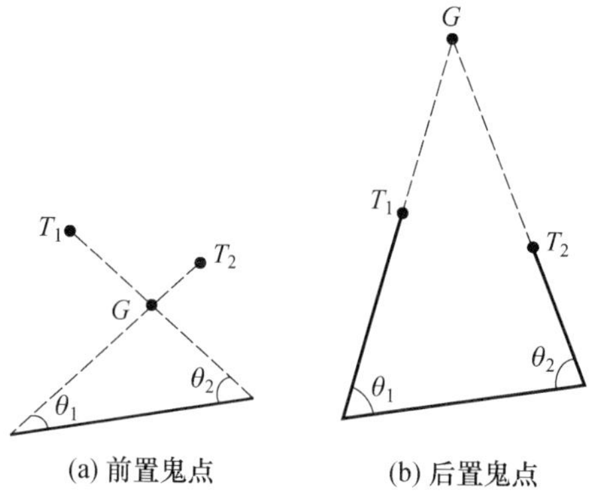

图 6.2　视线未交汇于同一目标的情形

图中的 G 点称为鬼点(ghost),是两个探测器对准的不是平面内同一目标时而造成的假像点。其中,图(a)为前置鬼点,图(b)为后置鬼点。要从根本上消除鬼点,必须进行视线的共面检测和同一目标检测。后者可以通过两个探测系统的旋转运动来实现。

2002 年,海军工程学院在实际项目中采用双站交叉测距,取 $\Delta A1 = \Delta A2 = \Delta E_1 = 9.69 \times 10^{-5}$rad,取 L 为 50m,斜距 R_1 从 5000 ~ 10000m。对斜距误差进行了仿真计算。结果表明,斜距为 5000 ~ 10000m 范围内,大部分测距误差在几十米到 500m 之间,测距误差在 10% 以内。

2007 年,中科院上海技术物理研究所对交叉测距方法的测距精度进行了仿真验证。测角精度取方位角 ±1.5mrad;俯仰角 ±1mrad;指北精度 0.1;调平误差精度 0.02;实际目标高度小于 10km。由于受实际条件的限制,两站间距不可能拉的很大,考虑两站间距为 1km。

第一种情况,考虑要求测距相对误差最大可能值 $\max\Delta D/D$ 控制在 10% 以内的情况下,最大有效测距距离随方位角的变化关系如图 6.3 所示。

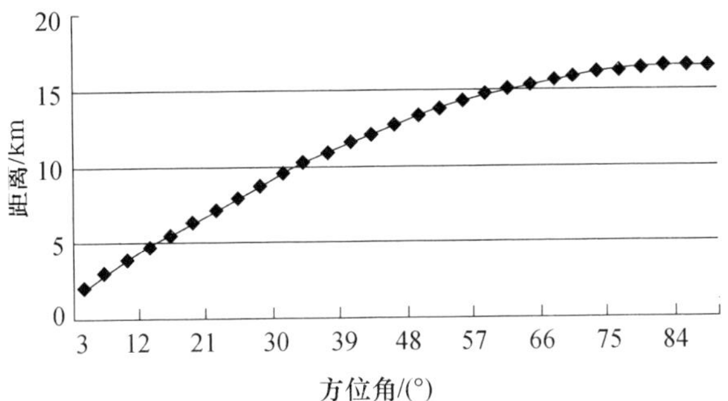

图 6.3 考虑相对误差最大值的情况下,最大有效测距距离随方位角的变化

第二种情况,考虑要求测距相对误差的均方根值 $\delta\Delta D/D$ 控制在 10% 以内的情况下,最大有效测距距离随方位角的变化关系,如图 6.4 所示。

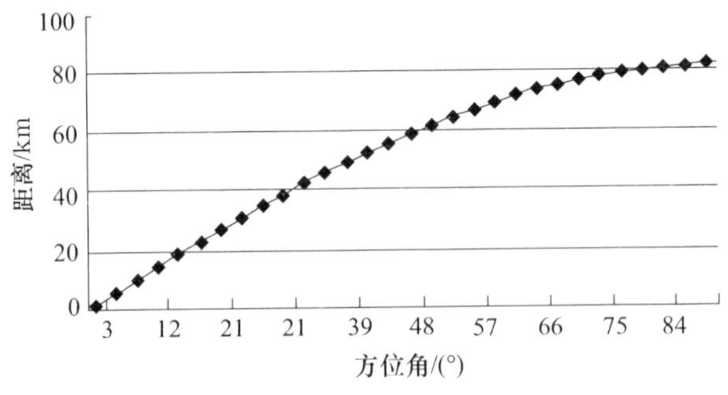

图 6.4 考虑均方根的情况下,最大有效测距距离随方位角的变化

仿真结果表明,在0°~90°范围内,最大测距距离随着方位角的增大而增大,约到90°时取到一个最大值。根据实际要求,测距时若考虑测距相对误差的均方根值控制在10%以内,则该算法适用于一个较大的测距范围,最大达到80km以上。

上述研究工作均是在地面固定平台上开展的。针对机载应用,美导弹防御局开展的"弹道导弹无人机载红外预警探测研究"项目,正在利用"捕食者"无人机搭载MTS-B多光谱光电跟瞄系统对中近程弹道导弹进行远程预警探测试验。在激光测距能力不足的情况下,试验第一期考虑采用双站测距的方法实现弹道导弹的测距和精确定位,系统定位精度在10%左右。

6.2 单站移动被动测距

双站交叉测距因为至少需要两台系统协同才能实现,对于固定轨道,或机动性不太强的目标,具备一定的应用价值。在很多实际应用中,仍然需要解决单平台测距的问题。单站移动测距是在双站交叉测距原理的基础上演化而来的,适用于单站系统的测距方法。

6.2.1 测距原理

1. 测距建模

在惯性系下,假设在 k 时刻目标和载机的位置坐标为 $[xT(k), yT(k), zT(k)]T$, $[x_0(k), y_0(k), z_0(k)]T$,如图6.5所示。

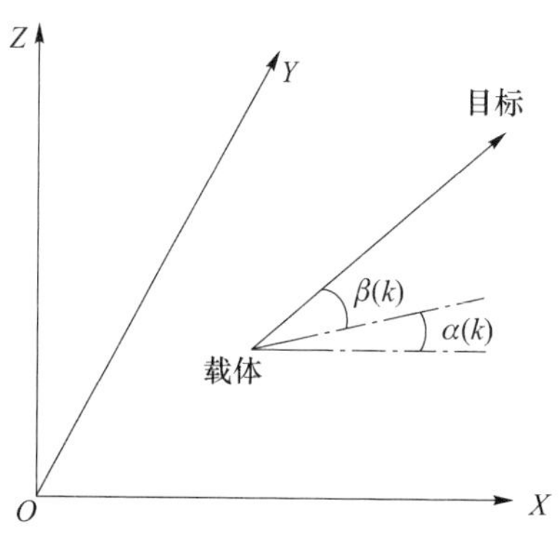

图6.5 载机、目标机空间关系示意图

根据视线-轨迹交会算法原理,可得

$$\frac{x_T(k)-x_0(k)}{L_x(k)}=\frac{y_T(k)-y_0(k)}{L_y(k)}=\frac{z_T(k)-z_0(k)}{L_z(k)} \tag{6.5}$$

式中:$L_x(k)$, $L_y(k)$, $L_z(k)$为 k 时刻观察视线方向单位矢量在惯性系下 X,Y,Z 轴的三分量。

根据目标的方位角 $\alpha(k)$、俯仰角 $\beta(k)$,可得

$$\boldsymbol{L}(k)=[\cos\beta(k)\cos\alpha(k),\cos\beta(k)\sin\alpha(k),\sin\beta(k)]^{\mathrm{T}} \tag{6.6}$$

代入式(6.5)可得

$$\frac{x_T(k)-x_0(k)}{\cos\beta(k)\cos\alpha(k)}=\frac{y_T(k)-y_0(k)}{\cos\beta(k)\sin\alpha(k)}=\frac{z_T(k)-z_0(k)}{\sin\beta(k)} \tag{6.7}$$

引入目标的状态转移方程

$$[x_T(k),y_T(k),z_T(k)]^{\mathrm{T}}=f([x_T(k-1),y_T(k-1),z_T(k-1)]^{\mathrm{T}})+w(k-1) \tag{6.8}$$

式中:$w(k-1)$为过程噪声;f 为当前时刻 k 和前一时刻 $k-1$ 的状态转移函数。

由于载机的位置坐标$[x_0(k),\ y_0(k),\ z_0(k)]T$ 通过惯导系统给出,目标的方位角 $\alpha(k)$、俯仰角 $\beta(k)$实时可测量得到,因此理论上在满足可观测性条件下,根据不同时刻的量测和目标运动状态的转移方程能够实现对运动目标的测距、定位,并可采用最小二乘、加权最小二乘、粒子滤波等处理方法进一步改进目标的定位效果。

2. 目标运动状态模型

通常用一些经典的运动方式来表示目标的运动方程,如离散匀速直线运动(CV)模型、离散匀加速直线运动(CA)模型和 Singer 模型。

1) 离散匀速直线运动(CV)模型

$$\text{状态变量:}\boldsymbol{X}_k=[x_k,y_k,z_k,\dot{x}_k,\dot{y}_k,\dot{z}_k]^{\mathrm{T}} \tag{6.9}$$

$$\text{状态方程:}\boldsymbol{X}_k=\boldsymbol{\Phi}\boldsymbol{X}_{k-1}+\boldsymbol{\Gamma}\boldsymbol{w}_{k-1} \tag{6.10}$$

式中:$\boldsymbol{\Phi}=\begin{bmatrix} I_3 & TI_3 \\ 0 & I_3 \end{bmatrix}$,$\boldsymbol{\Gamma}=\begin{bmatrix} \frac{T^2}{2}I_3 \\ TI_3 \end{bmatrix}$,$\boldsymbol{w}_{k-1}=[w_{1,k-1},w_{2,k-1},w_{3,k-1}]^{\mathrm{T}}$,$w_{1,k-1}$、$w_{2,k-1}$、$w_{3,k-1}$为相互独立高斯白噪声;$T$ 为采样周期;$\boldsymbol{I}_3$为 3×3 的单位矩阵。

2) 离散 CA 模型

$$\text{状态变量:}\boldsymbol{X}_k=[x_k,y_k,z_k,\dot{x}_k,\dot{y}_k,\dot{z}_k,\ddot{x}_k,\ddot{y}_k,\ddot{z}_k]^{\mathrm{T}} \tag{6.11}$$

$$\text{状态方程:}\boldsymbol{X}_k=\boldsymbol{\Phi}\boldsymbol{X}_{k-1}+\boldsymbol{\Gamma}\boldsymbol{w}_{k-1} \tag{6.12}$$

式中：$\boldsymbol{\Phi}=\begin{bmatrix} I_3 & TI_3 & \frac{T^2}{2}TI_3 \\ & I_3 & TI_3 \\ & & I_3 \end{bmatrix}$；$\boldsymbol{\Gamma}=\begin{bmatrix} \frac{T^2}{2}I_3 \\ TI_3 \\ I_3 \end{bmatrix}$。

3）Singer 模型

Singer 模型是全局统计模型，考虑了目标发生机动的各种可能性，是适合多种复杂机动目标类型的模型。

由式(6.8)可知，若能确定目标状态，转移函数 f 和初始位置 X_0，即可粗略估计任一时刻 k 的状态 X_k，并可以用式(6.7)实时修正估计值 X_k。在运动单站测角被动测距中，由直接测量的方位角和俯仰角序列 $\{\alpha_k,\beta_k\}$ 不能求解目标位置坐标序列 $[x_k,y_k,z_k]^{\mathrm{T}}$，利用状态方程法表示目标的状态转移关系，即把被动测距转化为一个非线性估计问题。

6.2.2　单站测距解算

在实际应用系统中，实时给出目标与观测站之间的距离序列是被动测距的主要任务。根据状态方程的估计法，可以实时估计目标位置。若此估计值无偏、渐近且收敛于实际值的时间短，则能满足实际系统的需要。

基于 Bayesian 最优估计的粒子滤波，其基本思想是利用 Monte Carlo 模拟计算 Bayesian 估计的随机积分，给出待估计量的最大后验估计值(MAP)。PF 方法的最大优点是估计值不依赖于初始状态估计值，对状态转移函数的形式也不加限制。

考虑离散状态空间模型：

$$\text{状态方程：}x_k=f(X_{k-1})+w_{k-1} \tag{6.13}$$

$$\text{测量方程：}y_k=h(X_k)+e_k \tag{6.14}$$

式中：$x_k\in R_m$，y_k为时间 k 处的测量值，令 $Y_k=\{y_i\}_{i=1}^{k}$。假设状态转移过程噪声 w_{k-1}的概率密度函数 $pw(w)$ 和测量噪声 e_k 的概率密度函数 $p_e(e)$ 已知。递归 Bayesian 最优估计就是要给出状态变量 x_k 的最小均方误差估计，即 x_k 后验分布的期望值。

$$\hat{x}_k^{\mathrm{opt}}=\int x_k p(x_k\mid Y_k)\,\mathrm{d}x_k \tag{6.15}$$

为了求得最优估计 $\hat{x}_k^{\mathrm{opt}}$，必须构造后验概率密度函数 $p(x_k|Y_k)$。假设初始概率分布 $p(x_1|Y_0)=p(x_1)$ 为已知的先验知识，理论上可以通过预测和更新来构建后验概率密度函数 $p(x_k|Y_k)$。

$$\text{预测：}p(x_k\mid Y_{k-1})=\int p(x_k\mid x_{k-1})p(x_{k-1}\mid Y_{k-1})\,\mathrm{d}x_{k-1} \tag{6.16}$$

$$更新:p(x_k|Y_k)=\frac{p(y_k|x_k)p(x_k|Y_{k-1})}{p(y_k|Y_{k-1})} \tag{6.17}$$

式(6.16)和式(6.17)构成了递归Bayesian估计的基础,但是通常情况下式(6.16)和式(6.17)没有解析解。对于特殊情形,当状态方程和测量方程都是线性高斯模型时,Kalman滤波能给出有限维的解。对于非线性状态方程模型,必须采用近似的数值方法来求解式(6.16)和式(6.17)中的积分式。PF算法是一种基于递归Bayesian原理利用Monte Carlo模拟生成加权的粒子来描述后验概率密度的方法。有了描述后验概率密度的方法,就可以由式(6.15)得到x_k后验概率估计值。

综上所述,利用粒子滤波的处理步骤为

(1) 初始化,$x_1^{(i)}\cdot p(x_1),i=1,\cdots,N$;

(2) 测量更新,计算权值$q_k^{(i)}\cdot p(y_k|x_{k|k-1}^{(i)})$;

(3) 重抽样,$\Pr\{x_k^i=x_k^j\}=w_k^i$;

(4) 时间更新,预测新的粒子$x_{k+1|k}^{(i)}\cdot p(x_k|x_{k-1}^{(i)})$;

(5) 令$k=k+1$,重复步骤(2)。

6.2.3 典型应用

粒子滤波方法适用于任何能用状态空间模型表示的问题。在解算被动测距中,可采用的粒子滤波器主要有SIS滤波器、SIR滤波器及各种修正方法等。

1. SIS滤波器

令$\{x_{k-1}^i,w_{k-1}^i\}_{i=1}^N$为后验概率密度函数$p(x_{k-1}|Y_{k-1})$的随机采样,其中$x_{k-1}^i$,$i=1,\cdots,N$为支撑点集,相应的权值为$w_{k-1}^i,i=1,\cdots,N$,则$k-1$时刻的后验概率分布$p(x_{k-1}|Y_{k-1})$为

$$p(x_{k-1}\mid Y_{k-1})\approx\sum_{i=1}^N w_{k-1}^i\delta(x_{k-1}-x_{k-1}^i) \tag{6.18}$$

k时刻的后验概率分布:

$$p(x_k\mid Y_k)\approx\frac{p(y_k\mid x_k)p(x_k\mid Y_{k-1})}{p(y_k\mid Y_{k-1})}\propto$$

$$p(y_k\mid x_k)\int p(x_k\mid x_{k-1})p(x_{k-1}\mid Y_{k-1})\mathrm{d}x_{k-1}\approx p(y_k\mid x_k)\sum_{i=1}^N w_{k-1}^i p(x_k\mid x_{k-1}^i) \tag{6.19}$$

按照PF的思想,后验概率密度$p(x_k|Y_k)$可用一组加权样本集表示为

$$p(x_k\mid Y_k)\approx\sum_{i=1}^N w_k^i\delta(x_k\mid x_k^i) \tag{6.20}$$

由于不知道$p(x_k|Y_k)$的函数形式,很难确定支撑点集$x_k^i(i=1,\cdots,N)$和相

应的权值 $w_k^i(i=1,\cdots,N)$。因此，经常从重要性密度函数中利用重要性采样的方法生成一组加权样本集来描述后验概率密度 $p(x_k|Y_k)$。特别地，可以取服从分布 $q(x_k^i|x_{k-1}^i,Y_k)$ 的样本集 $\{x_k^i\}_{i=1}^N$，即重要性密度函数为 $q(\cdot|x_{k-1}^i,Y_k)$，相应的权值为

$$w_k^i \propto w_{k-1}^i \frac{p(y_k|x_k^i)p(x_k^i|x_{k-1}^i)}{q(x_k^i|x_{k-1}^i,Y_k)} \tag{6.21}$$

2. SIR 滤波器

SIS 存在粒子退化问题，可以用以下方法解决该问题：

（1）选择重要性密度函数 $q(x_k|x_{k-1},Y_k)$ 以降低 $\mathrm{Var}(w_k^i)$，最佳选择标准为

$$q(x_k|x_{k-1},Y_k)=p(x_k|x_{k-1},y_k)$$

（2）在加权随机样本集 $\{x_k^i,w_k^i\}_{i=1}^N$ 的生成中加入重抽样步骤：

① 由离散粒子集 $\{x_k^i\}_{i=1}^N$ 生成新的支撑集 $\{x_k^{i*}\}_{i=1}^N$，$\Pr\{x_k^{i*}=x_k^j\}=w_k^i$；

② 新粒子的权值 $w_k^i=\dfrac{1}{N}$。

SIR 就是在 SIS 中加入重抽样步骤来解决粒子退化问题的。

3. 模拟试验

首先建立目标与观测站间的位置坐标模型，目标和观测站在测量时间范围上的运动轨迹如图 6.6 所示。目标、观测站均作匀速直线运动。目标初始位置为(0km,180km,80km)，以速度(0.3km/s,0km/s,0km/s)作匀速直线运动。观测站初始位置为(0km,0km,0km)，并以速度(0.3km/s,0.3km/s,0.2km/s)作匀速直线运动。目标相对于观测站的初始位置坐标为(0km,180km,80km)，速度 $v=$(0km/s，−0.3km/s，−0.2km/s)。

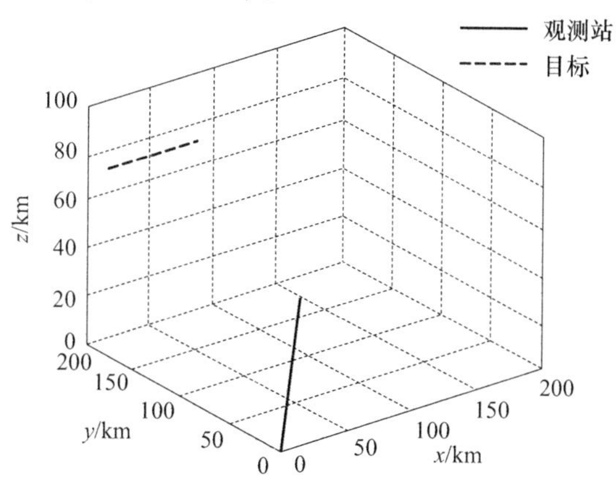

图 6.6　目标和观测站的相对位置

为了模拟真实场景中的测量数据，按照测量方程和状态方程引入测量噪声

e 和过程噪声 w,生成相对于观测站的目标方位角和俯仰角数据。假设噪声 e 和 w 是零均值高斯白噪声,协方差分别为 $\delta_e^2=(1\text{mrad}^2,1\text{mrad}^2)$,$\delta_w^2=(1\text{km}^2,1\text{km}^2,1\text{km}^2)$。

根据方位角和俯仰角序列计算目标的位置坐标序列,是运动单站被动测距系统的主要任务。假设已知目标和观测站间的相对速度 $v=(0\text{km/s},\ -0.3\text{km/s},-0.2\text{km/s})$,即状态转移函数 f。根据先验知识假设初始位置为均匀分布的随机变量,均值(0km,180km,80km),方差 $\delta^2=(10^2\text{km}^2,10^2\text{km}^2,10^2\text{km}^2)$。利用 PF 方法估计状态值 X_k,取粒子数 $N=1000$,图 6.7 为 Z 方向上目标相对观测站的位置坐标序列的估计值和真实值。从图中可以看出:估计值与真实值拟合得很好。

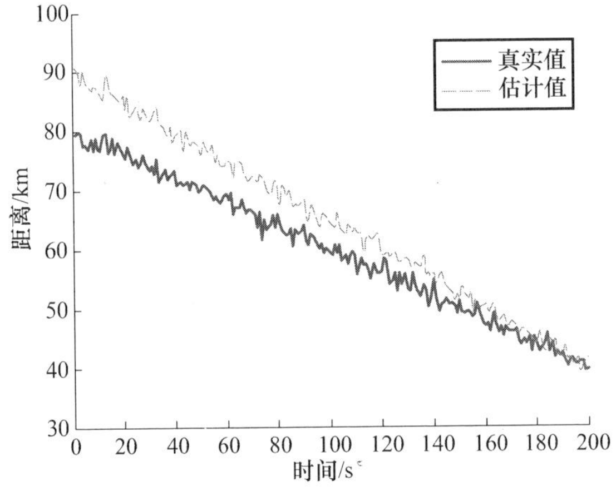

图 6.7 方向 Z 上的真实值和 PF 估计值(见彩图)

将运动单站被动测距归结为状态方程和测量方程描述的非线性估计问题,如何确定状态转移函数 f 和状态初始值 X_0 就是问题的关键。如何选择状态初始值 X_0 直接影响滤波估计结果,PF 方法对初值的依赖性较小,这是被广泛关注的原因。根据先验知识估计 X_0 的区间,如果先验知识较多,则将区间取小一点,如果较少,则将区间取得大一点,只要保证真实值在估计的区间即可。当粒子数取得适中($N=5000$、10000)时,利用粒子滤波算法能得到较好的估计结果。图 6.8 为初始状态估计值误差较大的估计结果,X_0 为均匀分布的随机变量,均值为(0km,180km,80km),方差 $\delta^2=(3^2\text{km}^2,50^2\text{km}^2,30^2\text{km}^2)$,粒子数 $N=5000$。从图中可以看出,刚开始,估计误差较大,通过随机采样学习直到第 50 个采样估计值时,估计值与真实值逼近得较好。图 6.9 为估计值与真实值的相对误差。

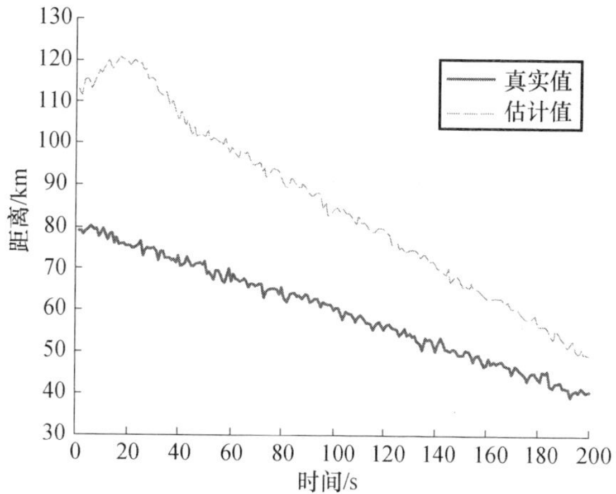

图 6.8 初始值误差较大的情况下,方向 Z 上的真实值和 PF 估计值(见彩图)

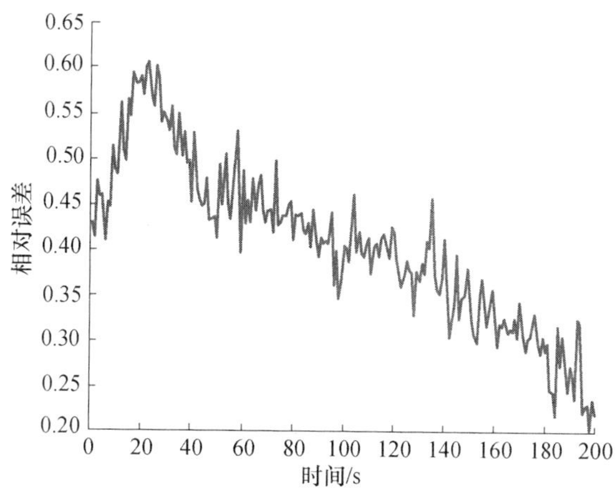

图 6.9 相对误差(见彩图)

6.3 单波段辐射定标测距

红外探测系统是感应目标红外辐射的传感器,系统获得的目标红外辐射强度跟目标特性和大气传输有关。在目标已知、大气特性模型已知的情况下,系统获得目标红外辐射强度与距离相关。因此,根据获得目标的红外辐射强度数据可以解算目标距离。单波段辐射定标测距就是基于此原理的测距方法。

6.3.1 单波段被动测距原理

假设功率为 $p_0(\lambda)$ 的单色光,在各向同性的均匀介质中,则

$$p(\lambda)=p_0(\lambda)\tau(\lambda,R) \tag{6.22}$$

式中：$\tau(\lambda,R)$为大气透过率。假定目标是一个具有恒定辐射强度的点源，那么红外探测器测得的信号为

$$V(\lambda)=J(\lambda)\tau(\lambda,R)\tau_o(\lambda)\mathscr{R}(\lambda)(A_o/R^2) \tag{6.23}$$

式中：$J(\lambda)$为目标的光谱辐射强度；$\tau_o(\lambda)$为接收光学系统的光学透过率；$\mathscr{R}(\lambda)$为探测器的光谱响应率；A_o为光学系统的有效接收面积；A_o/R^2接收孔径处的立体角。那么，当工作波段为$\lambda_1\sim\lambda_2$时，探测器接收到得信号电压为

$$V_s=\int_{\lambda_1}^{\lambda_2}V(\lambda)\mathrm{d}\lambda=\int_{\lambda_1}^{\lambda_2}\frac{J(\lambda)\tau(\lambda,R)\tau_o(\lambda)A_o\mathscr{R}(\lambda)}{R^2}\mathrm{d}\lambda \tag{6.24}$$

响应率 $\mathscr{R}(\lambda)=\dfrac{V_nD^*(\lambda)}{\sqrt{A_d\Delta f}}$，式中 $D^*(\lambda)$为探测器的光谱探测率，$D^*(\lambda)$为探测器面积，Δf为等效噪声带宽，V_n为探测器噪声，理想情况下，探测器噪声为系统的主要噪声。那么，信噪比 SNR 可以表示为

$$\mathrm{SNR}=\frac{V_s}{V_n}=\frac{A_o}{R^2\sqrt{A_d\Delta f}}\int_{\lambda_1}^{\lambda_2}J(\lambda)\tau_o(\lambda)D^*(\lambda)\tau(\lambda,R)\mathrm{d}\lambda \tag{6.25}$$

取$\tau_o(\lambda)$、$\tau_o(\lambda)$、$\tau_o(\lambda)$和$\tau(\lambda,R)$在λ_1、λ_2之间的平均值τ_o、J、D^*和$\tau(R)$作为系统光学透过率、目标辐射强度和探测器的探测率。那么上式可以写为

$$\mathrm{SNR}=\frac{JC\tau(R)}{R^2} \tag{6.26}$$

式中：$C=\dfrac{\Delta\lambda\tau_oD^*A_o}{\sqrt{A_d\Delta f}}$，$\tau_o$、$A_o$、$A_d$为系统参数。大气透过率$A_d$是距离函数，设

$$\tau(R)=f(P,R) \tag{6.27}$$

式中：$P=[p_1,p_2,\cdots]$为大气透过模型参数。SNR 是可以测量，C是系统参数；如果参数$P=[p_1,p_2,\cdots]$和目标的辐射强度J，就可以解得目标的距离R。

单站测距的核心是如何通过对接收到的目标辐射信号的光谱特征进行实时分析，解算出目标距离的估值。

通常情况下，探测目标类型未知，其辐射特性是未知的，不能通过辐射模型直接解算目标距离。为了解算，工程计算上，做如下假设：

(1) 在一定的观测时间内，目标的红外辐射特性是不变的，或者变化是可以忽略的；

(2) 在一定的观测时间内，大气条件是不变的或者变化可以忽略；

(3) 系统参数C是不变的或者变化可以忽略。

那么，在第n，$n+1$个采样周期内，有

$$\mathrm{SNR}_n = \frac{J_n C_n}{R_n} f(P_n, R_n) \quad \mathrm{SNR}_{(n+1)} = \frac{J_{(n+1)} C_{(n+1)}}{{R_{(n+1)}}^2} f(P_{(n+1)}, R_{(n+1)}) \tag{6.28}$$

根据假设有，$J_n = J_{(n+1)}$，$P_n = P_{(n+1)} = P$，$C_n = C_{(n+1)}$，将 SNR_n 与 $\mathrm{SNR}_{(n+1)}$ 相比，有

$$\frac{\mathrm{SNR}_n}{\mathrm{SNR}_{(n+1)}} = \frac{{R_{(n+1)}}^2 f(P, R_n)}{{R_n}^2 f(P, R_{(n+1)})} \tag{6.29}$$

根据假设，可以消除目标辐射强度 J 的影响。但是，两个时刻目标辐射特性、大气和系统参数有较大变化时，例如目标机动，将影响测距精度。假设目标平稳飞行，有

$$\frac{\mathrm{SNR}_n}{\mathrm{SNR}_{(n+1)}} = \frac{(R_n + \Delta R)^2 f(P, R_n)}{{R_n}^2 f(P, R_{(n+1)})} \quad \frac{\mathrm{SNR}_n}{\mathrm{SNR}_{(n+2)}} = \frac{(R_n + 2\Delta R)^2 f(P, R_n)}{{R_n}^2 f(P, R_{(n+1)})} \tag{6.30}$$

此时可以根据大气建模的参数个数，即 $P = [p_1, p_2, \cdots]$，采集多次观测，解出距离 R。需要指出的是：如果在观测时间内，目标相对观测站距离不变，是无法测距的。也就是说，系统与目标之间必须存在径向相对运动才能完成测距。

6.3.2　单波段被动的相关问题

单波段被动测距存在着一个问题，就是以上方程解的个数无法保证方程解的唯一性，即存在以下可能性：

$$\mathrm{SNR} = \frac{J_1 C \tau(R_1)}{R_1^2} = \frac{J_2 C \tau(R_2)}{R_2^2} = \cdots \tag{6.31}$$

直观的理解就是，可能存在一个较远的、辐射强度较大的目标和一个较近的、辐射强度较小的目标，两者的红外辐射能量，经过大气传输后到达探测器的能量是一样，此时，如果没有先验知识，将很难区别两个目标。

当目标有先验信息时，比如目标起始的位置，此时可以根据目标运动等信息对目标进行测距的。因此，严格意义上讲，单波段被动测距的实现需要一定的辅助信息。对于空中目标，种类可数，在特定场合，目标种类更加明确，可以通过穷举法，针对不同种类目标计算距离，然后再进行人工选择。

单波段辐射定标测距需要两次观测，目标辐射强度具有明显变化，也就是说要求目标距离具有明显变化。

6.3.3　仿真验证

利用某红外探测系统对飞机进行单波段被动测距试验。图 6.10 为中波单波段被动测距结果；图 6.10(a)是采集的目标 SNR 随距离 R 变化关系，图中曲线拟合的 SNR 与 R 的函数关系，即大气模型，图 6.10(b)中实线是目标距离变

化曲线,图中“ * ”是根据 SNR 与 R 的函数关系,被动定位估算出的距离。对估计的距离和实际距离进行误差统计,如图 6.10(c)所示,测距精度在 20% 。

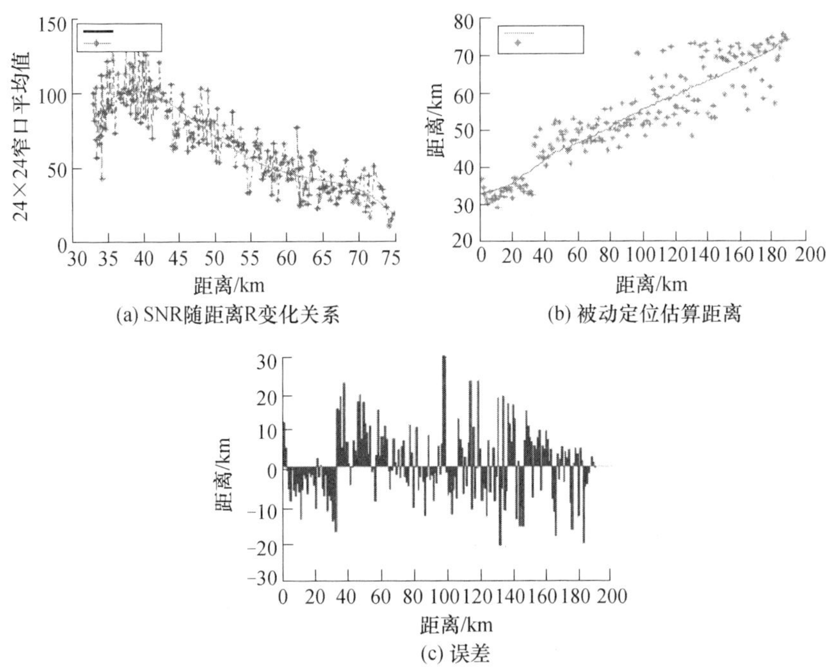

图 6.10 中波单波段测距实验结果

6.4 双波段辐射差测距

单波段辐射定标测距需要事先知道是什么目标,并对目标辐射特性有基本了解。在无法预知目标特性的情况下,根据不同波段在大气中的传输特性的差异进行测距,可以弥补单波段测距的问题。

6.4.1 双波段被动测距原理

对于具有双波段探测器系统,有

$$\mathrm{SNR}_1=\frac{J_1C_1\tau_1(R)}{R^2}\quad\mathrm{SNR}_2=\frac{J_2C_2\tau_2(R)}{R^2} \tag{6.32}$$

两个波段接收的 SNR 的比值为

$$\gamma=\frac{\mathrm{SNR}_1}{\mathrm{SNR}_2}=\frac{J_1C_1\tau_1(R)}{J_2C_2\tau_2(R)} \tag{6.33}$$

假设有目标的先验信息或可以对目标辐射能量进行估算，可以得到 J_1,J_2；γ 是可以测量的量，C_1,C_2 是系统参数，$\tau_1(R)$ 和 $\tau_2(R)$ 可以通过大气传输建模，由此可以解得目标距离 R。

在第 n 个采样周期中，中、长波探测器在距目标 R_n 处接收到目标辐射信号的信噪比分别为 SNR_{1n} 和 SNR_{2n}，则

$$\gamma_n=\frac{\mathrm{SNR}_{1n}}{\mathrm{SNR}_{2n}}=\frac{J_{1n}C_{1n}\tau_1(R_n)}{J_{2n}C_{2n}\tau_2(R_n)} \tag{6.34}$$

在第 $n,n+1$ 个采样周期，根据假设有 $J_{1n}=J_{1(n+1)}$，$J_{2n}=J_{2(n+1)}$；$C_{1n}=C_{1(n+1)}$，$C_{2n}=C_{2(n+1)}$；$P_{1n}=P_{1(n+1)}=P_1$，$P_{2n}=P_{2(n+1)}=P_2$，有

$$\frac{\gamma_n}{\gamma_{n+1}}=\frac{\mathrm{SNR}_{1n}\mathrm{SNR}_{2(n+1)}}{\mathrm{SNR}_{2n}\mathrm{SNR}_{1(n+1)}}=\frac{\tau_1(R_n)\tau_2(R_{n+1})}{\tau_1(R_{n+1})\tau_2(R_n)}=\frac{f(P_1,R_n)f(P_2,R_{n+1})}{f(P_2,R_{n+1})f(P_1,R_n)} \tag{6.35}$$

$C_{2n}=C_{2(n+1)}$、$\mathrm{SNR}_{1(n+1)}$、SNR_{2n}、$\mathrm{SNR}_{2(n+1)}$ 是可以测量的，如果大气模型建模函数 $f(P,R)$，函数参数 P_1,P_2 已知，就可以解得目标距离 R_n。

6.4.2　双波段被动测距误差分析

当目标的辐射强度 J 已知时，目标距离可以表示为

$$R=f(J,C,\mathrm{SNR},P) \tag{6.36}$$

式中：f 为某种函数关系；一般情况下 J,C 已知；SNR 是可以测量的量；P 是红外传输大气模型参数，通过建模可以得到。

1. 被动测距各分量的误差测量

1）大气建模及误差分析

为了双波段被动测距的工程实现，希望建立大气衰减与距离的关系，即 $\tau(R)=f(P,R)$。在现有条件下，为了尽快开展工作，提出使用精准大气计算软件和建模结合的数值建模方法。

（1）确立大气传输模型 $\tau=f(P,R)$，例如：

$$\tau=f(P,R),\tau=p_1R^n+p_2R^{n-1}+\cdots+p_nR+p_{n+1}$$

（2）利用精准的大气透过计算软件，在某种天气情况下，计算一组大气透过率与距离的数据 (τ_i,R_i)，$i=1,2,\cdots,N$；

（3）计算参数 P。

以上建模方法中，误差主要来自两个方面：

（1）大气计算软件的误差，目前有这样的研究结论：其中 LOWTRAN7 可以出现大于 7% 的误差，MODTRAN 小于 3%，而逐线计算的 FASCODE 则小于 1%。

（2）大气透过计算软件得到透过率与建模得到透过率的残差。这与建模有

很大的关系,如果建模足够复杂,可以最小化残差,但是实现性非常大,因此在建模复杂度和残差之间需要取一个折衷。

2) SNR 的误差测量

在 SNR 的测量中,分两种情况讨论其测量误差:①当没有背景影响时,SNR 的误差分析主要来自探测器噪声;②当有噪声影响时,SNR 的误差分析主要来自探测器噪声和背景的干扰。在实验室环境下,误差测量的方法:

(1) 将探测器分成 M 个区域,让靶标/目标在图像中分别出现在这 M 个区域。

(2) 针对每个区域,测试 SNR,重复次数 N,记为:$\mathrm{SNR}_{mn}, m=1,2,\cdots,M; n=1,2,\cdots,N$。

(3) 计算每个区域的平均信噪比 $\overline{\mathrm{SNR}_m} = \sum_{n=1}^{N} \mathrm{SNR}_{mn}, m = 1,2,\cdots,M$。

(4) 计算整个设备的平均信噪比 $\overline{\mathrm{SNR}} = \sum_{m=1}^{M} \overline{\mathrm{SNR}_m}$,将 $\overline{\mathrm{SNR}}$ 作为真值。

(5) 计算 SNR 的误差 $\delta_{\mathrm{SNR}} = \dfrac{\mathrm{SNR} - \overline{\mathrm{SNR}}}{\overline{\mathrm{SNR}}} \times 100\%$。

2. 理论建模分析以及示例分析

以 $\tau = \exp(-kR)$ 为例对双波段被动测距进行建模和分析。根据建模方程,通过仿真确定各个量对总的误差的影响程度。对于具有双波段探测器的系统,在第 n 和 $n+1$ 个采样周期中,在距目标 R_n 处接收到目标辐射信号的信噪比分别为 SNR_{1n} 和 SNR_{2n},则

$$\gamma_n = \frac{\mathrm{SNR}_{1n}}{\mathrm{SNR}_{2n}} = \frac{J_{1n} C_{1n}}{J_{2n} C_{2n}} \exp[-(k_{1n} - k_{2n}) R_n] \tag{6.37}$$

当假设条件成立时,在第 $n, n+1$ 个采样周期,有

$$\frac{\gamma_n}{\gamma_{n+1}} = \frac{\mathrm{SNR}_{1n}\mathrm{SNR}_{2(n+1)}}{\mathrm{SNR}_{2n}\mathrm{SNR}_{1(n+1)}} = \exp[(k_2 - k_1)(R_n - R_{(n+1)})] = \exp[(k_2 - k_1)\Delta R] \tag{6.38}$$

其中 $\Delta R = R_n - R_{(n+1)}$,由上式可得

$$R_n - R_{(n+1)} = \frac{1}{k_2 - k_1} \ln\left(\frac{\gamma_n}{\gamma_{(n+1)}}\right)$$

$$\frac{\mathrm{SNR}_{1n}}{\mathrm{SNR}_{1(n+1)}} = \frac{R_{(n+1)}^2}{R_n^2} \exp[-k_1(R_n - R_{(n+1)})] = \frac{{R_{(n+1)}}^2}{{R_n}^2} \exp\left(-\frac{k_1}{k_2 - k_1} \ln\left(\frac{\gamma_n}{\gamma_{(n+1)}}\right)\right)$$

$$= \frac{{R_{(n+1)}}^2}{{R_n}^2} \left(\frac{\gamma_n}{\gamma_{(n+1)}}\right)^{\frac{k_1}{k_1 - k_2}} \mathrm{SNR}_{(n+1)}$$

R_n 不可能取负值，由此可得

$$R_n = \frac{\dfrac{1}{k_2 - k_1}\ln\left(\dfrac{\mathrm{SNR}_{1n}\mathrm{SNR}_{2(n+1)}}{\mathrm{SNR}_{2n}\mathrm{SNR}_{1(n+1)}}\right)}{1 - \sqrt{\left(\dfrac{\mathrm{SNR}_{1n}\mathrm{SNR}_{2(n+1)}}{\mathrm{SNR}_{2n}\mathrm{SNR}_{1(n+1)}}\right)^{\frac{k_1}{k_2 - k_1}}\dfrac{\mathrm{SNR}_{1n}}{\mathrm{SNR}_{1(n+1)}}}}R_{(n+1)}$$

$$= \frac{\dfrac{1}{k_2 - k_1}\ln\left(\dfrac{\mathrm{SNR}_{1n}\mathrm{SNR}_{2(n+1)}}{\mathrm{SNR}_{2n}\mathrm{SNR}_{1(n+1)}}\right)}{\sqrt{\left(\dfrac{\mathrm{SNR}_{1n}\mathrm{SNR}_{2(n+1)}}{\mathrm{SNR}_{2n}\mathrm{SNR}_{1(n+1)}}\right)^{\frac{k_1}{k_1 - k_2}}\dfrac{\mathrm{SNR}_{1(n+1)}}{\mathrm{SNR}_{1n}}} - 1} \tag{6.39}$$

在以上公式中，SNR 均是成对出现，令 $\beta_n = \dfrac{\mathrm{SNR}_n}{\mathrm{SNR}_{(n+1)}}$，将以上公式进行转换：

$$R_n = \frac{\dfrac{1}{k_2 - k_1}\ln\left(\dfrac{\beta_{1n}}{\beta_{2n}}\right)}{1 - \sqrt{\left(\dfrac{\beta_{1n}}{\beta_{2n}}\right)^{\frac{k_1}{k_2 - k_1}}\beta_{1n}}}R_{(n+1)} = \frac{\dfrac{1}{k_2 - k_1}\ln\left(\dfrac{\beta_{1n}}{\beta_{2n}}\right)}{\sqrt{\left(\dfrac{\beta_{1n}}{\beta_{2n}}\right)^{\frac{k_1}{k_1 - k_2}}\dfrac{1}{\beta_{1n}}} - 1} \tag{6.40}$$

在以上式子中，影响测距的因素有：β（SNR 相关），大气模型参数 k，采样间隔 $\Delta t(\Delta R)$。

取 $R_n = 10, 30, 50\mathrm{km}$，$\Delta R_n = 1, 2, 3, 4, 5\mathrm{km}$；10km 处，使用 Lowtran 计算出大气透过率为 $\tau_m = 0.4593$，$\tau_l = 0.7642$，计算得到：$k_m = 0.0778$，$\tau_l = 0.0269$。由此，可以计算得到 β，根据以上测距公式，计算得到距离。

1）β_m 对测距的影响

固定参数 β_l, k_l, k_m，考察 β_m 的变化对测距的影响如图 6.11 所示。在不同采样间隔情况下，β_m 的变化范围在［−2%，2%］变化，引起的测距变化。图中黑色平行线分别是 −8% 和 8% 线。随着采样间隔增加，测距误差降低，间隔过小，SNR 变化很小，对测距是不利的；随着 β_m 波动的增加，测距误差增加很多，一个很小的扰动都可以增加一个很大的误差，因此对光电系统的稳定性要求很高。

2）β_l 对测距的影响

结论同 β_m 的类似，对测距的影响如图 6.12 所示。

3）k_m 对测距的影响

改变 k_m 或者 k_m 一个参数，不同采样间隔下，其对测距的影响不大；k_m 在［−10%，10%］变化时，随着 k_m 波动的变大，测距误差也在增加（见图 6.13）。

4）k_l 对测距的影响

结论同 k_m，值得注意的是，k_l 对测距的影响相对 k_m 较小（见图 6.14）。

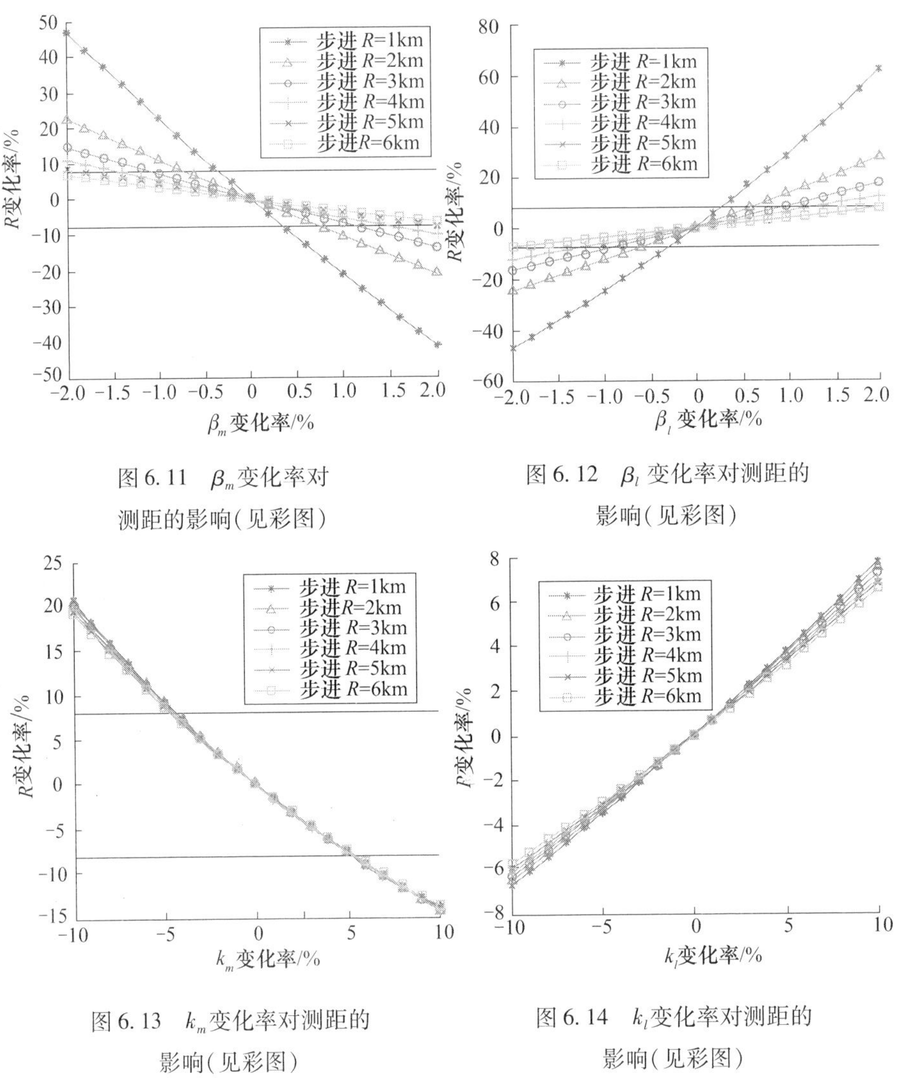

图 6.11　β_m变化率对测距的影响（见彩图）

图 6.12　β_l变化率对测距的影响（见彩图）

图 6.13　k_m变化率对测距的影响（见彩图）

图 6.14　k_l变化率对测距的影响（见彩图）

5）k_m、β_m同时改变时对测距的影响

改变同一波段参数 β_m、k_m 或者 β_m、k_l，在不同采样间隔下，k_m 或者 k_l 在[-10%,10%]变化时，β_m或者β_l在[-2%,2%]变化，图中红色部分为误差小于8%的区域。随着采样间隔的变大，趋于稳定（见图6.15）。

6）β_l、k_l对测距的影响

β_l、k_l对测距的影响如图6.16所示。

7）β_m、β_l同时改变时对测距的影响

β_m、β_l同时改变时对测距的影响如图6.17所示。

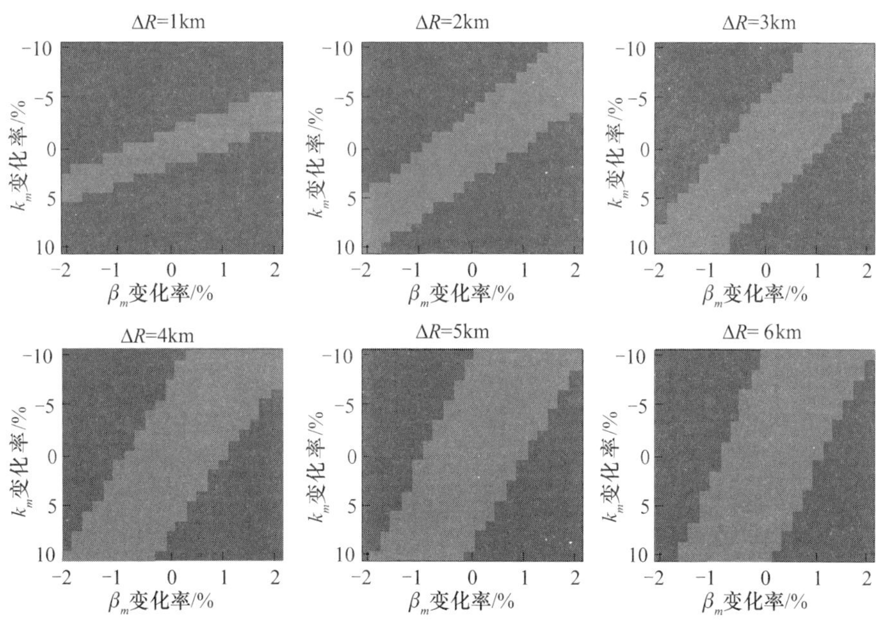

图 6.15　k_m、β_m同时改变时对测距的影响(见彩图)

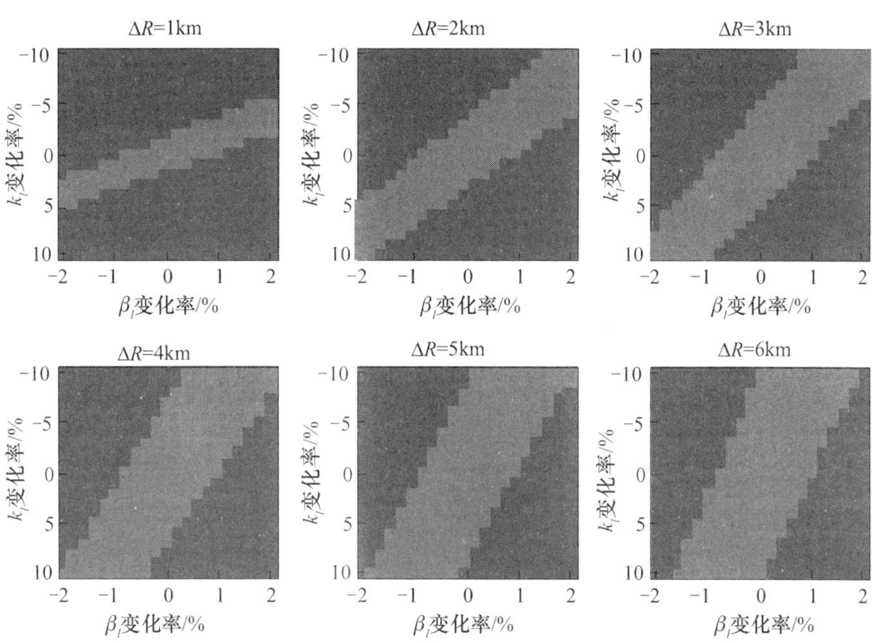

图 6.16　β_l、k_l对测距的影响(见彩图)

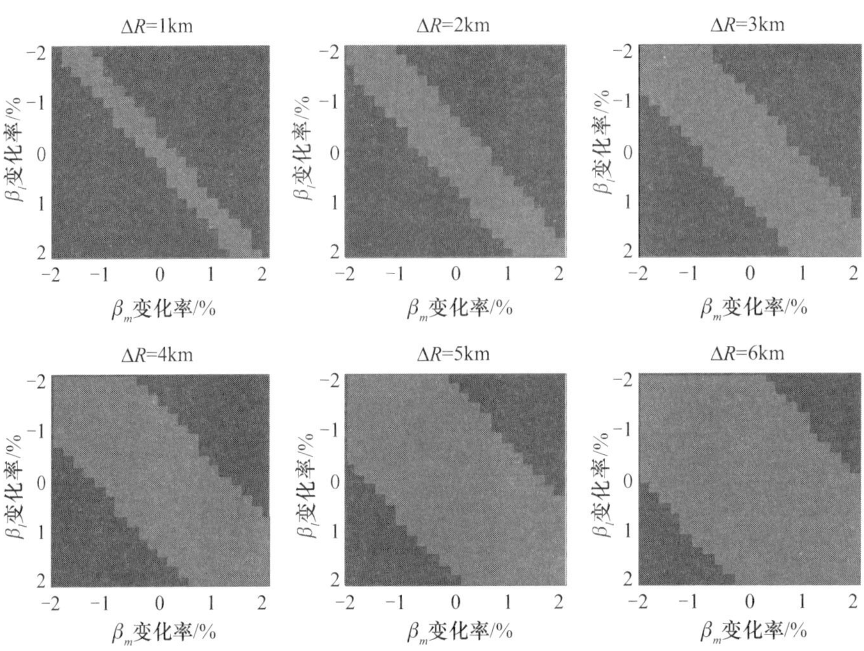

图 6.17 β_m、β_l同时改变时对测距的影响(见彩图)

8) k_m、k_l对测距的影响

k_m、k_l对测距的影响如图 6.18 所示。

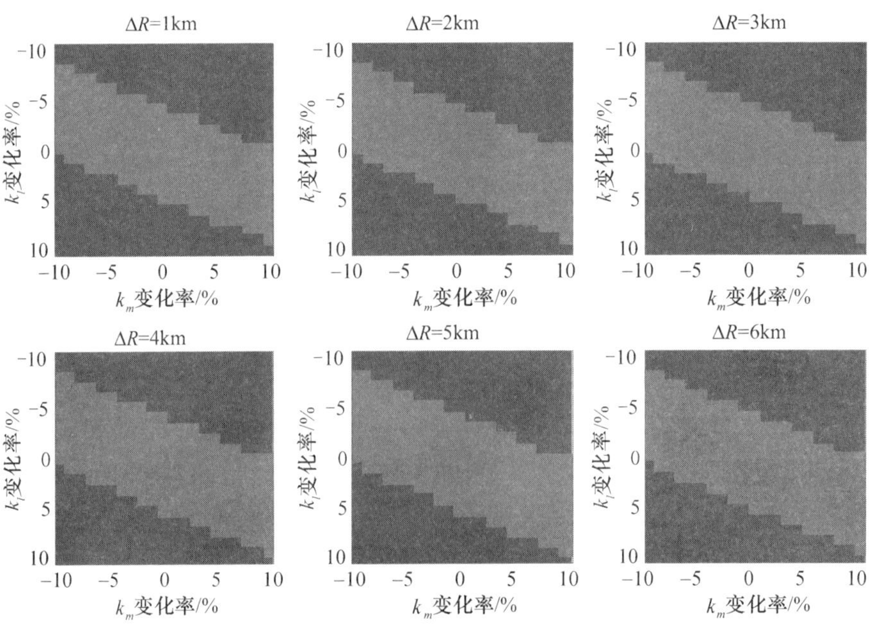

图 6.18 k_m、k_l对测距的影响(见彩图)

大气透过参数 k_l,k_m在不同的采样间隔下,对测距的影响变化不大,对测距误差的影响较 β_m,β_l小(图6.19)。β_m,β_l在不同采样间隔下,对测距误差的影响是不同的,随着采样间隔的增加,误差是降低的。

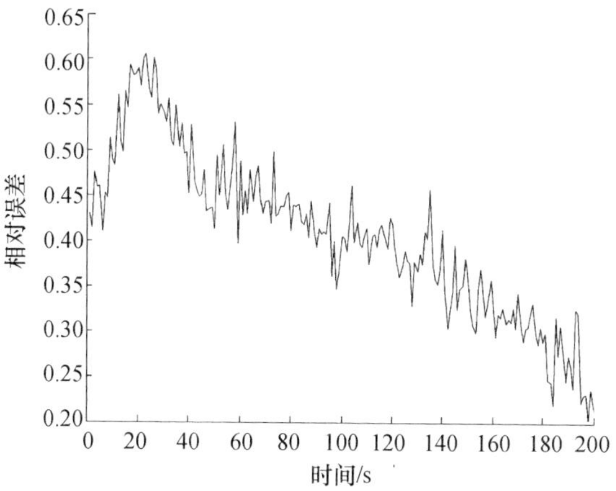

图6.19 相对误差(见彩图)

由以上分析可知,测距误差的变化与 ΔR,β_m,β_l,k_l,k_m等5个量有关,以上只是分析了1维、2维和3维变化的情况。不过可以知道:通过控制参数采样间隔 ΔR,β_m,β_l,k_l,k_m的变化范围(误差)可以达到理想的测距精度。

6.4.3 双波段被动测距的几点考虑

由以上分析可知,响应测距的主要因素除了SNR的测量、大气建模之外,还有探测器的响应。在假设不成立的情况下,大气变化、目标辐射的突然变化都会对测距噪声产生较大的影响。

1. 激光标效

大气建模是测距实现的关键,但是天气情况变化多端,建模的参数不一定能很好地反映大气传输的过程;如果能根据设备使用过程中天气的实际条件,实时修正大气模型参数,使其较好地反映红外传输的过程,对测距精度的提高有较大的意义。在此,我们提出了激光标效的方法,即在设备使用过程中,利用激光对目标进行精准测距,反算得到较为准确的大气模型参数,从而提高被动测距的精度。

2. 探测器响应的修正

由以上分析可知,探测器响应很可能是不均匀的,特别是双波段探测时,两个探测器相应的变化是不均匀的。因此,需要对探测器相应进行观测和分析,最好能够找到探测器相应变化的规律,对响应的不均进行修正。

3. 距离预测

在以上假设中,大气、系统参数和目标辐射在观测时间内是近似不变的,但实际情况并非如此;当假设条件改变时,会造成较大的测距误差。由以上分析可知,可以得到目标的距离、速度等信息,因此,可以使用线性预测的方法,抑制测距过程中误差较大的情况(奇异点去除),降低目标辐射特性变化带来的测距误差。

参考文献

[1] 路远,冯云松,凌永顺. 飞行器尾焰红外辐射及其被动测距[J]. 红外与激光工程,2013,42(7):1660-1664.

[2] 付小宁,王炳健,王荻. 光电定位与光电对抗[M]. 北京:电子工业出版社,2012.

[3] 郝振兴,罗继勋,胡朝晖. 探测与控制学报[J]. 探测与控制学报, 2016, 38(1):28-32.

[4] 孙仲康,郭福成,冯道旺. 单站无源定位跟踪技术[M]. 北京:国防工业出版社,2008.

[5] 梁捷,谢小方,曹建,等. 机载多点测向交叉定位的最优机方向研究[J]. 电光与控制,2010,17(10):14-17.

[6] 武宜川,潘冠华,罗双喜. 空基平台无源定位精度分析[J]. 指挥控制与仿真,2010,32(2):89-92.

[7] 张平,方洋旺,朱剑辉,等. 基于 UKF 算法的双机协同无源跟踪[J]. 电光与控制,2012,19(4):26-30.

[8] 刘军,曾文锋,江恒,等. 双站测向交叉定位精度分析[J]. 火力与指挥控制,2010,35:12-14.

[9] 徐强,王海晏,杨海燕,等. 双机 IRST 配准融合图像的弱小目标检测方法[J]. 应用光学,2013,34(6):1026-1029.

[10] 王领,于雷,寇添,等. 机载 IRST 系统最佳工作点及探测概率包线研究[J]. 红外与激光工程,2016,45(5):0504006.

[11] 李宝宁,李永,郭宝录. 机载光电技术的装备与发展[J]. 舰船电子工程,2014,31(5):18-22.

[12] 寇添,王海晏,王芳. 基于机载 IRST 系统的高超音速飞行器红外探测研究[J]. 红外技术,2014,36(9):748-752.

[13] 赵勋杰, 高稚允. 光电被动测距技术[J]. 光学技术,2003,29(6):652-656.

[14] 关松, 王巾, 高文清. 光电被动测距技术研究[J]. 光电技术应用,2007,22(1):2-3.

[15] 朱银生,赵创社,史志富. 机载光电稳瞄系统实时被动测距方法研究[J]. 应用光学,2010,31(6):888-892.

第7章 激光红外复合探测技术

红外探测、激光探测是光电系统的两大探测手段，广泛应用在红外搜索跟踪系统、光电侦察监视系统和光电瞄准系统中。通过激光、红外探测的功能复合、图像复合等手段已经成功实现了光电系统性能和功能的提升。在远程预警探测领域，虽然激光探测距离和红外探测距离目前存在较大差距，但是随着激光探测、测距技术的进一步发展，激光探测在未来必定会达到甚至超过红外探测能力，达到激光、红外复合探测的能力。本章将从激光红外复合探测的原理、探测方式以及理论等方面描述相关技术。

7.1 激光红外复合探测原理

红外探测、激光测距一直是红外搜索跟踪系统设计的标准配置。俄罗斯苏-27、苏-30、苏-35、米格-29上的光电雷达，欧洲“台风”战斗机上的PIRATE红外搜索跟踪系统，法国“阵风”战斗机上的“前扇区光学系统”FSO装备，瑞典萨伯公司在JAS-37“龙”式飞机上的“光学跟踪和识别系统”(IR-OTIS)，以及美国F-35飞机的“光电瞄准系统”EOTS，都是采用红外搜索跟踪、激光测距的工作模式实现对空目标的远距离探测、跟踪和定位，实现对火控的精确引导，激光红外复合探测系统组成如图7.1所示。

激光红外复合探测主要有红外探测、激光主动测距模式和红外探测、激光成像雷达两种模式。对于远距离探测，一般采用红外探测、激光主动测距模式。

系统一般工作原理是红外搜索发现目标后，转入跟踪状态，系统出/入稳定跟踪模式，目标被锁定在视场中心后，再开启激光测距实现对目标的三维探测。这种工作模式最主要的原因在于激光测距的激光光束角较小，一般只有几个红外像素视场大小，因此无法与红外系统同时工作，只能在处于跟踪状态时，目标进入到激光光束视场内才能开启测距模式。这与激光测距的原理相关。

激光探测技术采用主动发射激光接收回波信号的工作方式，与雷达工作原理一样，激光探测距离与激光接收功率的关系为

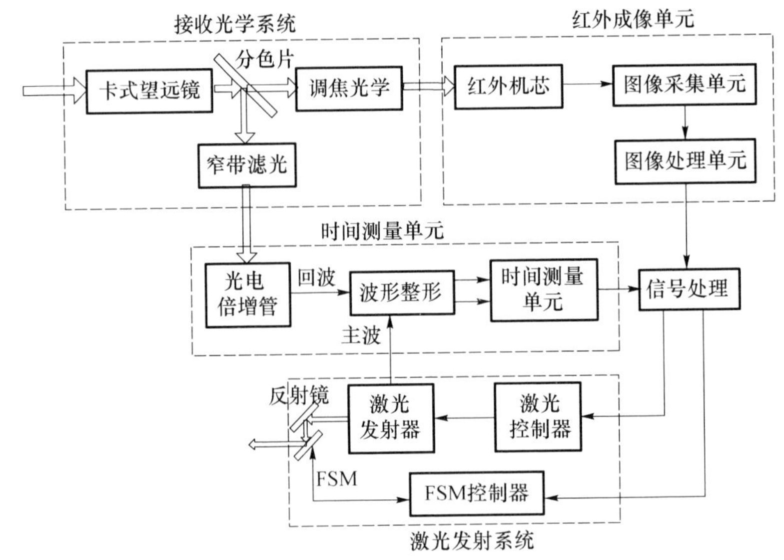

图 7.1　激光红外复合探测系统框图

$$P_{\mathrm{r}}=\frac{16P_{\mathrm{t}}A_{\mathrm{r}}A_{\mathrm{s}}T_{\mathrm{r}}T_{\mathrm{t}}\rho}{\pi^{2}\theta_{\mathrm{t}}^{2}\theta_{\mathrm{s}}^{2}R^{4}}\mathrm{e}^{-2rR} \tag{7.1}$$

式中：P_{r}为激光接收探测的功率；P_{t} 为激光发射峰值功率；A_r为接收光学孔径面积；A_{s} 为目标有效反射面积；ρ 为目标反射系数；T_{t} 为发射光学系统透过率；T_{r} 为接收光学系统透过率；θ_{t} 为激光发射光束角；θ_{s} 表示目标漫反射为朗伯分布；R 为目标距离；r 为大气衰减系数。

随着测距要求距离越来越远，激光测距机设计的难度越来越大。传统提升激光测距性能的方法主要有提高探测器灵敏度、提高信号检测算法、压缩激光发射光束角、增大激光发射功率等。其中，提高探测器灵敏度和提高信号检测算法是最理想的方法，这种方法不会增加系统体积重量，但是这种手段已经发展到一个瓶颈期，很难在现有水平上再进一步提升，除非有新的测距技术或体制的出现。压缩激光光束角，也可以提升激光测距能力，在机载应用方面，因为平台的姿态扰动、振动的影响，以及红外系统对目标的跟踪精度的限制，激光光束角很难进一步压缩。增加激光发射功率，成为当前主要可采用的方法。增加激光发射功率，将不可避免导致体积、重量、功耗的增加。尤其是，激光功率增加，激光器发热功率也增加，不仅对散热性能要求提高，而且对系统的热稳定性以及对红外探测的热干扰都将提出严峻挑战。强功率激光输出对光学镜片的膜层设计也提出了非常高的要求。这是在系统设计中需要注意的问题。

7.2　激光测距技术

7.2.1　激光测距技术原理

激光测距技术主要可分为直接探测和相干探测(CD)两种。激光相干探测测距技术将本振光与回波信号,在激光探测器上进行相干混频,测量相干所得信号,进而完成激光回波的探测。激光相干探测技术利用了光电探测器平方率特性,在光频上实现回波与本振的信号混频。从应用上来讲,相干探测技术目前主要应用在较低精度的距离测量,以及系统与目标间的相对速度测量。而在目标激光测距和延伸的激光三维成像雷达,主要采用了直接探测原理。本书在红外与激光复合探测中使用的是基于单光子计数测距原理的激光直接探测技术。

一般激光直接距离探测原理如图 7.2 所示。首先由激光器经激光发射光学系统出射激光到目标表面,经目标表面漫反射产生回波。回波由激光接收光学系统接收到激光探测器光敏面,经探测器光电效应转换为电信号输出。电信号输出到信息处理单元,由信息处理单元结合激光发射主波信号,测量两者间的时间间隔,即可得到目标和系统的实际距离信息。

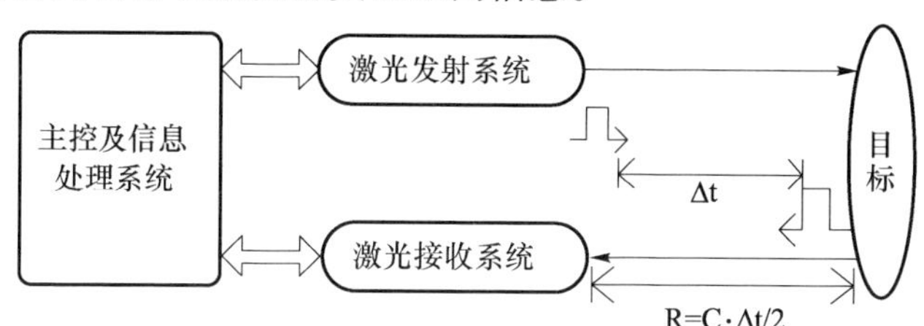

图 7.2　激光雷达直接探测原理

在直接探测体制中有线性体制的激光测距技术和光子计数体制的激光测距技术。对于线性体制的激光测距技术,其测量对象为激光回波能量脉冲信号,通过处理回波脉冲的测量点定位和处理来获取回波和主波的脉冲间隔。而光子计数体制的测距技术,其激光探测器使用的是灵敏度极高的探测器,能响应少光子能量级别的光信号,探得激光回波信号演变的电信号,不再是与激光能量脉冲成比例关系电信号,而是代表是否有探得光子事件。通过激光红外复合探测关键技术研究接收光子事件的统计时间定位,依据其泊松分布和相关性提取真实回波时间点。而实际上由于探测器的灵敏度很高,接收了包括目标真实回波光子以及背景噪声光子。一般通过发送高重频的激光脉冲,多次累计提高目标探测概率和信噪比,降低背景噪声的虚警率,从而在背景噪声中提取目标真实信息,完成对目标的探测。

线性探测测距和计数探测测距的基本原理相同，都是测量光信号在空间中的飞行时间测量。激光直接测距技术具有原理简单和系统结构成熟、抗外部干扰能力较强等优点，目前激光直接测距技术已在目标测距和三维成像领域取得了广泛的应用。

7.2.2 新型光子计数测距技术

1. 光子计数测距距离方程

激光线性探测技术的作用距离和接收到的激光功率关系，可由激光雷达方程表述。在激光直接探测体制中，目标的激光散射信号接收模型以激光雷达方程为基础，评估计算接收光学系统接收的目标散射激光功率。激光雷达模型中，包含了目标特性、激光发射、作用距离、大气传输、激光接收以及系统指标等多参数间的关系。通常情况下激光雷达接收视场大于激光发散角，而激光照射目标表面上的光斑相对于接收系统而言可以视为点源，其接收发射模型如图 7.3 所示。

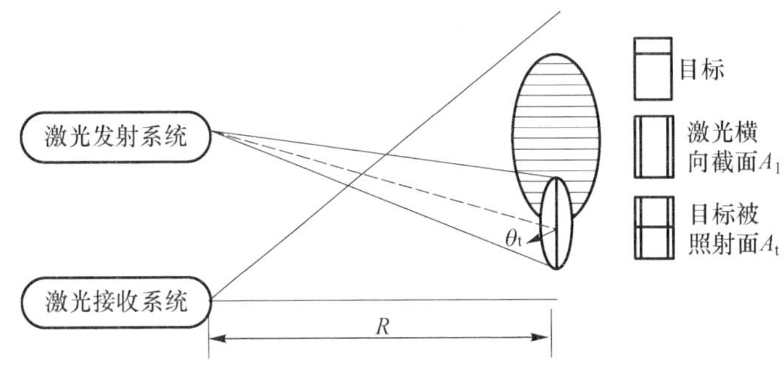

图 7.3 激光雷达接收目标的散射激光信号模型

假设系统采用激光响应波长为 λ，对应波段在大气中的透过率为 T_a，目标和系统之间的距离为 R；激光发射系统光轴和目标法向量夹角为 θ_t，激光在目标距离处的横向光束截面大小为 A_1，视场内目标被激光击中的表面在激光光轴的投影大小为 A_t，被照射目标表面的漫反射率为 ρ；激光发射光学系统的光学效率为 η_t，激光接收光学系统的光学效率为 η_r；激光器发射功率为 P_t，接收光学系统的有效接收面积为 A_r，激光回波信号到达探测器焦平面的激光功率为 P_r。

假设目标表面为朗伯表面，并且激光光斑在目标横截面上功率平均分布，则激光在目标表面的散射斑辐射强度为

$$J=\rho\cdot P_t\cdot\eta_t\cdot T_a\cdot A_t/(\pi\cdot A_1) \tag{7.2}$$

对应光斑为点辐射源在光学接收系统入瞳处的辐照度为

$$H=J\frac{T_a\cdot\cos\theta_t}{R^2}=\rho\cdot P_t\cdot\eta_t\cdot T_a^2\cdot A_t\cdot\cos\theta_t/(\pi\cdot A_1\cdot R^2) \tag{7.3}$$

经过光学接收系统传递后，到达探测器接收的回波功率为

$$P_r = H \cdot A_r \cdot \eta_r = \frac{\rho \cdot P_t \cdot \eta_t \cdot \eta_r \cdot T_a^2 \cdot A_t \cdot A_r \cdot \cos\theta_t}{\pi \cdot A_1 \cdot R^2} \tag{7.4}$$

光学接收系统接收能量方程为

$$E_r = H \cdot A_r \cdot \eta_r = \frac{\rho \cdot E_t \cdot \eta_t \cdot \eta_r \cdot T_a^2 \cdot A_t \cdot A_r \cdot \cos\theta_t}{\pi \cdot A_1 \cdot R^2} \tag{7.5}$$

式中：E_r 为探测器接收到的能量；E_t 为激光器发射的激光能量。

进一步转换为到达探测器的光子数为

$$N_s \approx \eta_q \cdot N'_s = \frac{\rho \cdot E_t \cdot \eta_t \cdot \eta_r \cdot T_a^2 \cdot A_t \cdot A_r \cdot \cos\theta_t}{\pi \cdot A_1 \cdot R^2} \cdot \frac{\eta_q}{h\nu} \tag{7.6}$$

式中：N_s 是探测器响应的平均光电子数；N'_s 是到达探测器光敏面的平均光子数；η_q 是探测器量子效率；$h\nu$ 是对应波长的光子能量。

2. 目标光子计数测距

考虑对空目标探测应用，通过测量激光脉冲主波发射和激光回波达到的时间间隔，获取测量目标和系统之间的相对距离。一般此时的回波光信号极其微弱，无法通过传统的波形分析获取回波信号解析时间，而是通过使用高灵敏度的探测器获取少光子级的回波能量响应。激光器往往使用高重频的窄脉冲宽度激光器发射主波，对于理想的目标，回波一般会集中在一个很窄的纳秒级时间内。由于探测器都存在固定的响应死时间，一旦回波光子产生一次触发，则探测器输出脉冲在一段时间内不再响应。但光子计数测距技术使用的高灵敏度探测器同时会响应背景噪声光子，为区别噪声和回波信号，通常的方法是发射多次脉冲多次累计探测。在目标距离变化不大的情况下，回波信号在时间上有相关集中呈现，而背景噪声的响应是随机的，依据相关统计提取真实距离。目标回波包含在一定时间内，称为探测波门，然后将探测波门等分为数量为 N 的时间片，假设回波信号产生的初级光子只存在或集中于某个时间片内。对于理想光子计数探测器，其可以记录每个时间片内所有的初级光子事件。而探测器具有小于探测波门的较短死时间，为 d 个时间片长度，在死时间结束后可以再次响应初级光电子。假设探测器响应的光子事件在探测波门内的分布表示为 $\mathrm{Pd}(m)$；平均初级光电子在探测波门内的分布表示为 $\mathrm{Npe}(m)$，m 为时间片序号。第 1 个时间片内出现探测脉冲的概率，可表示为 1 减去第 1 个时间片里不存在初级光电子的概率，即

$$P_{pd}(1) = 1 - \exp(-\mathrm{Npe}(1)) \tag{7.7}$$

则在第 2 个时间片内出现探测脉冲的概率是第 1 个时间片内未出现探测脉冲，同时第 2 个时间片内存在初级光电子，可以表示为

$$P_{\mathrm{pd}}(2) = \exp(-\mathrm{Npe}(1))(1-\exp(-\mathrm{Npe}(2))) \tag{7.8}$$

依此类推,第 m 个时间片里出现探测脉冲的概率为

$$P_{\mathrm{pd}}(m) = \exp\left(-\sum_{i=1}^{m-1}\mathrm{Npe}(i)\right) - \exp\left(-\sum_{i=1}^{m}\mathrm{Npe}(i)\right) \tag{7.9}$$

这种情况下,经过多次累计后,每个时间片内出现探测脉冲的个数将由概率分布 Pd(m)决定。对于较短死时间的光子计数探测器,其在响应一个初级光电子之后经过 d 个时间片可以输出下一次探测脉冲,即在探测波门内,其可以输出多次探测脉冲。在第 m 个时间片内输出第 1 次探测脉冲的概率为

$$P_{\mathrm{pd}}(1,m) = \exp\left(-\sum_{i=1}^{m-1}\mathrm{Npe}(i)\right) - \exp\left(-\sum_{i=1}^{m}\mathrm{Npe}(i)\right) \tag{7.10}$$

在第 m 个时间片内输出第 2 次探测脉冲的概率为

$$P_{\mathrm{pd}}(2,m) = \sum_{i=1}^{m-d} P_{\mathrm{pd}}(1,m)\left[\exp\left(-\sum_{j=i+d}^{m-1}\mathrm{Npe}(j)\right) - \exp\left(-\sum_{j=i+d}^{m}\mathrm{Npe}(j)\right)\right] \tag{7.11}$$

依此类推,可以得到第 m 个时间片内输出第 n 次探测脉冲的概率:

$$P_{\mathrm{pd}}(n,m) = \sum_{i=(n-2)d+1}^{m-d} P_{\mathrm{pd}}(n-1,m)\left[\exp\left(-\sum_{j=i+d}^{m-1}\mathrm{Npe}(j)\right) - \exp\left(-\sum_{j=i+d}^{m}\mathrm{Npe}(j)\right)\right] \tag{7.12}$$

则所有在第 m 个时间片里输出的探测脉冲的概率为

$$P_{\mathrm{pd}}(m) = \sum_{n=1}^{R} P_{\mathrm{pd}}(n,m) \tag{7.13}$$

根据 Pd(m)可以计算短死时间光子计数探测器经过多次探测累计下在每个时间片内出现探测脉冲的个数。

死时间会对目标后面的探测造成影响,特别是长死时间探测器,当目标被部分遮蔽时,死时间效应可能会造成目标回波无法被探测到。另外,从对目标的探测概率而言,短死时间光子计数探测器明显优于长死时间光子计数探测器,更接近于理想光子计数探测器。

对于光子计数激光雷达而言,有两项重要参数,分别为目标探测概率和虚警概率。光子计数激光雷达通常是进行多次测量累计后统计各时间片内的探测脉冲个数,通过一定的阈值比较来区分回波和噪声信号。采用理想光子计数探测器的模型,假设经过累计测量后,目标处时间片平均光电子数为 N_{se},若定阈值为 K,则目标探测概率为

$$P_{\mathrm{d}} = 1 - \mathrm{e}^{-N_{\mathrm{s}}}\sum_{j=0}^{K-1}\frac{N_{\mathrm{se}}^{j}}{j!} \tag{7.14}$$

同理,可以求出单个时间片内的虚警概率:

$$P_{\mathrm{fa}} = 1 - \mathrm{e}^{-N_{\mathrm{be}}} \sum_{j=0}^{K-1} \frac{N_{\mathrm{be}}^{j}}{j!} \tag{7.15}$$

式中:N_{be}为单个时间片内噪声平均光电子数。值得注意的是,此处给出的P_{fa}只是单个时间片内的虚警概率,整个探测波门中的虚警概率为

$$P_{\mathrm{fa}T} = 1 - (1 - P_{\mathrm{fa}})^{N} \tag{7.16}$$

在回波和噪声情况已知的情况下,可通过阈值的调整来获取需要的探测概率和虚警概率。对于目标状况未知的情况,可以按最差情况估算。红外与激光复合探测关键技术研究理论上,为实现对位置未知的目标测距,由于背景噪声和探测器自身暗计数的影响,光子计数测距过程中在同一个时间轴上,记录所有发生的光子飞行时间间隙,通过在时间轴上分片累计区分噪声和真实回波距离时间间隙值。但是要获取越高的时间精度,就需要越大越快的资源,会造成实时处理困难。其中激光在近距离的反射和折射带来大量的背景噪声,因此可以预先设定近距离阈值控制,剔除大量噪声,大大减缓数据处理和统计压力。

3. 光子计数测距系统设计

光子计数测距与传统能量探测测距最大的区别在于探测器的选择。传统激光测距机探测器采用能量探测方式,而光子计数型测距机采用光子计数型APD探测器。系统设计组成如图7.4所示。

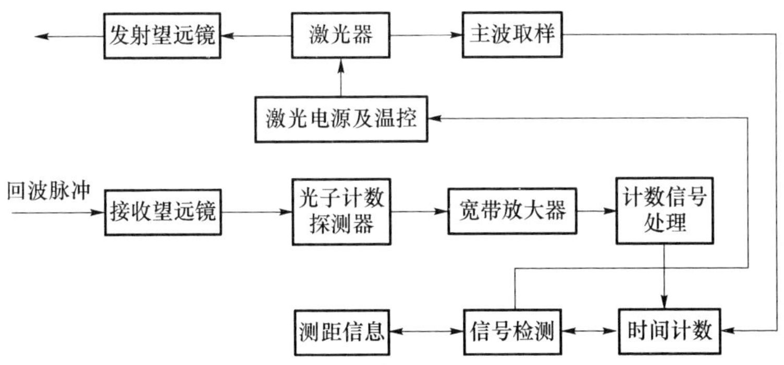

图7.4 光子计数测距机组成框图

光子计数型测距机因为探测灵敏度高,达到单光子级,其受背景杂散光影响非常大。因此,光子计数型测距机最主要的问题在于抑制背景。

抑制背景的主要措施可以分为光谱滤波方法、时间滤波方法和相关检测方法等。

1) 光谱滤波

激光发射光谱相对窄,接收光谱为充分抑制背景光谱,将接收光谱设计与激

光发射光谱完全一致的设计方法，统称为光谱滤波法。通常的做法是在接收光路里插入一片窄带滤波片。激光器输出的激光光谱并不是一个点波段，而是具有一定线宽的窄带光谱，而且因为温度等环境特性的影响，激光输出光谱存在一定的漂移现象。传统激光测距机设计时，为了适应激光光谱的漂移，窄带滤光片的带宽一般不能太窄。而为了解决光子技术激光测距背景抑制问题，需要选择窄带滤光片，这就反过来要求激光器具有窄线宽和高光谱稳定性能。

2）时间滤波

激光测距一般都是在一定时间“波门”内进行测距，这是消除多目标干扰的有效方法。在光子计数型测距机中，可以作为抑制背景光的有效方法。通过时间波门，抑制一定时间段内进入的背景光子数进行滤波。要求滤波效果好，时间波门就窄，在远距离测距应用时，需要通过时间波门的滑动实现测距，时间波门越窄，实现一次全程测距需要的时间就越长，如此测距效率将大打折扣。因此，时间滤波波门的选择需要根据具体应用需求分析确定。

3）相关检测

前两种方法在源头就已经将背景光抑制了。相关检测是通过信号处理的方法，在信号阶段进行背景虚警抑制的方法。主要通过多脉冲串激光和多元探测器技术，形成多信号相关，通过信号的时间相关性和空间相关性抑制背景噪声。

7.3 激光红外复合探测

激光红外复合探测，除了红外跟踪、激光测距这种功能复合以外，目前也开始发展激光发射红外接收的主被动探测新模式。也就是利用能被红外探测器响应的激光发射波段进行目标照射，然后由红外探测器进行接收的探测方式。这种探测方式，不仅可以实现跟踪测距功能，而且通过激光照射，还能增强目标信噪比，提高目标检测、识别能力。

7.3.1 传统复合探测技术

激光红外复合探测最早出现在 20 世纪 70 年代；1981 年，美国麻省理工学院林肯实验室发表了新的激光红外复合方案，将共用天线系统，扫描装置的激光雷达和前视长波红外探测组合起来，此后该实验室人员开展了激光成像雷达与红外探测的图像数据融合研究。

到了 20 世纪 80 年代，精确制导武器有了一系列的发展。美国陆军联合马丁玛里埃塔公司共同研制了一种激光制导武器——“铜斑蛇”，激光制导系统在导弹的末端，由 155mm 口径的火炮发射，远程打击精确度比较高。在 20 世纪 90 年代，为了增强远距离精确打击的能力，将激光红外复合制导的技术引入到该导弹的应用之中,导弹如图 7.5 所示,红外激光复合探测技术第一次被用于导弹制导。

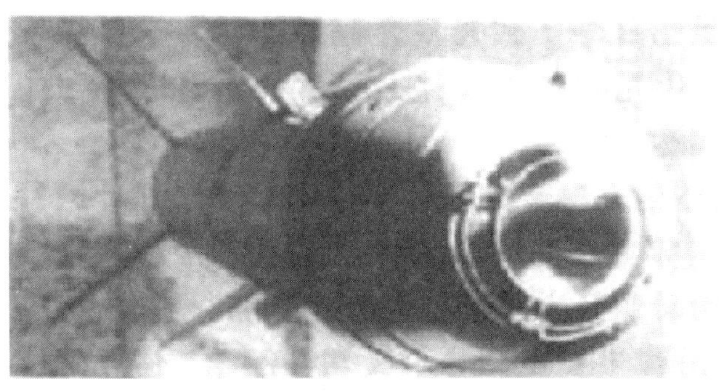

图 7.5　改进“铜斑蛇”制导炮弹

1993 年,瑞典研制出 RBS－90 型导弹,该导弹是一种便携式低空、近程防空导弹武器系统。它采用激光束制导。整个火控系统由三部分组成,脉冲多普勒激光主动探测雷达,红外被动成像仪,还有电视摄像机,这三部分能够有效地提高打击精度,在夜间进行目标打击时,精度也比较高。在 2001 年,“海鸥”激光红外制导导弹在美国洛克希德·马丁公司诞生,该导弹以 AGM－114“海尔法”导弹为原型,复合模式是红外激光双模成像复合,红外探测距离为 6000m,激光主动成像的作用距离为 2000m,该系统中探测器阵列为 32×32 阵列。现在越来越多的导弹采用复合导引头,如美国的“海麻雀”舰空导弹,俄罗斯的 3M80 型“白蛉”,意大利隐身反舰导弹等。

2004 年,德国 DBD 公司在红外/激光成像领域又有了新的进展,公司研制了一种用于扩展防空和弹道导弹防御的小型双模牵引头,这个牵引头具有目标探测、自动制导和分类识别的功能。这种双模传感器是由红外传感器和激光雷达传感器两种高速传感器构成的,图 7.6 为导弹拦截示意图。

该系统的主体为共孔径结构,激光与红外经过接收天线被探测系统接收,激光与红外光路在分光系统中分离,分别被红外探测器和激光阵列探测器接收成像,其优点是结构紧凑,有利于做导弹头导引装置,如图 7.7 所示。

相对于红外焦平面探测器,激光阵列探测器所形成的视场更小,利用红外焦平面进行红外成像,大范围视场搜索被探测物体,当锁定该物体大体方位时,获取目标的二维图像,然后激光器发出激光,经过大气传输,跟踪目标,获取要探测物体的三维距离信息。图 7.8 为真实的 IR 图像以及 LADAR 的距离和强度图像。

在美国的“轨道快车”计划中的自主空间交会对接技术中、激光红外复合探测也有利用。自主交会对接测量敏感器是非常关键的仪器,要把 2 颗卫星相对

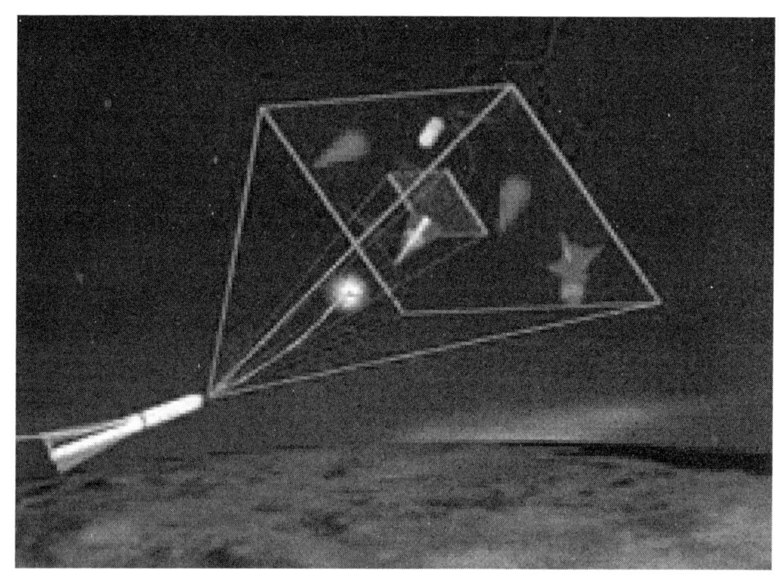

图 7.6　导弹拦截示意图

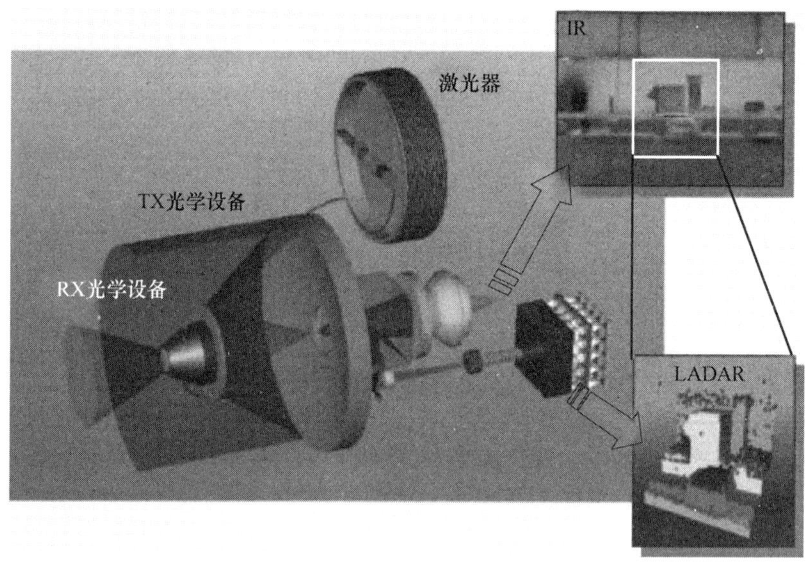

图 7.7　RX 与 TX 位置示意图

距离、相对姿态的信息准确及时测量出来,才能实现制导和控制,敏感器由 4 部分组成:2 个光学敏感器,1 个红外敏感器,1 个激光测距仪和先进视频制导敏感器。其中红外敏感器用于在任何时间段测量航天器相对位置,而激光测速仪测量航天器的位置和距离,提供三维的准确信息。

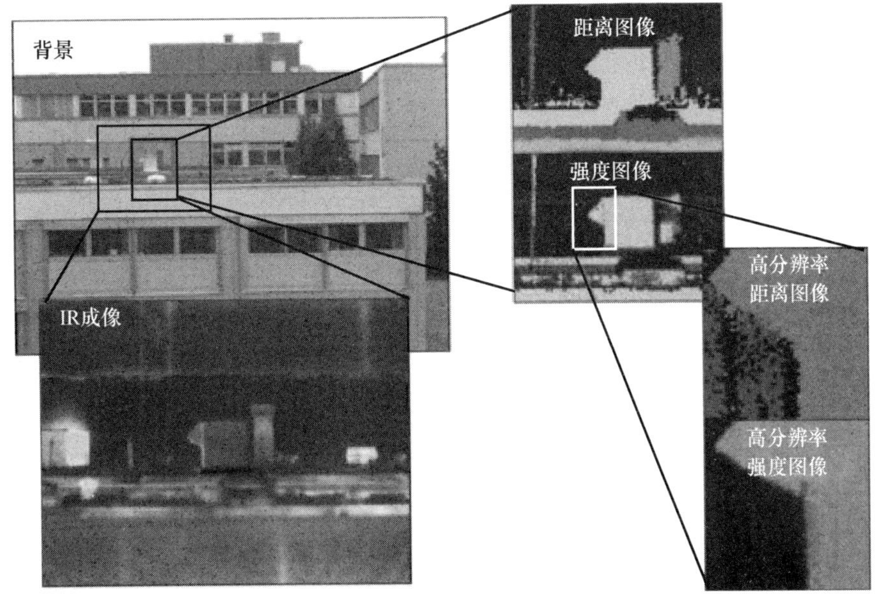

图 7.8　真实场景 IR 图像以及 LADAR 图像

7.3.2　新型激光红外共探测器复合探测技术

因为工作模式、工作波段不同,激光红外复合探测只是功能复合。随着红外 APD 探测器的发展,激光红外共探测器复合探测的技术成为可能。采用红外 APD 探测器的激光主动照射探测方式,兼顾了主被动探测的功能,不久可以进行远距离目标被动探测,也可以在激光主动照射下,对目标进行增强,而且还能获得目标距离信息,实现真正的增程型三维探测。

这种激光红外复合探测的新方案已经有国家开展了相关研究。法国发明了一种用于被动或主动二维、三维成像的双模式红外阵列探测器。通过碲镉汞 APD 在三维模式下实现了很高的成像灵敏度并具有良好的线性。该 320 × 256 探测器阵点距为 30μm,每个像素都集成一个读出单元。在被动模式下,每个电容量为 3.6×10^{-6} 的大容量低噪声读出单元都能达到光子级的噪声等效温差(NETD)。在主动成像模式下,只需一个光脉冲,每个像素都能获得所测的信号的时间(3D)信息与强度(2D)信息。同时整合一个在 80K 时截止波长为 4.6μm 的校正过的探测器阵列。该探测器阵列由工作在 80K 的 MWIR 碲镉汞雪崩光电二极管和读出单元组成,基于 0.18μm 工艺 CMOS。该 APD 偏置通过回路控制并且典型工作情形被调整在 APD 增益为 20 ~ 100。一次脉冲后,平均每个像素将接收到 100 ~ 106 个光子。图 7.9 为单个像素的结构。CTIA 部分与一个电压比较器相连。两个反馈电容与 CTIA 并联第一个反馈电容(C3D)容量较小,从而获得高的增益以使探测速度足够高;第二个反馈电容(C2D)可以提供高达 3.6×10^{-6}的电容量,且二者可以切换。单个像素的电路组成如图 7.9 所示。

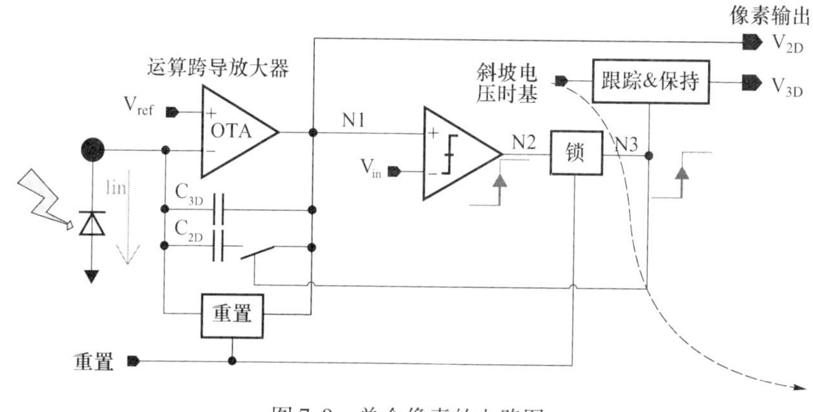

图 7.9　单个像素的电路图

该电压上升线由读出回路外部的系统提供,该 ROIC 同样可以用于主动成像或者传统被动热成像。但这种情况下 TOF 测量模块将处于关闭状态。图 7.10为用于主动实验室测试,模拟电压的上升时间可持续 200ns,这可以支持观察 30m 范围以内的物体。

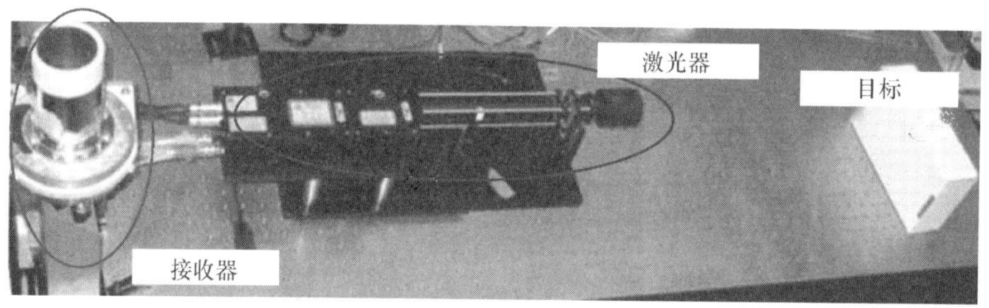

图 7.10　实验室设置的主动 SCA 测试

此外还进行了外场真实情景下的实验测试(见图 7.11),总共采集了 74 幅同时包含二维(强度)与三维(距离)信息的图像(每一帧包含 320×256×2 个数据)。在此设定下测量了一个约 45m 处的目标。激光的发散角被设定为 65mrad 以覆盖大部分探测视野。同时,时基电压上升线的斜率设为 4.6mV/ns,这样可以覆盖 40m 的景深(三维成像时间约为 270ns)。

英国 SELEX 实验室开发了一种先进的红外探测器,该探测器应用于双模式激光主动与红外被动探测。该激光红外复合探测主被动探测器是由 HgCdTe 雪崩光电二极管阵列和用户定制的 CMOS 读出回路组成的。该实验室在激光红外

图 7.11　实验装置和所测场景

主被动复合探测方面主要有两大发展,一种是减小激光红外复合探测器的尺寸、重量、费用等。由于之前的分体式激光红外复合探测激光雷达需要两套独立的光电系统,即光学镜头、探测器、信号处理器、电源等设备,整个系统所需要的空间和费用都比较大,会产生双倍的能量损耗、重量、尺寸等。能够实现激光红外双模式同时探测的 HgCdTe 雪崩光电二极管探测器能够简化系统,减小探测系统总体的体积和所需费用等。此外,SELEX 实验室还利用 HgCdTe 双模式红外探测器实现三维成像。在复杂的环境中,拥有三维成像能力的系统更能识别伪装,具有极大的优势。SELEX 实验室通过电开关能够将该 HgCdTe APD 从红外探测模式切换到激光主动探测模式。图 7.12 为该探测器的工作示意图。

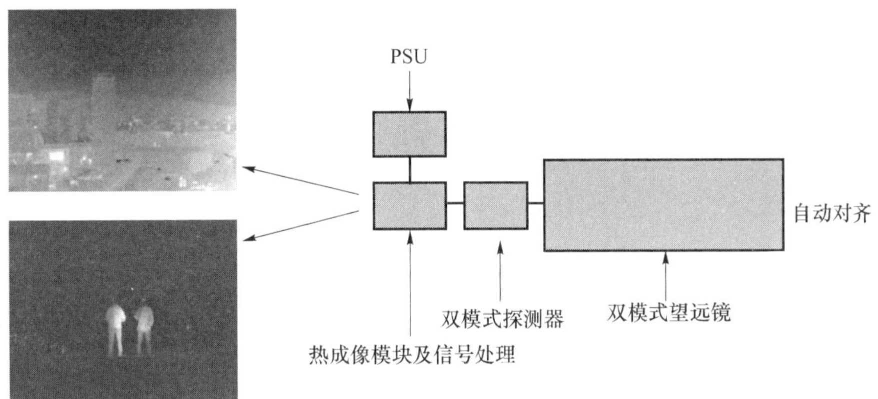

图 7.12　SELEX 实验室激光红外复合探测系统示意图

该公司研制的固体探测器由两个部分组成:阵列碲镉汞雪崩光电二极管和 CMOS 读出回路。这两个部分可以实现距离选通成像和对光子进行响应。激光主动探测的探测器为 320 × 256 阵列雪崩光电二极管,利用距离选通原理成三维强度像,每个像素的尺寸为 24,该探测器灵敏度可以比传统探测器高 100 倍,截止波长为6，响应时间也缩短了很多。SELEX 实验室利用该系统进行了外场实验，实验的时间选择在太阳落山后一个小时，在这个时间段内对于红外成像来说，温度的对比度是最难辨别的。红外成像的积分时间为10ms，图7.13是一个货车的激光主动成像示意图。而图7.14是更短距离的激光主动成像效果图。

(a) 红外成像

(b) 激光成像

图7.13　距离选通200ns的目标距离像

(a) 红外成像

(b) 激光成像

图7.14　SELEX激光红外复合探测系统成像示意图

美国DRS实验室应用中波HgCdTe e-APD实现了激光红外主被动复合探测成像。该激光红外复合主被动成像器件使用40μm像素尺寸，128×128阵列的焦平面探测器，响应截止波长为4.2~5.0，同时还设计了读出回路以获得距离信息等。在温度80K下，外加11V的偏压可以获得大小为946左右的增益，同时等量噪声光子很低，在0.4个光子左右。其HgCdTe APD探测器的设计是基于高密度垂直集成光电二极管结构，此结构目前在DRS应用于短波红外、中波红外和长波红外凝视阵列的产品中。除了探测器以外，焦平面阵列的另一个主要部分是读出电路。读出电路为探测器提供了所有的偏置和时钟信号,包括积分电容、运放和需要用于捕获、存储、读出和从探测器到接口电路传输光生信号的部分等。读出电路设计包括为主动成像提供精确、高速的时钟以保障基础的选通能力。所有探测器的功能,从初始的信号捕获到最终的信号读出,都是通过一个输入进读出电路的触发脉冲发起的。由于主动照明的光脉冲信号只有很短的持续时间(几纳秒),整个探测器的信号积分时间需要精确地控制。每一个探测器的积分信号必须被存储以实现依次读出功能。图 7.15 和图 7.16 分别为 DRS 实验室进行外场实验时所获得的图像示意图。

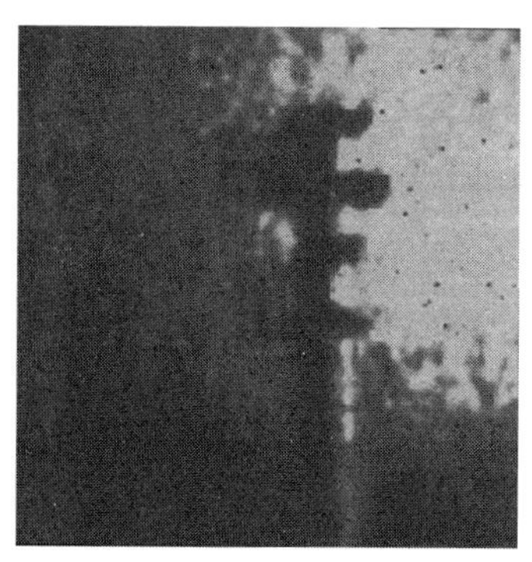

(a) 原图像

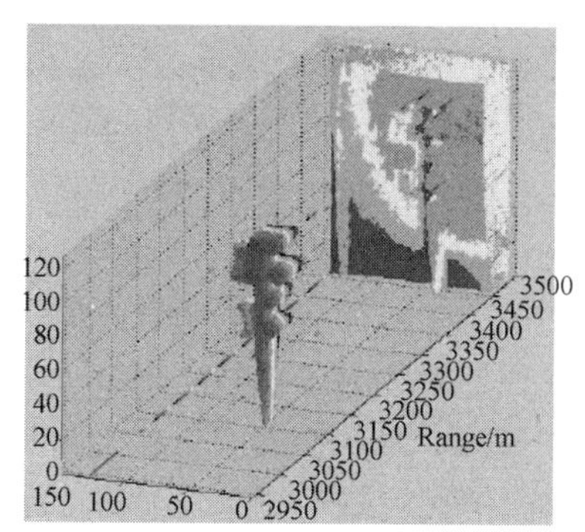

(b) 处理后得到的三维图像

图 7.15 DRS 实验室激光红外复合系统三维成像图(见彩图)

(a)原图像;(b)处理后得到的三维图像。

(a) 被测目标

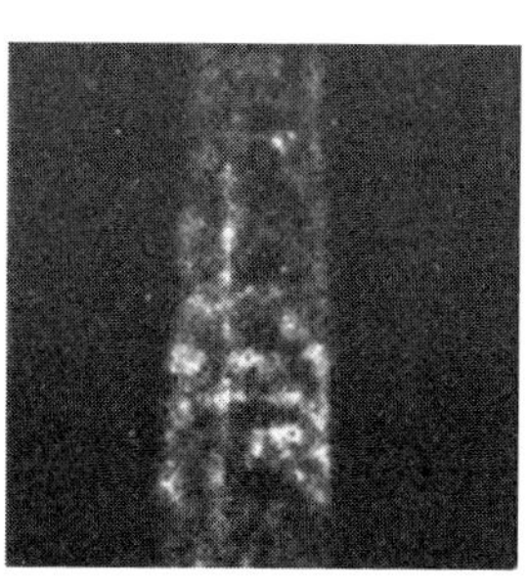

(b) 激光图像

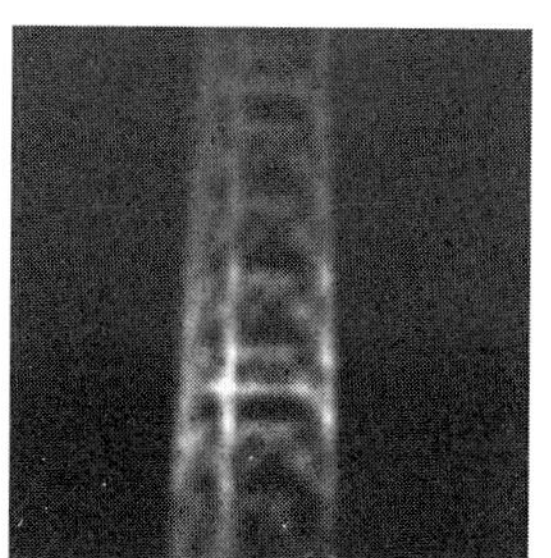

(c) 红外图像

图 7.16 不同距离的三维成像示意图(见彩图)

(a)被测目标;(b)激光图像;(c)红外图像。

从上述各国研究的情况可以看出,激光红外复合探测正在走向进一步高度综合,这些技术将对提升机载远程红外探测系统的功能和性能带来革命性的变化。虽然这些研究还处在实验室阶段,系统探测距离也不远,但这条技术路线必将是红外远程预警探测系统发展的必然方向。

7.4 新型激光红外复合用 APD 探测器

红外 APD 探测器是激光红外共探测器复合探测的核心探测器。碲镉汞红外探测因为光谱响应范围宽、响应率高,一直是红外探测器研究的热门。科学家研究发现,碲镉汞的能带结构由于自身特点,非常适合于制造雪崩光电二极管。早在 1993 年,Leveque 等人通过理论上的分析得出结论,碲镉汞材料具有单载流子工作的机制。他们发现在室温下,当截止波长大于 1.9μm 的时候,不发生空穴电离谐振,电子的有效质量迅速降低,导致电子的电离率远远大于空穴电离率,而当器件的响应截止波长小于 1.9μm 的时候,能带隙接近甚至等于自旋分裂能,此时空穴的电离谐振作用较强,导致空穴的电离率远远大于电子的电离率。碲镉汞这样的特性,决定了碲镉汞探测器具有极低的噪声,同时它的较高的光学吸收效率以及高的碰撞电离率使得它非常适合作为雪崩光电二极管材料。根据这一特性,很多国家都开展了红外 APD 探测器的研制。

近几年美国 Raytheon 开发出了多款 HgCdTe APD 探测器。一是侦察用高性能、大中心距、单像元激光雷达,中心距 100 ~ 300μm,波长 1 ~ 2μm。二是 256 × 4 的扫描激光雷达,用于 NASA 的 MMSS(Multi - mode Sensor Seeker)项目。三是大阵列 256 × 256 凝视型激光雷达,用于 NASA 的 ALHAT(Autonomous Landing and Hazard Avoidance Technology)项目,探测器同时接受距离信息和强度信号。四是应用于远距离的激光雷达和激光通信领域的 4 × 4 线性模式光子计数 APD,NEI 约等于 0.5 个光子。美国 Raytheon 公司生产的 HgCdTeAPD 过剩噪声因子 F 接近 1,有高的雪崩增益和 GHz 带宽。

美国 DRS 公司对 HgCdTeAPD 做了研究工作,报道了中波近红外主被动探测器,阵列 128 × 128,中心距 40μm,截至波长 4.2 ~ 6.1μm,读出电路采用常规读出电路,工作温度 77K,帧频 60Hz,数据速率 5MHz,摆幅 2.5V,电荷存储能力,主动模式下 4 × 105(25fF),被动模式 2 × 105(125fF),单路输出,最小积分时间步进 6.25ns,最小积分时间 50ns,功耗小于 55mW(积分时间 500μs)。雪崩光电二极管在反向偏压 11V 时增益因子为 946,NEI 低至 0.4 个光子。表 7.1 为门控 FPA 主要设计参数。

表 7.1 门控 FPA 设计参数

参数	设计目标
截止波长	4.3μm/5.1μm
增益(M)	100
闪烁噪声因子($F(M)$)	1.3(gain de)

（续）

参数	设计目标
GNDCD(Dark Current/Gain)	$<1\times10^{-7}$ A/cm^2
量子效率	>75%
带宽	100MHz
噪声等效光子@1μs gate	<10photons

DRS 公司采用 HDVIP 结构的 HgCdTe 雪崩光电二极管，HDVIP 非常适合做电子雪崩光电二极管(e - APD)。HgCdTe e - APD 在液氮温度下具有非常小的过剩噪声，中波(MWIR)器件过剩噪声因子 $F(M)$ 非常接近 1。更重要的是，过剩噪声独立于雪崩增益因子 M，即使雪崩增益因子很大，过剩噪声依然很低，图 7.17 所示为测量 MWIR e - APD 雪崩增益因子 M 以及闪烁噪声因子 $F(M)$，雪崩增益因子 M 达到 1000 时，过剩噪声因子依然接近 1。门控 HgCdTee - APD 探测器焦平面(FPA)中心距 40μm，阵列 128×128。图 7.17(a)所示为 MWIR e - APD 增益因子随反向偏置电压的变化曲线，接近指数关系，图 7.17(b)所示为过剩噪声因子随雪崩增益因子的变化，实线为理论值，黑色点为测量值，可以看到测量值非常接近 1，不随增益因子变化。

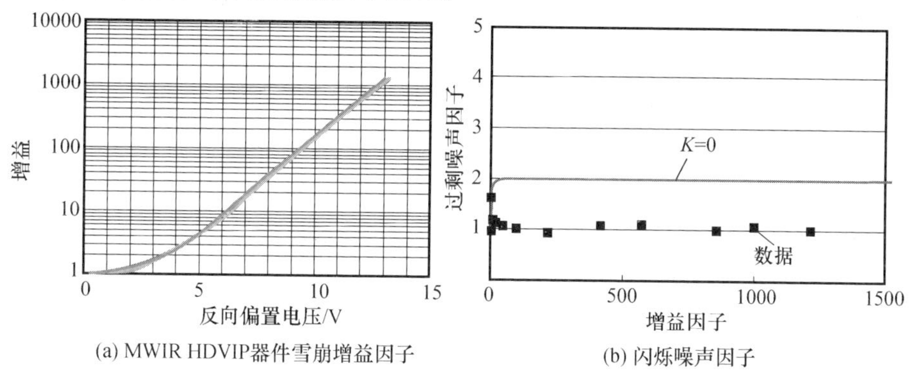

(a) MWIR HDVIP器件雪崩增益因子　(b) 闪烁噪声因子

图 7.17　MWIR HDVIP 器件主要参数关系

读出电路噪声等效电子为 100，图 7.18 所示为等效噪声光子数(NEPh)随增益的变化，有效 GNDCD(Dark Current/Gain)由 1×10^{-6} A/cm^2(红线)到 1×10^{-10} A/cm^2(蓝线)。由图 7.18 可以看出积分门控时间为 1μs，有效 GNDCD 小于 1×10^{-7} A/cm^2 时，等效噪声光子数小于 10。

法国 CEA - Leti 和 Sofradir 公司一直致力于 3D 激光雷达(flash LADAR)以及其读出电路的研究。2009 年研制了 320×256 混成式凝视型 APD 焦平面，中心距 30μm，λ_c = 5.3μm。雪崩增益在反向偏置电压为 7V 时大于 60，过剩噪声

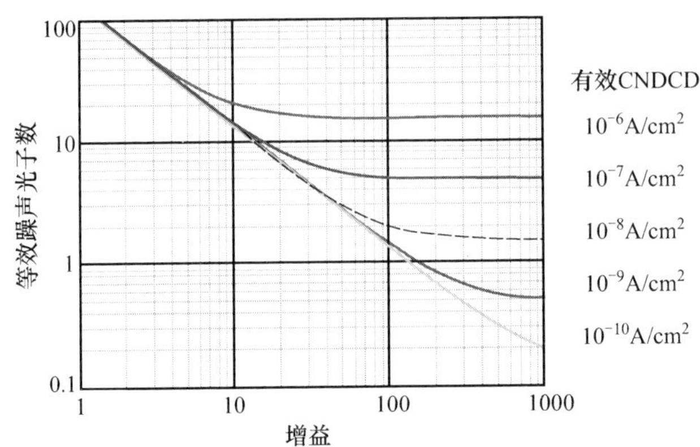

图7.18　等效噪声光子数(NEPh)随增益的变化(见彩图)

因子 $F(M)<1.2$，探测器阵列采用 MWIR 平面 PIN 结构 HgCdTe APD，工作于 80K 温度，读出电路采用标准 0.18μm CMOS 工艺制造。探测器的偏置电压由读出电路控制，使其雪崩增益因子在 20～100 范围变化。在 100ns 积分时间时，噪声等效光子数(NEPh)大约 1.8 个电子，积分时间 10μs 时，噪声等效光子数(NEPh)为 10 个电子，并且量子效率大于 70%。

图7.19 为 MWIR APD 增益曲线，在反向偏置电压为 9V 时增益为 174。过剩噪声因子低于 1.5。在大阵列中所有像元均匀性、增益的同质性是一个重要的要素，CEA－Leti 和 Sofradir 研制的 APD 在增益因子 $M=70$ 时保持非常稳定的增益标准差，这一成果预示 APD 焦平面在第三代被动成像和远距离低功耗成像方面有非常广阔的应用前景。图7.20 所示为等效噪声光子数(NEPh)随反向偏置电压变化曲线，随着反向偏置电压升高，APD 雪崩增益因子随之呈指数升高，读出电路的噪声对探测器噪声的影响越来越小，当反向偏置电压大于 6V 时，噪声等效电子数基本维持在 10 个电子以下。

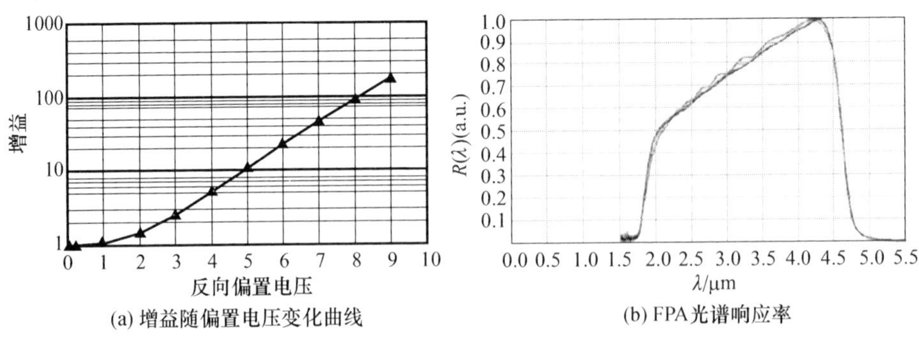

(a) 增益随偏置电压变化曲线　(b) FPA光谱响应率

图7.19　MWIR APD 增益曲线

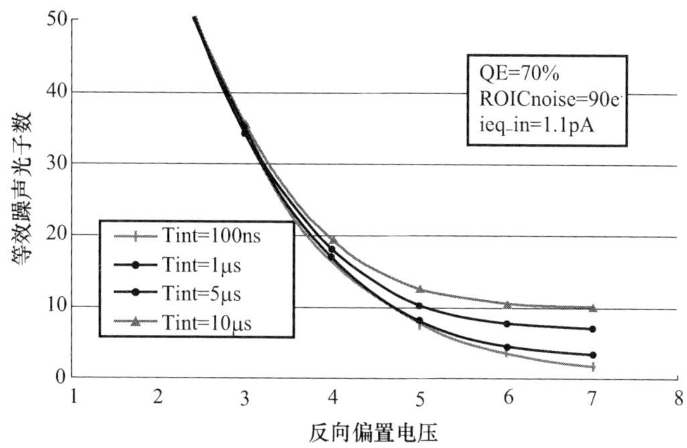

图 7.20　320×256 阵列 FPA 等效噪声光子数(NEPh)随反向偏置电压变化曲线

这些碲镉汞 APD 探测器的研制，为激光红外共探测器的主被动三维探测奠定了基础，也为光电探测系统向三维探测方向发展明确了方向。

7.5　典型激光红外复合探测系统

典型的激光红外复合探测系统组成如图 7.21 所示。红外预警雷达与激光测距系统安装于同一个光电前端中，由统一的姿态控制模块进行控制。激光测距机发射的激光照射到目标并返回后，与目标自身辐射的中波、长波红外光通过共孔径光路进入到探测系统中，并通过分光镜使返回激光及目标辐射能量分别进入到激光及红外的信号处理组件中。信号处理组件接收各个信号处理组件传输过来的图像信息之后，经过背景抑制、目标提取、特征分析、多帧匹配等处理之后，形成目标位置信息，并将这些信息送显控系统进行显示、分析，以及与其他传感器信息进行融合等。

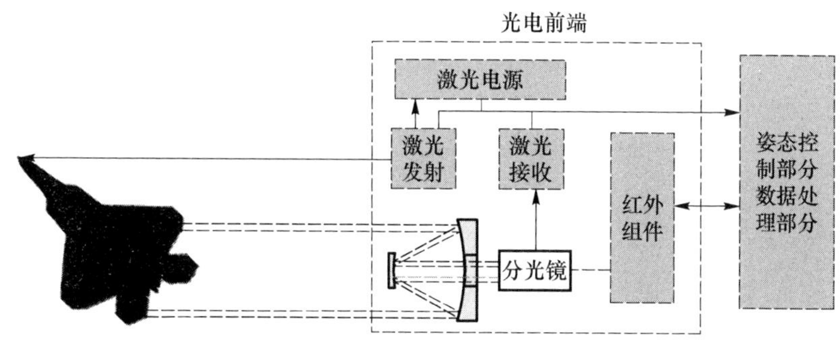

图 7.21　典型激光红外复合探测系统

红外预警雷达的威力范围一般较大，在360°方位角内可探测到的目标数量可能很多，而激光测距仪的发射角一般很小，因此两者无法以同步工作的方式对全部目标进行精确定位。一般情况下两者协同探测的方式主要有以下几种：

(1) 红外预警雷达进行小角度搜索，而视场内目标较少时，可通过红外预警雷达与激光测距仪进行协同探测；

(2) 红外预警雷达进行全方位角常规扫描，当发现某些重点威胁目标时，通过红外预警雷达提供的角度信息，牵引激光测距仪对其测距；

(3) 当红外预警雷达执行目标跟踪、火控等任务时，红外预警雷达与激光测距仪采用高数据率的方式对被测目标进行凝视定位，并将目标位置上报火控系统，进行火控引导。

由于激光的发射角很小，且激光在对目标进行跟瞄定位时需要消耗一定时间，激光红外复合探测系统无法像单红外预警雷达一样进行360°常规扫描预警，只能执行小角度内少量目标的跟踪探测。因此，激光红外协同探测一般应用于对重点区域重点目标的跟踪、探测，或独立承担重点目标指示及火控制导的任务。

7.6 激光、红外性能匹配性设计

无论是传统系统红外探测、激光测距，还是激光红外主被动复合探测，激光红外系统的探测性能都需要相互匹配。红外探测、激光测距系统，一般在红外处于稳定视轴跟踪的情况下进行激光测距，因此激光测距距离一般与红外视轴跟踪距离一致，一般为红外探测距离的80%。激光红外主被动复合探测，激光具有增强被动探测的特点，激光探测距离与红外探测距离相当，因此，可实现对目标“探测即定位”的能力。

光子是光的最小能量量子。单光子探测技术，可对入射的单个光子进行计数，以实现对极微弱目标信号的探测。探测灵敏度可提高10^4量级，系统探测距离将有数量级的增加，即使对F-22、B-2这样的隐身飞机，作用距离也可达到几百到上千千米，可在极远距离上发现隐身飞机，使其无处遁形。

参考文献

[1] 颜洪雷. 红外与激光复合探测关键技术研究[D]. 上海:中国科学院研究生院上海技术物理研究所, 2014.

[2] 陈宁. 激光红外共用探测器复合成像系统性能的研究[D]. 哈尔滨:哈尔滨工业大学, 2014.

[3] Hays, Anthony B, Tchoryk J, et al. Dynamic simulation and validation of a satellite docking

system[J]. Proceedings of SPIE, The International Society for Optical Engineering, 2003, 5088:76 - 88.

[4] Wallace A M, Walker A C. 3D imaging and ranging by time - correlated single photon counting[J]. Computing & Control Engineering Journal, 2001, 08:157 - 168.

[5] Oh M S, Kim T H. Time - of - flight analysis of three - dimensional imaging laser radar using a geiger - mode avalanche photodiode[J]. Japanese Journal of Applied Physics, 2010, 49 (026601):1 - 6.

[6] Degnan J J. Present and future space applications of photon counting lidars[C]. Proc of SPIE, 2009, 7323(73230E):1 - 12.

[7] Fouche D G. Detection and false - alarm probabilities for laser radars that use geiger - mode detectors[J]. Applied Optics, 2003, 47(27): 5388 - 5398.

[8] 戴永江. 激光与红外探测原理[M]. 北京:国防工业出版社,2012.

附录A 典型大气传输特性

大气辐射传输计算条件：探测器高度 10km，探测距离 300km，探测角度平视和 ±3°俯仰角。3 ~ 5μm 波段大气透过率参考值见表 A.1。8 ~ 12μm 波段大气透过率见表 A.2。

表 A.1 3 ~ 5μm 波段大气透过率

大气透过率 探测角度/(°) 波数/cm^{-1}	0°	-3°	3°
2000	0.8908	0	0.9686
2025	0.818	0	0.8931
2050	0.5264	1×10^{-4}	0.7549
2075	0.3538	0	0.4878
2100	0.286	0	0.3629
2125	0.1638	0	0.238
2150	0.6778	5.5×10^{-3}	0.876
2175	0.2387	0	0.5766
2200	0.0044	0	0.0976
2225	0.0025	0	0.0713
2250	0	0	0.002
2275	0	0	0
2300	0	0	0
2325	0	0	0
2350	0	0	0
2375	0	0	0
2400	0.0188	0	0.3365
2425	0.096	0	0.5224
2450	0.1444	0	0.5598
2475	0.2622	1×10^{-4}	0.6577
2500	0.5022	2.7×10^{-3}	0.821

（续）

大气透过率 探测角度/(°) 波数/cm^{-1}	0°	-3°	3°
2525	0. 6094	0. 0127	0. 8579
2550	0. 4273	5.5×10^{-3}	0. 697
2575	0. 4092	7.3×10^{-3}	0. 6784
2600	0. 6026	0. 0296	0. 8184
2625	0. 8677	3.6×10^{-3}	0. 9545
2650	0. 865	0. 0272	0. 9477
2675	0. 8574	0. 0105	0. 9486
2700	0. 965	0. 1434	0. 9824
2725	0. 9164	0. 0182	0. 9653
2750	0. 7988	0. 0394	0. 909
2775	0. 8424	0. 0971	0. 9038
2800	0. 5124	2.2×10^{-3}	0. 706
2825	0. 4748	7×10^{-4}	0. 7087
2850	0. 9567	0. 0535	0. 9809
2875	0. 2952	6×10^{-4}	0. 5827
2900	0. 4011	0. 0066	0. 6355
2925	0. 8034	0. 0114	0. 9234
2950	0. 6724	4.1×10^{-3}	0. 8699
2975	0. 5459	0	0. 8041
3000	0. 5941	0	0. 832
3025	0. 3712	0	0. 6132
3050	0. 5531	0	0. 6617
3075	0. 5388	0	0. 8273
3100	0. 1521	0	0. 4902
3125	0. 5225	0	0. 8212
3150	0. 8999	0	0. 9649
3175	0. 434	0	0. 7404
3200	0. 4084	0	0. 708
3225	0. 9392	0	0. 9839
3250	0. 9439	0	0. 9842
3275	0. 6756	0	0. 9229
3300	0. 7996	0	0. 9415
3325	0. 639	0	0. 8485

表 A.2　8 ~ 12μm 波段大气透过率

波数/cm^{-1}	探测角度		
	0°	−3°	3°
833	0.9812	1×10^{-3}	0.9919
840	0.9232	0	0.9771
847	0.851	1×10^{-3}	0.9446
854	0.9344	1×10^{-4}	0.9702
861	0.982	2.2×10^{-3}	0.972
868	0.9687	2.2×10^{-3}	0.9533
875	0.9626	2.8×10^{-3}	0.9517
882	0.9453	2.4×10^{-3}	0.9352
889	0.9185	1×10^{-3}	0.9083
896	0.9191	3.5×10^{-3}	0.8715
903	0.9635	4.1×10^{-3}	0.9573
910	0.9258	9×10^{-4}	0.9418
917	0.9011	3.9×10^{-3}	0.9504
924	0.938	3.3×10^{-3}	0.9741
931	0.8721	2.9×10^{-3}	0.9502
938	0.9869	6.4×10^{-3}	0.9944
945	0.985	3.1×10^{-3}	0.9941
952	0.986	7.6×10^{-3}	0.9942
959	0.95	4.2×10^{-3}	0.977
966	0.8903	2.4×10^{-3}	0.9441
973	0.8559	2×10^{-3}	0.9063
980	0.8711	7.5×10^{-3}	0.8809
987	0.8138	1.1×10^{-2}	0.7361
994	0.6114	1.1×10^{-2}	0.5227
1001	0.359	6.2×10^{-3}	0.3538
1008	0.1222	3.5×10^{-3}	0.1711
1015	0.046	7×10^{-4}	8.5×10^{-2}
1022	0.0173	4×10^{-4}	4.1×10^{-2}
1029	8.9×10^{-3}	0	2.5×10^{-2}
1036	5.4×10^{-3}	4×10^{-4}	1.6×10^{-2}
1043	0.3267	2.7×10^{-3}	0.3354

（续）

波数/cm^{-1}	探测角度		
	0°	-3°	3°
1050	0.0046	0	0.0164
1057	0.0023	0	0.0093
1064	0.0734	1.4×10^{-3}	0.1189
1071	0.745	1.2×10^{-2}	0.6828
1078	0.82	1.0×10^{-2}	0.7941
1085	0.7313	1.9×10^{-3}	0.7758
1092	0.787	4.0×10^{-3}	0.7872
1099	0.755	3.9×10^{-3}	0.747
1106	0.8122	1.9×10^{-3}	0.8164
1113	0.7757	8.4×10^{-3}	0.7632
1120	0.8644	4.5×10^{-3}	0.8634
1127	0.7687	2.0×10^{-2}	0.7594
1134	0.752	1.2×10^{-3}	0.743
1141	0.7296	8.5×10^{-3}	0.7783
1148	0.665	3.0×10^{-3}	0.7424
1155	0.6511	3.5×10^{-3}	0.7701
1162	0.6891	8.7×10^{-3}	0.7935
1169	0.8092	9.0×10^{-3}	0.8727
1176	0.6607	0	0.7947
1183	0.7201	6.9×10^{-3}	0.8387
1190	0.7612	1.6×10^{-3}	0.8681
1197	0.8403	3×10^{-4}	0.9167
1204	0.8417	1.5×10^{-2}	0.9215
1211	0.5646	0	0.7961
1218	0.7344	0	0.8747
1225	0.5426	0	0.8061
1232	0.8636	1.3×10^{-2}	0.9406
1239	0.479	0	0.7123
1246	0.1936	0	0.4586

附录B 背景辐射亮度

背景辐射亮度计算条件:探测器高度10km,探测距离300km,探测角度平视和±3.5°俯仰角。中波背景光谱亮度参考值见表B.1,长波背景光谱亮度参考值见表B.2。

表B.1 中波背景辐射亮度 $(W/m^2 \cdot sr \cdot cm^{-1})$

光谱亮度/$W/(m^2 \cdot sr \cdot cm^{-1})$ 探测角度/(°) 波数/cm^{-1}	0	-3	3
2000	1.88×10^{-5}	1.14×10^{-3}	5.81×10^{-6}
2025	4.02×10^{-5}	1.51×10^{-3}	2.01×10^{-5}
2050	8.14×10^{-5}	1.28×10^{-3}	3.83×10^{-5}
2075	1.03×10^{-4}	8.28×10^{-4}	6.73×10^{-5}
2100	9.47×10^{-5}	7.88×10^{-4}	6.71×10^{-5}
2125	9.35×10^{-5}	6.79×10^{-4}	6.89×10^{-5}
2150	2.97×10^{-5}	1.07×10^{-3}	1.01×10^{-5}
2175	6.29×10^{-5}	4.45×10^{-4}	2.94×10^{-5}
2200	8.15×10^{-5}	1.34×10^{-4}	6.16×10^{-5}
2225	7.23×10^{-5}	1.16×10^{-4}	5.64×10^{-5}
2250	6.65×10^{-5}	7.78×10^{-5}	6.00×10^{-5}
2275	6.00×10^{-5}	6.38×10^{-5}	5.66×10^{-5}
2300	5.27×10^{-5}	5.44×10^{-5}	5.14×10^{-5}
2325	4.64×10^{-5}	4.68×10^{-5}	4.63×10^{-5}
2350	4.08×10^{-5}	4.12×10^{-5}	4.07×10^{-5}
2375	3.58×10^{-5}	3.62×10^{-5}	3.58×10^{-5}
2400	2.69×10^{-5}	8.44×10^{-5}	1.35×10^{-5}
2425	2.04×10^{-5}	1.12×10^{-4}	8.27×10^{-6}
2450	1.67×10^{-5}	1.20×10^{-4}	6.69×10^{-6}
2475	1.22×10^{-5}	1.48×10^{-4}	4.51×10^{-6}
2500	6.87×10^{-6}	2.07×10^{-4}	2.02×10^{-6}

（续）

光谱亮度/W/(m^2·sr·cm^{-1}) 探测角度/(°) 波数/cm^{-1}	0	-3	3
2525	4.73×10^{-6}	2.18×10^{-4}	1.43×10^{-6}
2550	6.41×10^{-6}	1.47×10^{-4}	2.78×10^{-6}
2575	5.81×10^{-6}	1.28×10^{-4}	2.58×10^{-6}
2600	3.38×10^{-6}	1.69×10^{-4}	1.28×10^{-6}
2625	9.33×10^{-7}	1.47×10^{-4}	2.83×10^{-7}
2650	8.81×10^{-7}	1.67×10^{-4}	2.87×10^{-7}
2675	7.71×10^{-7}	1.27×10^{-4}	2.39×10^{-7}
2700	2.11×10^{-7}	1.34×10^{-4}	8.24×10^{-8}
2725	3.85×10^{-7}	1.32×10^{-4}	1.34×10^{-7}
2750	8.13×10^{-7}	1.07×10^{-4}	3.13×10^{-7}
2775	7.39×10^{-7}	9.60×10^{-5}	3.73×10^{-7}
2800	1.62×10^{-6}	6.02×10^{-5}	8.54×10^{-7}
2825	1.33×10^{-6}	3.87×10^{-5}	5.96×10^{-7}
2850	1.05×10^{-7}	7.88×10^{-5}	3.76×10^{-8}
2875	1.39×10^{-6}	2.60×10^{-5}	6.68×10^{-7}
2900	1.04×10^{-6}	3.23×10^{-5}	5.02×10^{-7}
2925	2.90×10^{-7}	5.10×10^{-5}	9.71×10^{-8}
2950	4.02×10^{-7}	4.00×10^{-5}	1.35×10^{-7}
2975	4.83×10^{-7}	1.09×10^{-5}	1.78×10^{-7}
3000	4.09×10^{-7}	2.43×10^{-5}	1.55×10^{-7}
3025	5.84×10^{-7}	7.85×10^{-6}	3.24×10^{-7}
3050	4.35×10^{-7}	9.27×10^{-6}	2.88×10^{-7}
3075	2.80×10^{-7}	1.14×10^{-5}	8.67×10^{-8}
3100	4.91×10^{-7}	2.00×10^{-6}	2.33×10^{-7}
3125	2.11×10^{-7}	3.76×10^{-6}	6.75×10^{-8}
3150	4.26×10^{-8}	1.51×10^{-5}	1.44×10^{-8}
3175	2.07×10^{-7}	3.72×10^{-6}	8.54×10^{-8}
3200	1.92×10^{-7}	2.04×10^{-6}	8.33×10^{-8}
3225	1.37×10^{-8}	6.82×10^{-6}	3.59×10^{-9}
3250	1.15×10^{-8}	6.95×10^{-6}	3.17×10^{-9}
3275	5.24×10^{-8}	1.81×10^{-6}	1.14×10^{-8}
3300	3.05×10^{-8}	3.11×10^{-6}	8.36×10^{-9}
3325	5.16×10^{-8}	1.93×10^{-6}	1.87×10^{-8}

表 B.2 长波背景光谱亮度

光谱亮度/ $(W/m^2 \cdot sr \cdot cm^{-1})$ 探测角度/(°) 波数/cm^{-1}	0	-3	3
833	6.31×10^{-4}	8.40×10^{-2}	2.32×10^{-4}
840	1.96×10^{-3}	6.93×10^{-2}	5.54×10^{-4}
847	4.28×10^{-3}	7.92×10^{-2}	1.38×10^{-3}
854	2.07×10^{-3}	7.76×10^{-2}	7.52×10^{-4}
861	1.33×10^{-3}	8.03×10^{-2}	7.58×10^{-4}
868	2.15×10^{-3}	7.88×10^{-2}	1.23×10^{-3}
875	2.24×10^{-3}	7.78×10^{-2}	1.23×10^{-3}
882	2.97×10^{-3}	7.65×10^{-2}	1.61×10^{-3}
889	4.09×10^{-3}	7.23×10^{-2}	2.22×10^{-3}
896	5.15×10^{-3}	7.40×10^{-2}	3.08×10^{-3}
903	1.86×10^{-3}	7.34×10^{-2}	9.95×10^{-4}
910	2.73×10^{-3}	7.13×10^{-2}	1.30×10^{-3}
917	2.69×10^{-3}	6.98×10^{-2}	1.04×10^{-3}
924	1.50×10^{-3}	6.97×10^{-2}	5.14×10^{-4}
931	2.85×10^{-3}	6.58×10^{-2}	9.77×10^{-4}
938	3.12×10^{-4}	6.80×10^{-2}	1.13×10^{-4}
945	3.34×10^{-4}	6.67×10^{-2}	1.18×10^{-4}
952	3.16×10^{-4}	6.57×10^{-2}	1.15×10^{-4}
959	1.15×10^{-3}	6.38×10^{-2}	4.69×10^{-4}
966	2.36×10^{-3}	6.00×10^{-2}	1.09×10^{-3}
973	3.63×10^{-3}	5.70×10^{-2}	1.96×10^{-3}
980	4.36×10^{-3}	5.83×10^{-2}	2.64×10^{-3}
987	7.78×10^{-3}	5.85×10^{-2}	5.48×10^{-3}
994	1.12×10^{-2}	5.67×10^{-2}	8.41×10^{-3}
1001	1.34×10^{-2}	5.33×10^{-2}	1.04×10^{-2}
1008	1.56×10^{-2}	4.57×10^{-2}	1.29×10^{-2}
1015	1.63×10^{-2}	3.91×10^{-2}	1.39×10^{-2}
1022	1.65×10^{-2}	3.20×10^{-2}	1.45×10^{-2}
1029	1.63×10^{-2}	2.78×10^{-2}	1.45×10^{-2}
1036	1.59×10^{-2}	3.00×10^{-2}	1.41×10^{-2}
1043	1.20×10^{-2}	4.44×10^{-2}	9.24×10^{-3}

（续）

光谱亮度/($W/m^2 \cdot sr \cdot cm^{-1}$) 探测角度/(°) 波数/$cm^{-1}$	0	-3	3
1050	1.52×10^{-2}	2.51×10^{-2}	1.36×10^{-2}
1057	1.49×10^{-2}	2.33×10^{-2}	1.34×10^{-2}
1064	1.33×10^{-2}	3.66×10^{-2}	1.11×10^{-2}
1071	6.44×10^{-3}	4.71×10^{-2}	4.49×10^{-3}
1078	4.51×10^{-3}	4.65×10^{-2}	2.88×10^{-3}
1085	5.01×10^{-3}	4.15×10^{-2}	2.94×10^{-3}
1092	4.39×10^{-3}	4.54×10^{-2}	2.70×10^{-3}
1099	4.96×10^{-3}	4.45×10^{-2}	3.13×10^{-3}
1106	3.75×10^{-3}	4.35×10^{-2}	2.24×10^{-3}
1113	4.26×10^{-3}	4.34×10^{-2}	2.70×10^{-3}
1120	2.73×10^{-3}	4.34×10^{-2}	1.60×10^{-3}
1127	3.87×10^{-3}	4.09×10^{-2}	2.51×10^{-3}
1134	4.11×10^{-3}	4.06×10^{-2}	2.65×10^{-3}
1141	3.90×10^{-3}	3.84×10^{-2}	2.25×10^{-3}
1148	4.40×10^{-3}	3.67×10^{-2}	2.51×10^{-3}
1155	4.00×10^{-3}	3.45×10^{-2}	2.12×10^{-3}
1162	3.64×10^{-3}	3.49×10^{-2}	1.90×10^{-3}
1169	2.37×10^{-3}	3.58×10^{-2}	1.18×10^{-3}
1176	3.45×10^{-3}	2.95×10^{-2}	1.73×10^{-3}
1183	2.68×10^{-3}	3.26×10^{-2}	1.30×10^{-3}
1190	2.26×10^{-3}	3.19×10^{-2}	1.04×10^{-3}
1197	1.51×10^{-3}	3.20×10^{-2}	6.39×10^{-4}
1204	1.43×10^{-3}	3.21×10^{-2}	5.76×10^{-4}
1211	3.16×10^{-3}	1.90×10^{-2}	1.32×10^{-3}
1218	1.99×10^{-3}	2.41×10^{-2}	8.20×10^{-4}
1225	2.89×10^{-3}	1.48×10^{-2}	1.07×10^{-3}
1232	1.03×10^{-3}	3.03×10^{-2}	3.69×10^{-4}
1239	3.50×10^{-3}	1.86×10^{-2}	1.73×10^{-3}
1246	5.43×10^{-3}	1.43×10^{-2}	3.25×10^{-3}

主要符号表

符号	含义
A_o	光学系统入射孔径的面积
A_r	接收光学孔径面积
A_s	目标有效反射面积
a、b	探测器像元的长、宽尺寸
D^*	探测率
D_0	光学系统入瞳直径
E_g	禁带宽度
E_i	杂质电离能
E_λ	光谱辐射照度
f	光学系统等效焦距
H_e	环境辐射辐照度
h	普朗克常数
IFOV_v	红外预警雷达俯仰角
$I_{\lambda_1 \sim \lambda_2}$	目标透射强度
Ma	飞行马赫数
MTF	光学调制传递函数
NA	数值孔径
NEP	噪声等效功率
OSF	点扩散函数
P_d	探测概率
P_{fa}	虚警概率
P_r	激光接收探测的功率
P_t	激光发射峰值功率
P_λ	光谱辐射功率
R	目标距离
$\mathfrak{R}(\lambda)$	探测器的光谱响应度
$S_{\lambda_1 \sim \lambda_2}$	红外预警雷达在光谱波段内的静态灵敏度
T_0	周围大气温度

T_{frame}	积分时间
T_r	接收光学系统透过率
T_t	飞机表面温度
Δf	系统等效带宽
ν	光子频率
Ω_{sum}	太阳对地球的立体角
γ	空气定压热容量和定容热容量之比
ε_t	表面发射率
θ_t	激光发射光束角
ρ	目标反射系数
σ	斯蒂芬-玻耳兹曼常数
$\tau_0(\lambda)$	传感器的光谱透过率
$\tau_a(\lambda)$	大气透过率

缩略语

ADC	Analog Digital Converter	模拟/数字转换器
APD	Avalanche Photodiode Detector	雪崩光电探测器
CCP	Capacity of Constant by Pressure	定压热容量
CD	Coherent Detection	相干探测
CUDA	Compute Unified Device Architecture	统一计算设备架构
CW	Cutoff Wavelength	截止波长
DPA	Dynamic Programming Algorithm	动态规化法
DR	Data Rate	数据率
ECS	Environment Control System	环境控制系统
EKF	Extended Kalman Filter	扩展卡尔曼滤波
EP	Entrance Pupil	入瞳
ERM	Extended Range Model	增程模式
FAR	False Alarm Rate	虚警率
FL	Focal Length	焦距
FLIR	Forward Looking Infrared	前视红外
FR	Frequency Response	频率响应
FTM	Fully Tracking Mode	快速跟踪模式
HD	Heat Detector	热探测器
IMR	Image Rotation	像旋
IRFPA	Infrared Focal Plane Array	红外焦平面阵列
IR	Infrared Radiation	红外辐射
IRS	Infrared Stealth	红外隐身
IRST	Infrared Search and Track	红外搜索跟踪
JPDAF	Joint Probability Data Association	联合概率数据关联
LRF	Laser RangeFinders	激光测距仪
LWIR	Long Wave Infrared	长波红外

MAW	Missile Approximation Warning	导弹逼近告警
MC	Monte Carlo	蒙特卡洛
MHT	Multistage Hypothesis Testing	多假设检验方法
MRTD	Minimum Resolvable Temperature Difference	最小可分辨温差
MTF	Modulation Transfer Function	调制传递函数
MWIR	Mid Wave Infrared	中波红外
NA	Numerical Aperture	数值孔径
NEP	Noise Equivalent Power	噪声等效功率
NETD	Noise Equivalent Temperature Difference	噪声等效温差
NN	Neural Network	神经网络
NPR	Neyman Pearson Rule	奈曼－皮尔逊准则
NR	Nozzle Radiation	尾喷管辐射
OAR	Off – Axis Reflective	离轴反射
PD	Photon Detector	光子探测器
PED	Photo – Emissive Detectors	光子发射型探测器
PEMD	Photoelectromagnetic Detector	光电磁探测器
PID	Photovoltaic Detector	光伏探测器
PYD	Pyroelectric Detector	热释电探测器
QWIP	Quantum Well	量子阱
RFS	Random Finite Set	随机有限集合
ROS	Reflective Optical System	反射式光学系统
ROS	Refractive Optical System	折射式光学系统
RROS	Refractive and Reflective Optical System	折反式光学系统
RS	Rayleigh Scattering	瑞利散射
SAOS	Synthetic Aperture Optical System	合成孔径光学系统
SCM	Servo Control Mechanism	伺服控制机构
SITF	Signal Transfer Function	信号传递函数
SNR	Signal to Noise Ratio	信噪比
ST	Stagnation Temperature	驻点温度
TBD	Track Before Detect	检测前跟踪
TDFF	Three Dimensional FlowField	三维流场
TWS	Track – While – Scan	多目标边搜边跟

图 1.7　高空下视红外图像

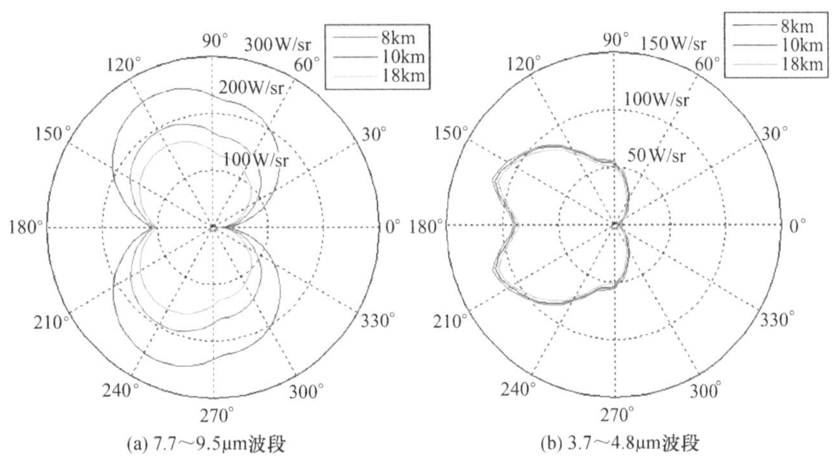

(a) 7.7～9.5μm波段　　(b) 3.7～4.8μm波段

图 2.2　不同海拔下，目标飞行速度 $Ma=0.9$，目标红外辐射强度分布曲线

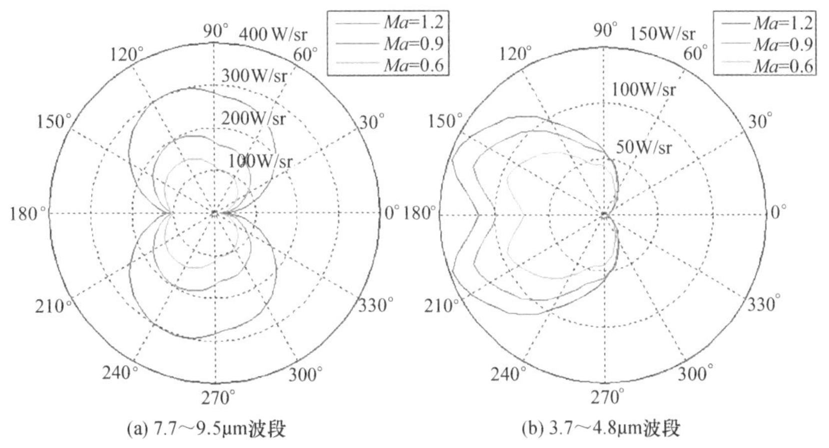

(a) 7.7～9.5μm波段　　(b) 3.7～4.8μm波段

图 2.3　不同飞行速度下，目标飞行高度 10km，目标红外辐射强度分布曲线

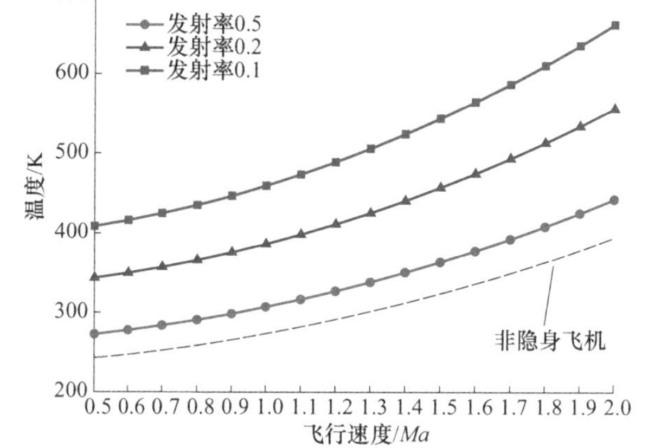

图 2.4　全光谱发射率涂料的飞机表面温度与发射率变化关系

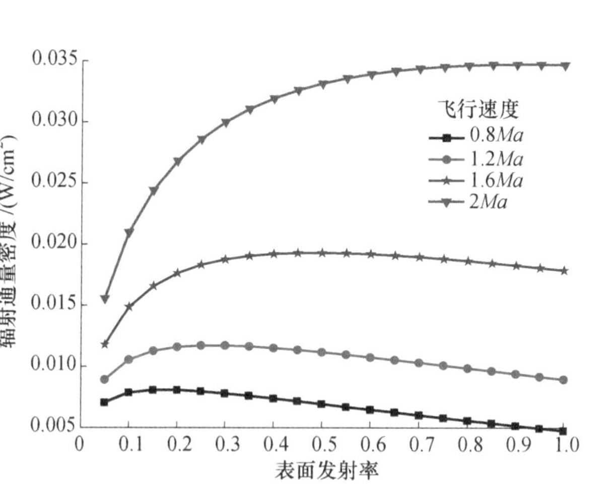

图 2.5　辐射通量密度(8 ~ 12μm 波段)与表面发射率关系

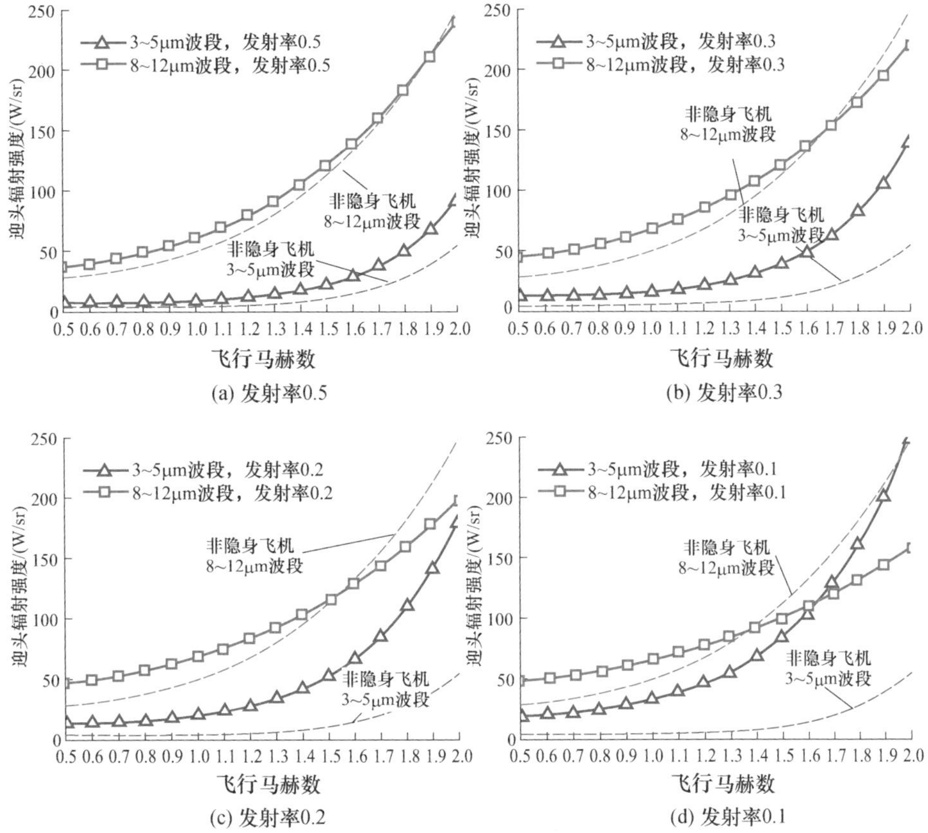

(a) 发射率0.5　　(b) 发射率0.3

(c) 发射率0.2　　(d) 发射率0.1

图 2.6　表面发射率对迎头辐射强度的影响

（飞行高度 10km，环境辐射亮度 300W/cm^2）

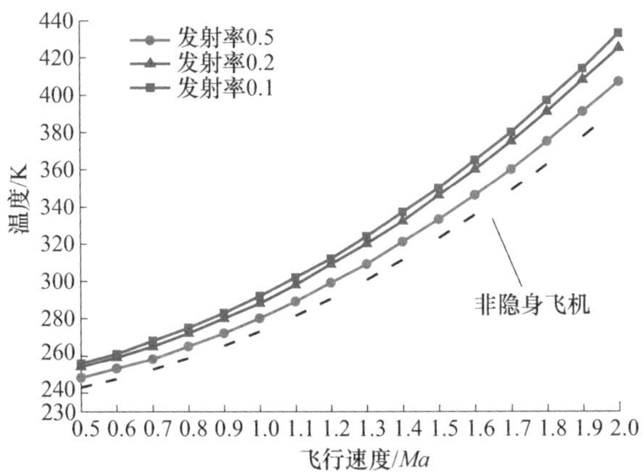

图 2.7　选择性发射涂料的飞机表面温度与发射率变化关系

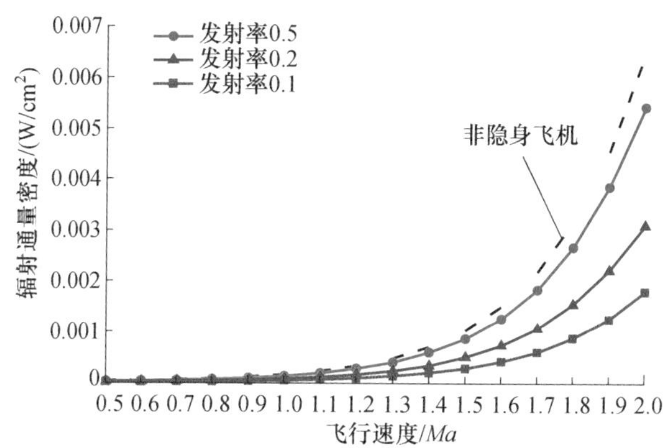

图 2.8　不同发射率下 3 ~ 5μm 波段辐射通量密度变化情况

彩/4

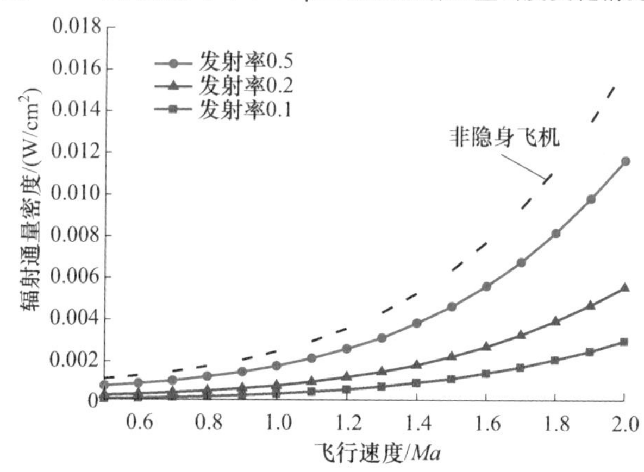

图 2.9　不同发射率下 8 ~ 12μm 波段辐射通量密度变化情况

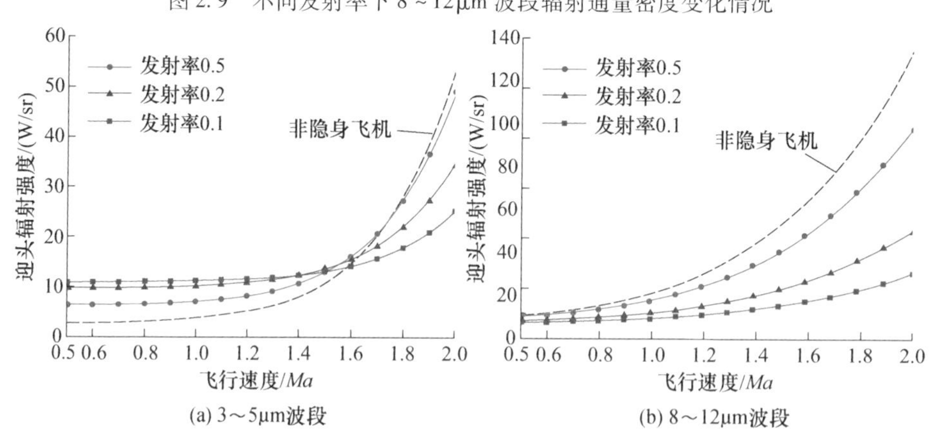

图 2.10　选择性发射涂料的飞机迎头辐射强度

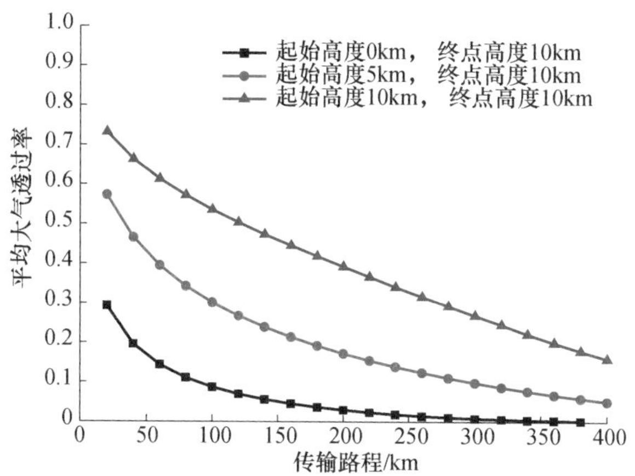

图 2.26　大气窗口 3~5μm 平均大气透过率

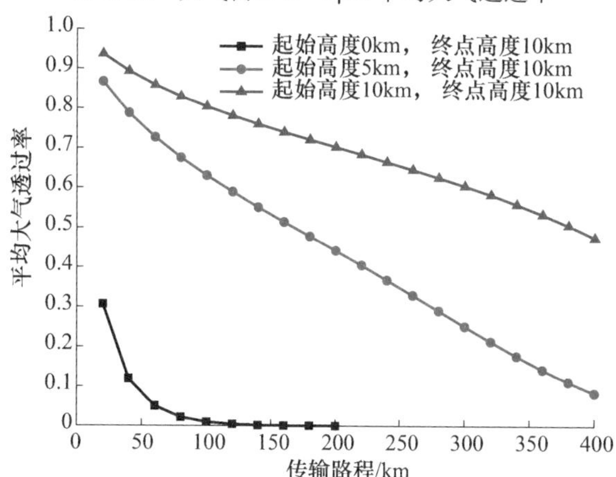

图 2.27　大气窗口 8~12μm 平均大气透过率

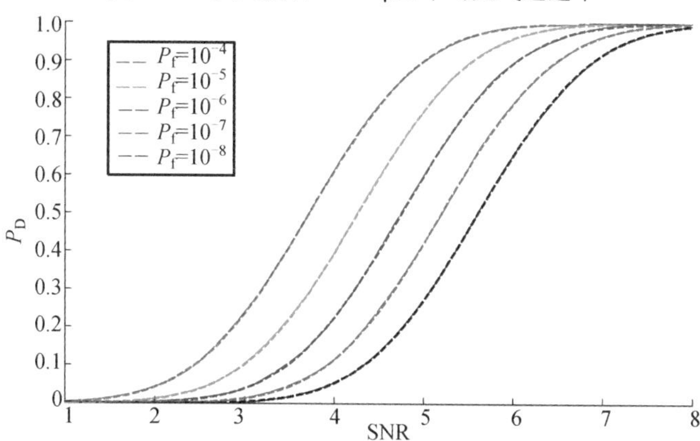

图 3.6　不同虚警率下信噪比与检测率的关系

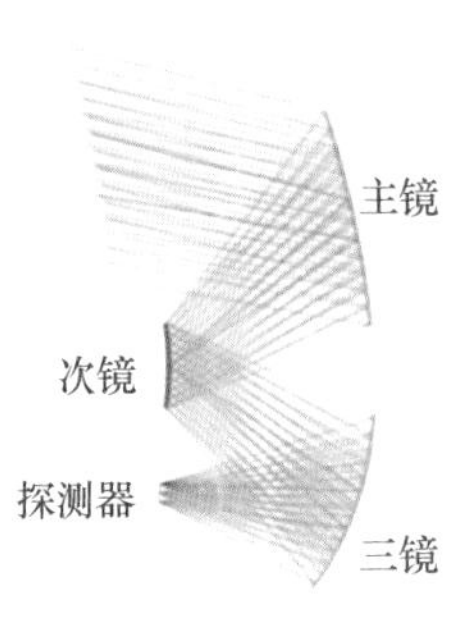

(a) 系统仿真光路

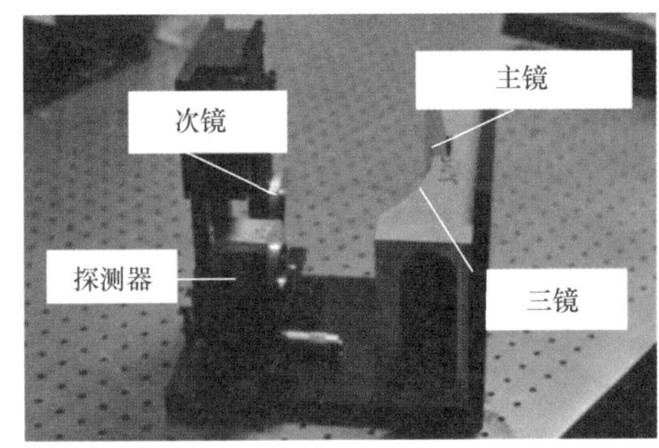

(b) 系统实物图

图 3.15　大孔径的自由曲面离轴三反红外成像系统

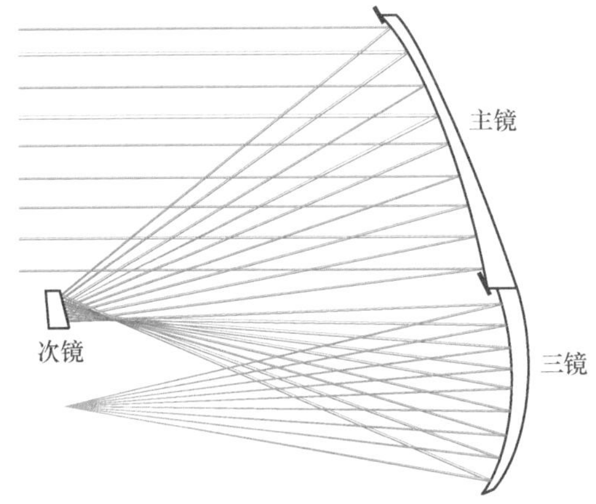

图 3.20　自由曲面离轴三反红外成像系统长波图像

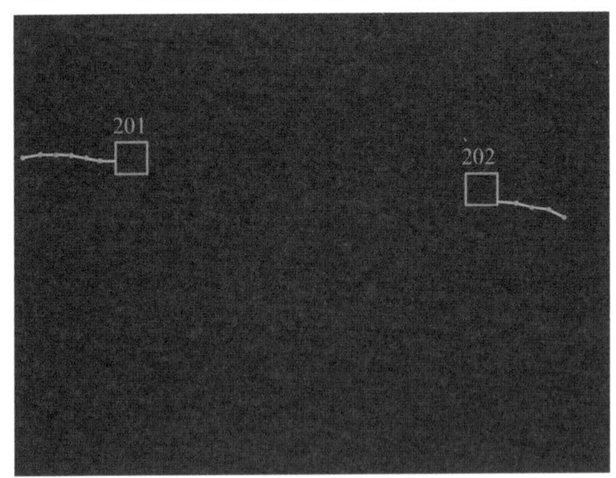

图 4.11　航迹管理仿真图

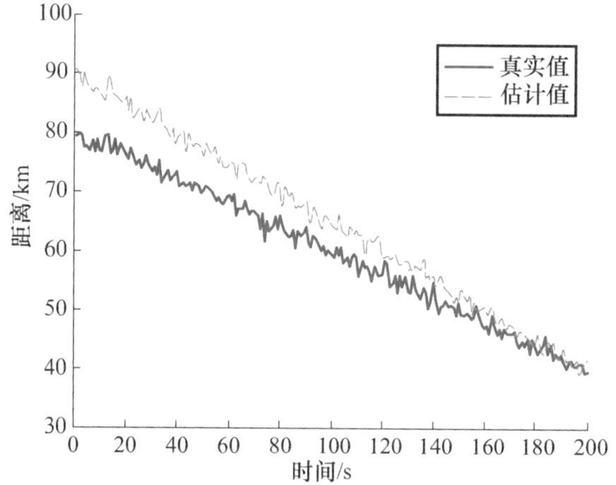

图 6.7　方向 Z 上的真实值和 PF 估计值

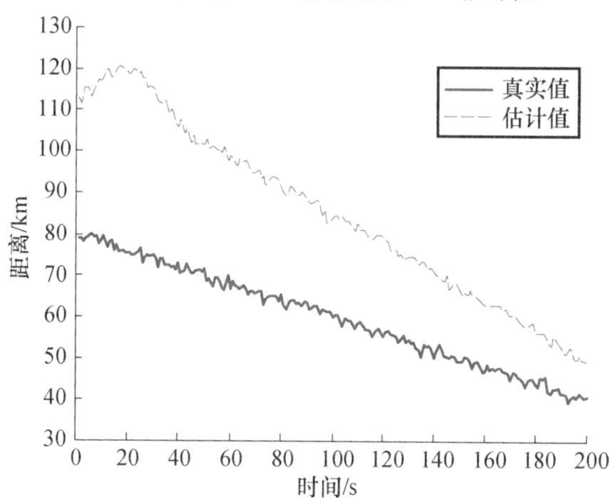

图 6.8　初始值误差较大的情况下，方向 Z 上的真实值和 PF 估计值

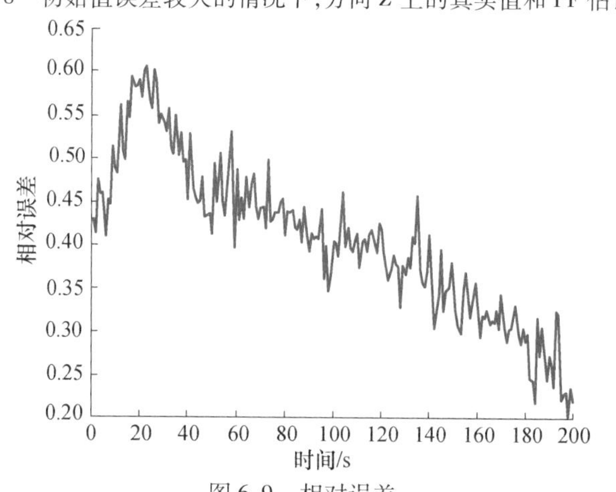

图 6.9　相对误差

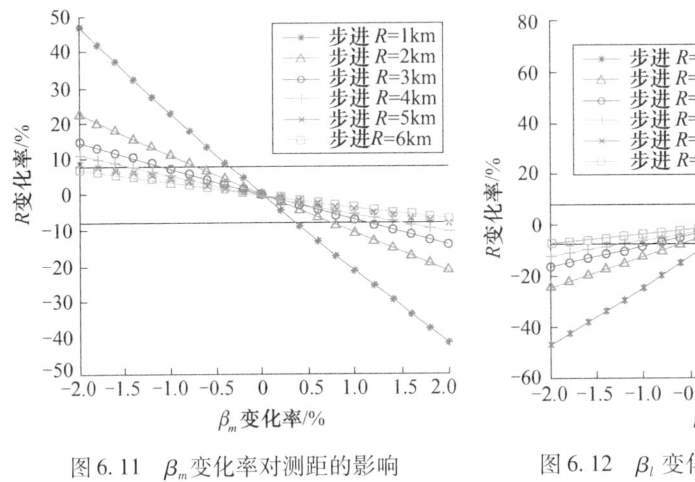

图 6.11　β_m变化率对测距的影响

图 6.12　β_l 变化率对测距的影响

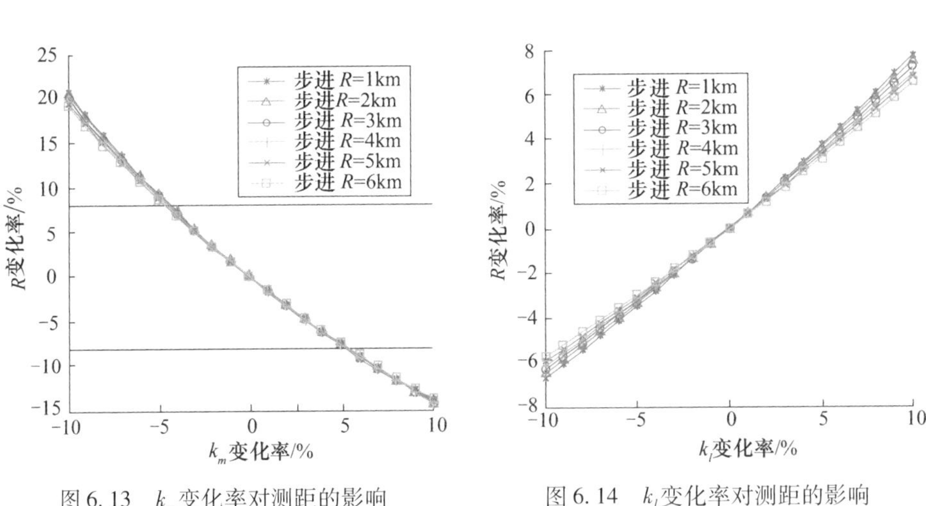

图 6.13　k_m变化率对测距的影响

图 6.14　k_l变化率对测距的影响

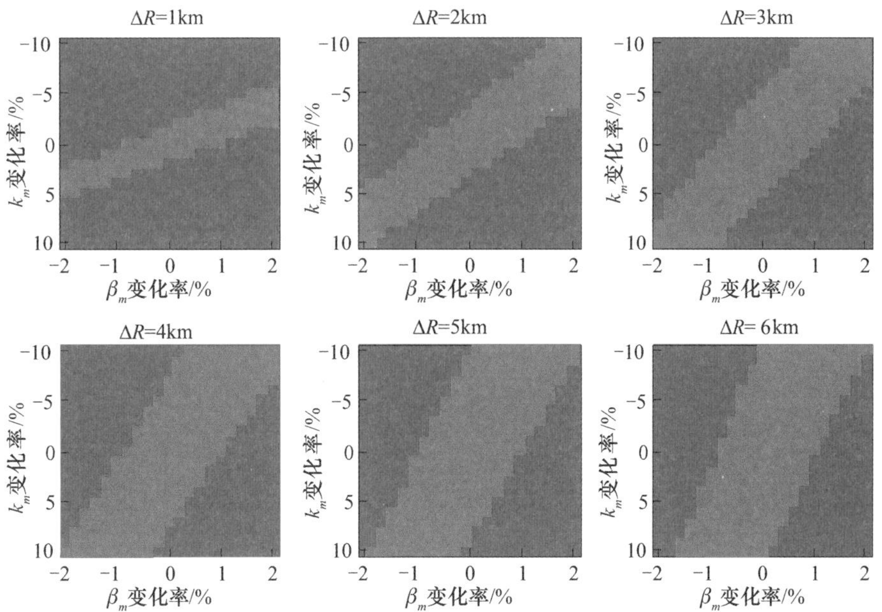

图 6.15　k_m、β_m同时改变时对测距的影响

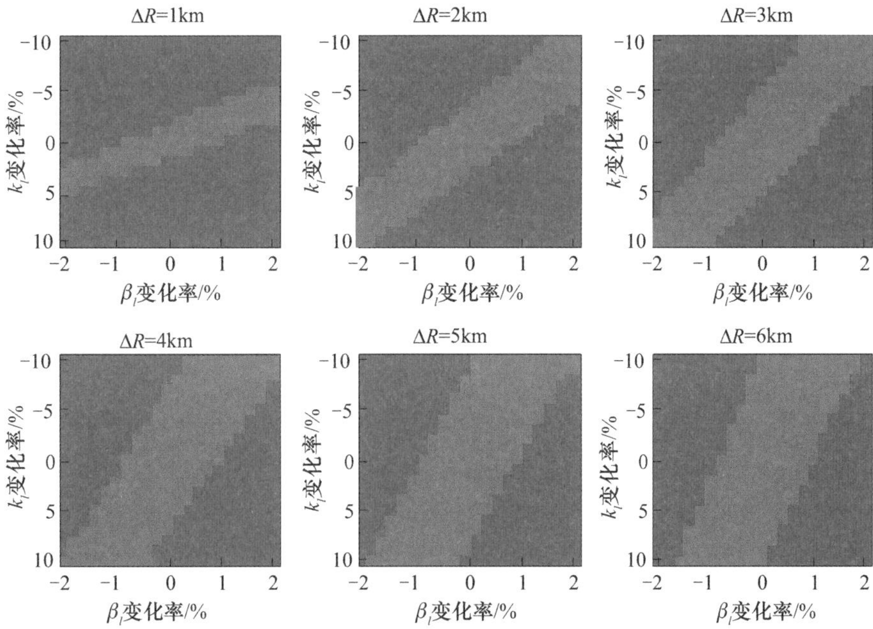

图 6.16　β_l、k_l对测距的影响

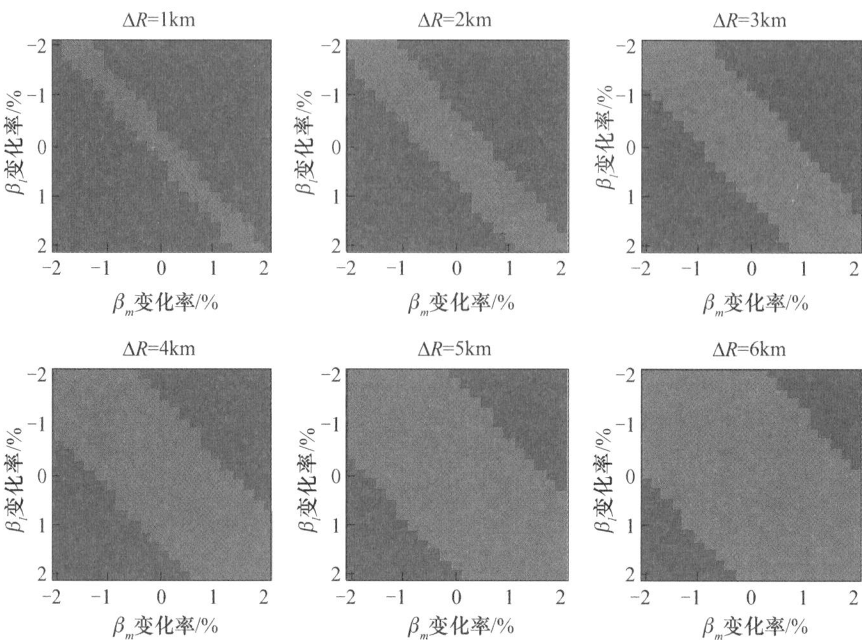

图 6.17 β_m、β_l同时改变时对测距的影响

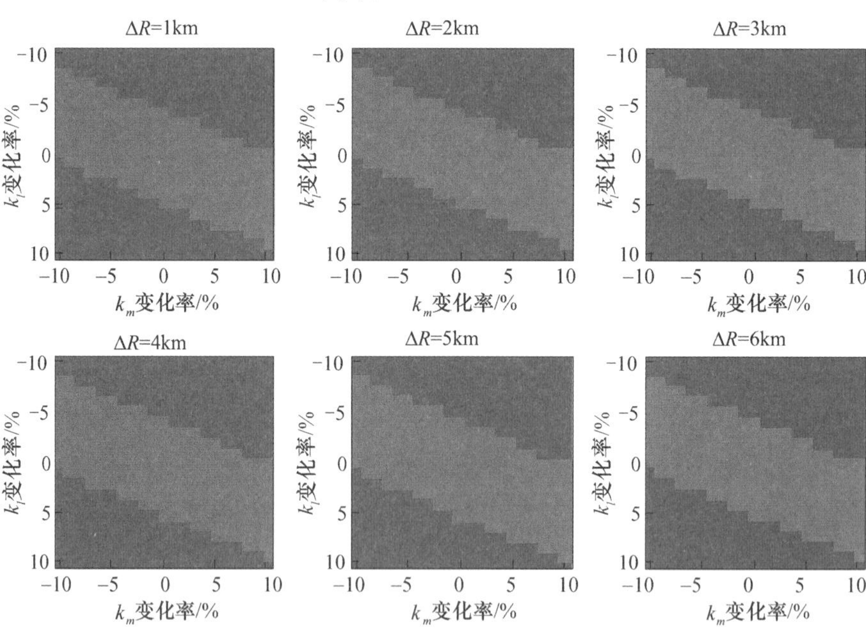

图 6.18 k_m、k_l对测距的影响

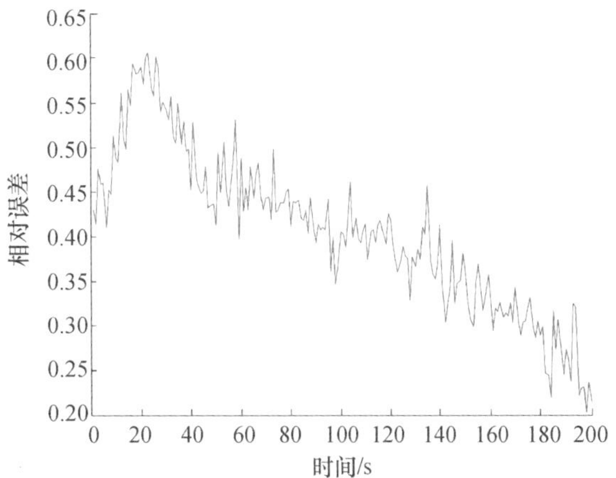

图 6.19　相对误差

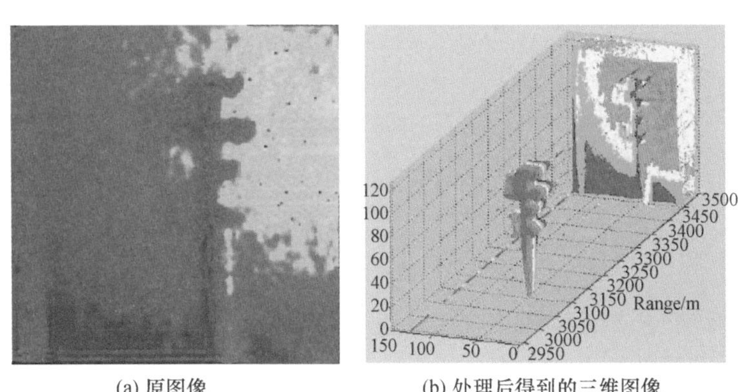

(a) 原图像　　(b) 处理后得到的三维图像

图 7.15　DRS 实验室激光红外复合系统三维成像图

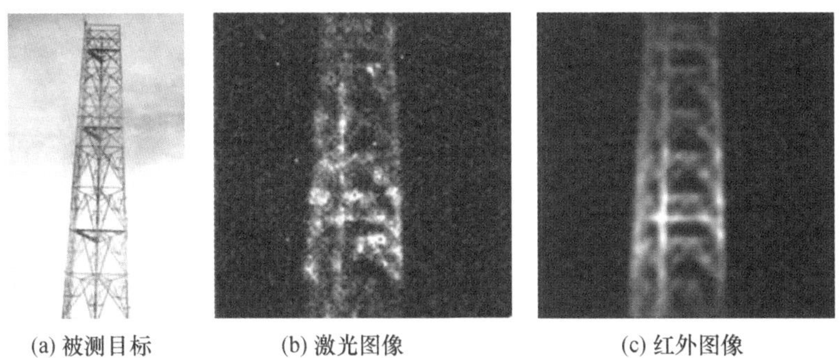

(a) 被测目标　　(b) 激光图像　　(c) 红外图像

图 7.16　不同距离的三维成像示意图

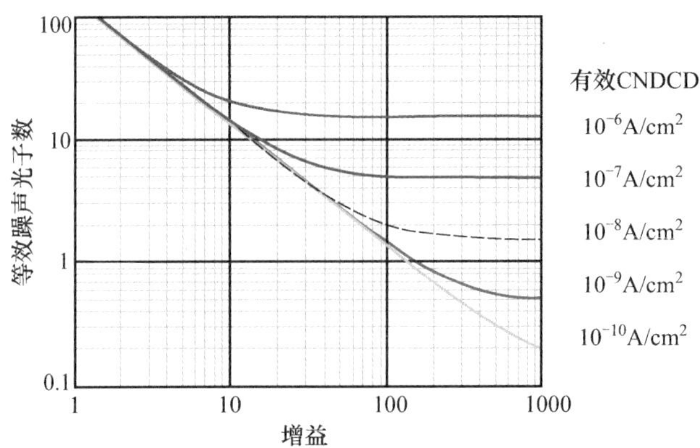

图 7.18　等效噪声光子数(NEPh)随增益的变化